中国地质调查"12120114044801，DD20160014，DD20190069"项目资助

西南"三江"成矿带北段成矿地质背景及成矿规律

何世平　时　超　辜平阳　于浦生　潘晓萍　吴中楠等　著

科　学　出　版　社

北　京

内 容 简 介

本书以大地构造及成矿演化为主线，运用多元成矿控制特点，针对影响西南"三江"成矿带北段成矿作用的区域地层格架、断裂系统、岩浆岩时空分布规律及含矿建造等主要成矿地质背景进行了系统总结，着重分析了区内岩浆作用特征及其与成矿的关系。通过典型矿床（点）剖析，阐述了铜、铅锌、钼、铁、银等优势矿产的时空分布规律、主要成矿类型和成矿组合，将区内划分为海西、印支、燕山和喜马拉雅四个主要成矿期，对成矿构造环境进行了分析判别，总结了主要控矿因素和找矿标志，划分了次级成矿带，并简要介绍了近年来工作中新发现的矿化点和矿化线索。建立了不同类型找矿模型，在找矿潜力分析基础上提出了下一步找矿方向和工作建议。本书反映了当前西南"三江"成矿带北段最新地质矿产调查和研究成果。

本书可供地学领域科研、教学、矿产资源调查等相关工作人员和学生参考、使用。

审图号：青 S（2019）101 号

图书在版编目（CIP）数据

西南"三江"成矿带北段成矿地质背景及成矿规律 / 何世平等著 .—北京：科学出版社，2019.8

ISBN 978-7-03-061988-4

Ⅰ.①西… Ⅱ.①何… Ⅲ.①成矿带－成矿地质－研究－西南地区②成矿带－成矿规律－研究－西南地区 Ⅳ.① P617.27

中国版本图书馆 CIP 数据核字(2019)第166199号

责任编辑：王　运 / 责任校对：张小霞
责任印制：肖　兴 / 封面设计：铭轩堂

科 学 出 版 社 出版

北京东黄城根北街16号
邮政编码：100717
http://www.sciencep.com

北京汇瑞嘉合文化发展有限公司 印刷
科学出版社发行　各地新华书店经销

*

2019年8月第 一 版　开本：787×1092　1/16
2019年8月第一次印刷　印张：12 1/4
字数：300 000

定价：158.00元
（如有印装质量问题，我社负责调换）

前　言

　　西南"三江"成矿带地处青藏高原腹地，大地构造位置属特提斯构造域东段，冈瓦纳大陆与劳亚大陆的结合部位。该成矿带经历了多期复杂成矿作用，形成了丰富的金属矿产资源，是我国最重要的有色金属和贵金属成矿带之一，显示出巨大的成矿潜力及找矿远景，已初步形成大型、特大型规模的国家级矿产资源后备勘查基地。西南"三江"成矿带北段已发现铜、铅锌、钼、铁、金、银等各类矿产或矿（化）点近100处，以纳日贡玛斑岩型铜（钼）矿、多才玛铅锌矿、东莫扎抓铅锌矿、莫海拉亨铅锌矿、赵卡隆铜多金属矿和尕龙格玛铜多金属矿等为代表，主要集中于沱沱河铅锌矿、多彩铜多金属矿、然者涌－莫海拉亨铅锌矿3个整装勘查区，以及纳日贡玛－下拉秀（铜钼）找矿远景区。

　　西南"三江"成矿带北段位于青海省南部，是著名的长江、黄河、澜沧江发源地（俗称三江源）。区内山高谷深，河流纵横，湖沼星罗棋布，雪山冰川发育，属典型的高海拔半湿润寒冻地带。区内交通除了青藏铁路、青藏公路、西宁—昌都公路，以及少量简易公路及近几年修筑的便道外，大部分地段通行不便，一些季节性便道只能靠驮牛、马匹运输方可通行，绝大部分地段交通不便。

　　由于自然地理和气候条件恶劣，交通困难，在该地区从事地质找矿工作倍加艰辛，所获取的地质资料十分珍贵；由于自然环境恶劣，2013年6月沱沱河地区28个区调项目被迫中止，包括116个1∶5万图幅，只能提交54幅1∶5万地质图和中止项目工作总结，这些资料和找矿新发现需要梳理总结；此外，国家近年来提出的"保护三江源""绿水青山就是金山银山"等保护性政策，使"三江"北段地区地质矿产工作处于停滞状态。因此，本书所介绍的地质矿产资料极为宝贵，可能成为今后相当长一段时间内难得的综合性资料，也可作为西南"三江"成矿带北段今后启动绿色勘探和开发的地质矿产依据之一。

　　本书坚持"发挥基础地质综合调查在找矿中的先行和引领作用，最终服务于地质找矿"的原则，加强成矿带、整装勘查区、找矿远景区与成矿作用有关的关键地质问题研究。充分借鉴、甄别前人丰富的资料和研究成果，使本次地质矿产综合调查位于高起点。注重原始创新、集成创新，不断提高区域地质调查研究的成果质量。树立活动论、阶段论和动态观、时空观的综合研究思维方式。充分认识现今西南"三江"成矿带北段的地质构造和矿产面貌，是漫长而复杂地质构造演化的综合结果，因此必须从"多期多阶段""建造与改造""叠加复合"的观点来探索过去，预测未来。正确处理好局部与整体、上层与基础、矿产综合研究与基础地质的关系，从关键地段入手，立足整体。在开展地质矿产综合调查过程中，一方面必须充分集成和应用与本项目同时实施的相关调查研究获取的资料和成果，不断总结和修改完善；另一方面，又不能受研究范围和现有认识的约束，抓住与重要成矿区带密切的、有重大影响的关键地质问题，开展区域综合研究；充分考虑特提斯成矿域成矿作用的独特性和关联性，适当开展与邻区的对比研究，以便从更大视野把握工作区主攻矿种和主要成矿作用，提升对成矿地质背景的研究程度。大量地质和找矿成果显示，西南"三江"成矿带北段铜、铅锌、钼、铁、银等优势矿产主要受含矿地层、岩浆作用、构造条件、成矿作用过程及后期改造作用的诸多因素制约。本书在综合、集成以往和最新成果资料基础上，对该区成矿地质背景和成矿条件进行了梳理和综合分析，重点对二叠纪、三叠纪和侏罗纪等主要时代的含矿地层进行了区域对比研究，突出火山－沉积作用与成矿的关系，对与青藏高原大规模隆升有关的古近纪中酸性岩浆侵入活动和斑岩型铜钼成矿作用进行了详细分析；在总结区内矿产时空分布规律和典型矿床剖析的基础上，将主要成矿类型归纳为海相火山岩－热液改造型、火山喷流沉积－热液改造型、斑岩型、热液改造型、接触交代型等，将区内主要成矿期划分为海西、印支、燕山和喜马拉雅共4期；综合判断认为，早－中二叠世、晚三叠世、中侏罗世成矿集中期的构造环境均为陆缘裂谷，古近纪斑岩型铜钼成矿构造环境为印度板块与亚洲板块的陆－陆碰撞，与成矿有关的侵入体属于过铝质过钾质碱性－高钾钙碱性系列A型-I型花岗岩；总结了工作区主要控矿因素和找矿标志，建立了不同类型找矿模型，在找矿潜力分析基础上提出了下一步找矿方向。

本书是以中国地质调查局 "西南'三江'成矿带北段地质矿产调查"计划的支撑综合研究项目（西南"三江"成矿带北段地质矿产综合调查，项目编码：12120114044801）的报告为主体撰写而成，是项目参与单位和技术人员两年（2014～2015年）的辛勤工作的结晶。分工执笔安排如下：前言、第一、二、三、四、六、八、九章和结语由何世平、时超、辜平阳编写，第五章由何世平、时超、于浦生、潘晓萍、吴中楠编写，第七章由时超、辜平阳、于浦生、潘晓萍编写，最后由何世平完成全书的修改定稿。

本书在编撰过程中，得到中国地质调查局资源部、西安地质调查中心、青海省自然资源厅、青海省地质矿产勘查开发局、青海省有色地质矿产勘查局、青海省地质调查院、青海省第五地质矿产勘查院及青海省第三地质矿产勘查院的大力支持和协助；并得到李文渊研究员、杜玉良教授级高级工程师、韩生福教授级高级工程师、李世金教授级高级工程师、田承盛教授级高级工程师、李荣社教授级高级工程师、贾群子研究员等的热情指导和帮助，以及计文化研究员、校培喜教授级高级工程师、党兴彦教授级高级工程师、薛万文高级工程师、杨站君教授级高级工程师、沈小荣教授级高级工程师、卫岗教授级高级工程师、陈世顺高级工程师、郑宗学高级工程师、陈海福高级工程师、王凤林高级工程师等的关心和支持。工作中与吉林大学的孙丰月教授和中国地质大学（武汉）谭俊教授进行过多次讨论和交流。吴玉诗工程师、陈根工程师、刘敏工程师为本项目的野外工作提供了帮助。对上述单位和个人一并致谢！

目　　录

第一章　地质矿产工作研究程度

西南"三江"成矿带北段位于青海省南部，地处青藏高原腹地；北起巴颜喀拉山，南到唐古拉山一带，西至沱沱河上游，东达川青边界。西部和南部与西藏自治区相接，东部与四川省毗连，是我国西北地区通往西藏的重要通道。地理坐标：东经89°30′～97°45′，北纬31°39′～36°00′；东西长约800km，南北宽约500km，面积约16.2万km²（图1-1）。区内包括沱沱河铅锌矿、多彩铜多金属矿、然者涌－莫海拉亨铅锌矿、索加铜多金属矿4个整装勘查区，以及沱沱河外围、纳日贡玛－下拉秀2个找矿远景区；由于西南"三江"北段自然保护区增加，2014年年底撤销了"然者涌－莫海拉亨铅锌矿整装勘查区"（国家级）和"索加铜多金属矿整装勘查区"（青海省级）。

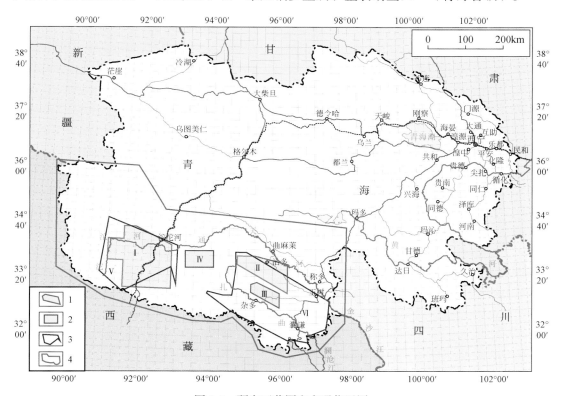

图 1-1　研究区范围和交通位置图

1.国家级整装勘查区；2.省级整装勘查区；3.找矿远景区；4.工作区范围；Ⅰ.沱沱河铅锌矿整装勘查区；Ⅱ.多彩铜多金属矿整装勘查区；Ⅲ.然者涌－莫海拉亨铅锌矿整装勘查区；Ⅳ.索加铜多金属矿整装勘查区；Ⅴ.沱沱河外围找矿远景区；Ⅵ.纳日贡玛－下拉秀找矿远景区

第一节　基础地质工作程度

20 世纪 60 年代起，系统开展了以中小比例尺为主的基础地质、水文地质调查；80 年代，在成矿区带开展了 1∶50 万～1∶20 万区域化探。到 20 世纪末，基本完成了青藏高原主体地区的 1∶100 万区域地质调查和 1∶20 万区域地质调查。1999 年国土资源大调查实施以来，全面开展了 1∶25 万区域地质调查，1∶20 万区域重力调查、航磁调查、区域地球化学测量以及 1∶5 万区域地质调查、地质矿产调查等工作。

"十一五"期间，国土资源大调查投入了大量的基础地质调查工作，地质工作程度明显提高，中比例尺区域地质调查覆盖全区，1∶5 万区域地质调查和区域矿产远景调查大致查明了工作区内成矿地质背景，圈定了大批铜铅锌银等化探异常和地磁异常，为下一步地质找矿奠定了基础。区域地质、区域地球物理、区域地球化学等成果资料，为矿产资源开发提供了有效的地质资料支撑。

一、区域地质调查工作

（一）1∶100 万区域地质调查

1∶100 万温泉幅、玉树幅区域地质调查工作完成于 20 世纪 60 年代，虽基本覆盖工作区（图 1-2），但资料陈旧，研究程度低，可利用程度不高。

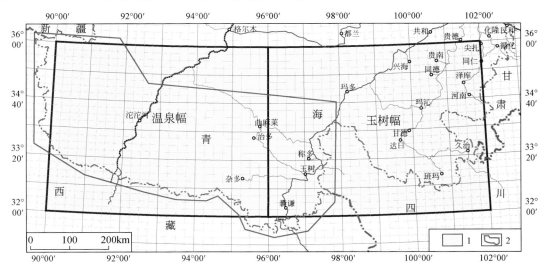

图 1-2　工作区 1∶100 万区域地质调查工作程度图
1. 1∶100 万区域地质调查图幅；2. 工作区范围

（二）1∶20万区域地质调查

1∶20万区域地质调查陆续完成于20世纪60年代初至90年代初，涉及本工作区的图幅包括可可西里幅、错仁德加幅、五道梁幅、错坎巴昂日东幅、麻多幅、扎陵湖幅、沱沱河幅、章岗日松幅、扎河幅、曲麻莱县幅、东风幅、巴颜喀拉山主峰幅、赤布张湖幅、温泉兵站幅、雁石坪幅、索加幅、治多县幅、哈秀幅、称多幅、唐古拉山口幅、龙亚拉幅、杂多县幅、上拉秀幅、玉树幅、结多幅、囊谦县幅、邓柯县幅、色达县幅、南木达幅、丁青县幅、类乌齐幅，共31幅（图1-3）。这批图幅是国家的基本图件，在相当长时间内为各行业所利用，为西南"三江"北段矿产资源勘查工作开展发挥了重要的作用，仍是目前基础研究和矿产调查的重要参考资料。但由于时间跨度较长，加上历史原因，各图幅精度和质量状况差别很大。

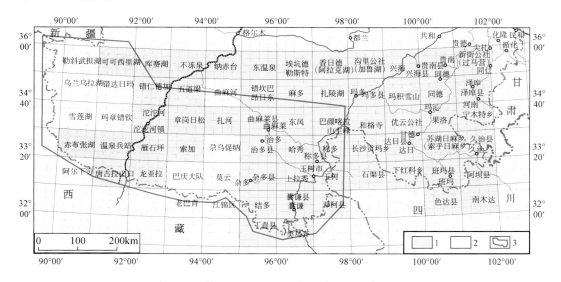

图1-3　工作区1∶20万区域地质调查工作程度图

1.已完成1∶20万区域地质调查图幅；2.未开展1∶20万区域地质调查图幅；3.工作区范围

（三）1∶25万区域地质调查

主要为1999年以来地质大调查工作完成。工作区涉及的1∶25万区域地质调查共19幅（图1-4），包括可可西里幅、库赛湖幅、乌兰乌拉湖幅、沱沱河幅、曲柔尕卡幅、曲麻莱县幅、赤布张湖幅、温泉兵站幅、直根卡幅、治多县幅、玉树县幅、蒙沙村幅、安多县幅、仓来拉幅、杂多县幅、囊谦县幅、石渠县幅、丁青幅、昌都县幅。主要部署在空白区和重要"构造带"。在区域构造、地层古生物、区域岩石、区域矿产、高原隆升、生态环境等方面取得了一批重要成果和进展，引起社会各界广泛关注。

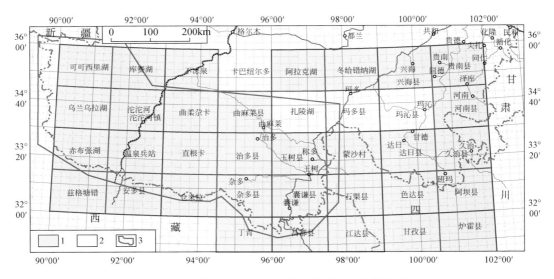

图 1-4 工作区 1 : 25 万区域地质调查工作程度图

1. 已完成 1 : 25 万区域地质调查图幅；2. 未开展 1 : 25 万区域地质调查图幅；3. 工作区范围

（四）1 : 5 万区域地质调查

工作区 2011 年以前完成的 1 : 5 万区域地质调查有 22 幅（图 1-5）。围绕整装勘查区和成矿远景区于 2011 年以来开展了 1 : 5 万区域地质调查，共计 33 个区域地质调查项目 135 个 1 : 5 万图幅；由于地理环境恶劣，已于 2013 年 6 月中止了 28 个区域地质调查项目 116 个 1 : 5 万图幅，只能提交中止项目工作总结，其中可提交 54 幅 1 : 5 万地质

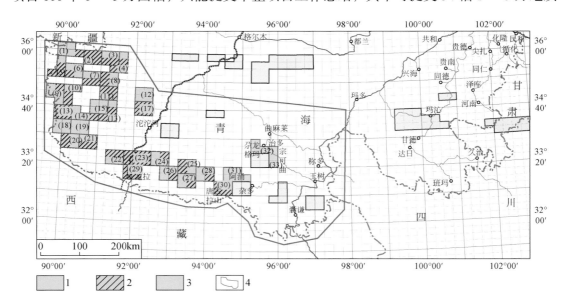

图 1-5 工作区 1 : 5 万区域地质调查工作程度图（图中工作项目序号同表 1-1）

1. 2011 年前完成图幅；2. 2011 年后开展可提交资料的图幅；3. 2011 年后开展不能提交资料的图幅；4. 工作区范围

图及说明书。2012 年开展的龙亚拉地区和唐古拉山地区两个区域地质调查项目 8 个 1：5
万图幅正常完成。2013 年在玉树地区围绕重要成矿带开展的 3 个区域地质调查项目共计
11 幅，均因外部环境问题中止（表 1-1）。

表 1-1　2011 年以来西南"三江"成矿带北段 1：5 万区域地质调查工作项目一览表

序号	项目名称	工作周期	承担单位	可提交图幅	备注
1	青海省沱沱河地区 1：5 万 I45E024024、I46E024001、I45E001024、I46E001001、I46E001002 五幅区调	2011～2013 年	四川省地矿局川西北地质队	I46E001002	中止项目
2	青海省沱沱河地区 1：5 万 I46E001003、I46E001004、I46E002003、I46E002004 四幅区调	2011～2013 年	成都理工大学地质调查研究院	I46E001003、I46E001004、I46E002004	中止项目
3	青海省沱沱河地区 1：5 万 I46E001005、I46E001006、I46E002005、I46E002006 四幅区调	2011～2013 年	成都理工大学地质调查研究院	I46E002005、I46E002006	中止项目
4	青海省沱沱河地区 1：5 万 I46E001007、I46E002007、I46E003006、I46E003007 四幅区调	2011～2013 年	重庆市地质矿产勘查开发局川东南地质大队	I46E002007、I46E003006、I46E003007	中止项目
5	青海省沱沱河地区 1：5 万 I45E002024、I45E003024、I45E004023、I45E004024 四幅区调	2011～2013 年	西藏地勘局区域地质调查大队（西藏五队）	I45E003024、I45E004023、I45E004024	中止项目
6	青海省沱沱河地区 1：5 万 I46E003001、I46E003002、I46E004001、I46E004002 四幅区调	2011～2013 年	西藏地勘局区域地质调查大队（西藏五队）	I46E004001	中止项目
7	青海省沱沱河地区 1：5 万 I46E004003、I46E004004、I46E005003、I46E005004 四幅区调	2011～2013 年	四川省冶金地质勘查局区调大队	I46E005003、I46E005004	中止项目
8	青海省沱沱河地区 1：5 万 I46E004005、I46E004006、I46E005005、I46E005006 四幅区调	2011～2013 年	四川省冶金地质勘查局区调大队	I46E004005、I46E005005、	中止项目
9	青海省沱沱河地区 1：5 万 I45E006023、I45E006024、I45E007023、I45E007024、I45E008024 五幅区调	2011～2013 年	核工业二〇三所	I45E006024	中止项目
10	青海省沱沱河地区 1：5 万 I46E006001、I46E006002、I46E007001、I46E008001 四幅区调	2011～2013 年	核工业二〇三所	I46E007001、I46E008001	中止项目
11	青海省沱沱河地区 1：5 万 I46E006005、I46E006006、I46E007005、I46E007006 四幅区调	2011～2013 年	四川省核工业二八二队	I46E006005、I46E006006、I46E007006	中止项目

续表

序号	项目名称	工作周期	承担单位	可提交图幅	备注
12	青海省沱沱河地区1：5万 I46E006009、I46E006010、 I46E007009、I46E007010 四幅区调	2011～2013 年	中国地质大学（武汉）	无	中止项目
13	青海省沱沱河地区1：5万 I45E009024、I46E009001、 I45E010024、I46E010001 四幅区调	2011～2013 年	江西省地质调查研究院	I45E009024、 I46E009001、 I45E010024、 I46E010001	中止项目
14	青海省沱沱河地区1：5万 I46E009002、I46E010002、 I46E010003、I46E010004 四幅区调	2011～2013 年	甘肃省核地质二一二队	I46E010004	中止项目
15	青海省沱沱河地区1：5万 I46E008004、I46E008005、 I46E009004、I46E009005 四幅区调	2011～2013 年	北京市地质研究所	无	中止项目
16	青海省沱沱河地区1：5万 I46E008006、I46E009006、 I46E010005、I46E010006 四幅区调	2011～2013 年	北京市地质研究所	I46E009006、 I46E010005	中止项目
17	青海省沱沱河地区1：5万 I46E008009、I46E008010、 I46E009009、I46E009010 四幅区调	2011～2013 年	中国煤炭地质总局航测遥感局	I46E008009、 I46E008010、 I46E009009、 I46E009010	中止项目
18	青海省沱沱河地区1：5万 I45E011024、I46E011001、 I45E012024、I46E012001 四幅区调	2011～2013 年	吉林省区域地质矿产调查所	无	中止项目
19	青海省沱沱河地区1：5万 I46E011002、I46E011003、 I46E012002、I46E012003 四幅区调	2011～2013 年	吉林省区域地质矿产调查所	无	中止项目
20	青海省沱沱河地区1：5万 I46E013001、I46E013002、 I46E014001、I46E014002 四幅区调	2011～2013 年	四川省核工业地质调查院	I46E013001、 I46E014001	中止项目
21	青海省沱沱河地区1：5万 I46E013003、I46E013004、 I46E014003、I46E014004 四幅区调	2011～2013 年	西北有色地质勘查院	I46E014003、 I46E014004	中止项目
22	青海省赛多浦岗日地区1：5万 I46E015006、I46E015007、 I46E016006、I46E016077 四幅区调	2011～2013 年	青海省第五地质勘查院	I46E015006、 I46E015007	中止项目

续表

序号	项目名称	工作周期	承担单位	可提交图幅	备注
23	青海省雁石坪地区1：5万 I46E015008、I46E015009、I46E015010、I46E016008、I46E016009、I46E016010 六幅区调	2011～2013年	吉林省地质调查院（四所）	I46E015008、I46E015009、I46E015010、I46E016008、I46E016009、I46E016010	中止项目
24	青海省唐古拉山地区1：5万 I46E015011、I46E015012、I46E016011、I46E016012 四幅区调	2012～2014年	陕西省核工业地质调查院	I46E015012	中止项目
25	青海省沱沱河地区1：5万 I46E016014、I46E016015、I46E017014、I46E017015 四幅区调	2011～2013年	陕西省核工业地质调查院	I46E016014、I46E017014	中止项目
26	青海省沱沱河地区1：5万 I46E017012、I46E017013、I46E018012、I46E018013 四幅区调	2011～2013年	河北省区域地质矿产调查研究所	I46E018013	中止项目
27	青海省沱沱河地区1：5万 I46E018014、I46E018015、I46E019014、I46E019015 四幅区调	2011～2013年	河北省区域地质矿产调查研究所	I46E019015	中止项目
28	青海省沱沱河地区1：5万 I46E017016、I46E017017、I46E018016、I46E018017 四幅区调	2011～2013年	陕西地矿区研院有限公司	I46E018017	中止项目
29	青海龙亚拉地区1：5万 I46E017008、I46E017009、I46E018008、I46E018009 四幅区调	2012～2014年	四川省地矿局川西北地质队	I46E017008、I46E017009、I46E018008、I46E018009	正常完成项目
30	青海唐古拉山地区1：5万 I46E019018、I46E019019、I46E020018、I46E020019 四幅区调	2012～2014年	江苏华东地质调查集团有限公司（华东有色地质矿产勘查开发院）	I46E019018、I46E019019、I46E020018、I46E020019	正常完成项目
31	青海省杂多县阿涌地区1：5万 I46E017019、I46E017020、I46E018019、I46E018020、I46E018021 五幅区调	2013～2015年	四川省地质调查院	无	中止项目
32	青海省孕龙格玛地区1：5万 I46E013022、I46E014022、I46E014023 三幅区调	2013～2015年	福建省闽东南地质大队	无	中止项目

序号	项目名称	工作周期	承担单位	可提交图幅	备注
33	青海省治多县宗可曲地区1∶5万 I46E014024、I46E0150024、I46E016024 三幅区调	2013~2015年	四川省地矿局川西北地质队	无	中止项目

二、区域地球物理调查工作

（一）区域重力测量

1∶100万区域重力测量已覆盖工作区。

1∶20万区域重力测量主要由原地质矿产部、原石油工业部和近年来地质大调查完成，涉及本工作区的有可可西里湖幅、库赛湖幅、错达日玛幅、错仁德加幅、五道梁幅、曲麻河幅、沱沱河幅、章岗日松幅、扎河幅、雁石坪幅、索加幅、孚乌促纳幅、治多县幅、莫云幅、杂多县幅、上拉秀幅、玉树幅、结多幅、囊谦县幅、邓柯县幅，共20幅（图1-6）。

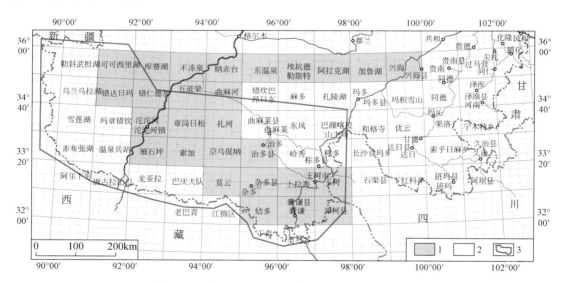

图1-6 工作区1∶20万区域重力测量工作程度图

1.已完成1∶20万区域重力测量图幅；2.未开展1∶20万区域重力测量图幅；3.工作区范围

近期完成的1∶25万区域重力测量项目面积约4.95万 km²（图1-7），涉及5个1∶25万图幅。

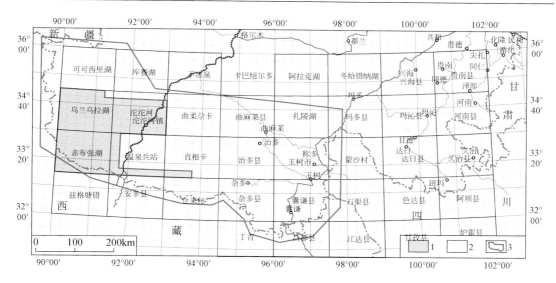

图 1-7　工作区 1：25 万区域重力测量工作程度图

1.已完成 1：25 万区域重力测量图幅；2.未开展 1：25 万区域重力测量图幅；3.工作区范围

（二）区域航空磁测

1：50 万和 1：100 万区域航空磁测（简称"航磁测量"）基本覆盖工作区。

1：20 万航磁测量主要是 2006 年以来地质大调查完成（图 1-8），面积约 17.68 万 km²。2013～2015 年即将开展工作区剩余部分的 1：20 万航磁测量，面积约 0.34 万 km²。

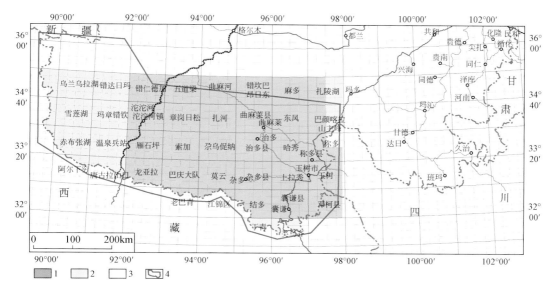

图 1-8　工作区 1：20 万航磁测量工作程度图

1.已完成的 1：20 万航磁测量区域；2.2013～2015 年将开展的 1：20 万航磁测量范围；3.未开展的 1：20 万航磁
测量范围；4.工作区范围

三、区域化探工作

工作区 1：20 万区域地球化学测量已完成 25 幅，面积为 16.51 万 km²（图 1-9），可作为今后工作的重要参考依据。

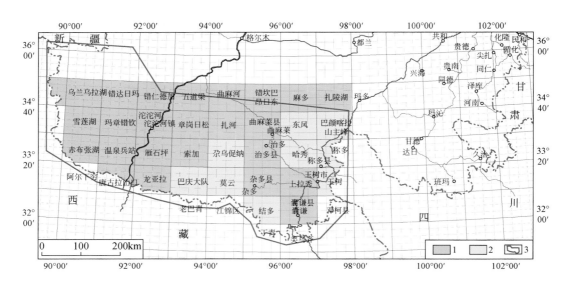

图 1-9　工作区 1：20 万、1：50 万区域地球化学测量工作程度图
1. 已完成的 1：20 万化探图幅；2. 已完成的 1：50 万化探图幅；3. 工作区范围

工作区已基本完成 1：50 万化探扫面工作，由于当时使用甚低密度的方法，采样密度为每 8～16km² 1 个点，实际达不到 1：50 万的精度，目前正在开展方法试验与评估工作，部分图幅需要重新工作。

工作区 1：5 万区域地球化学测量 2014 年以前完成 39 幅，2014 年度完成 1：5 万区域地球化学测量 12 幅（图 1-10），可作为今后工作的重要参考依据。

2001～2002 年青海省地质调查院在治多幅、杂多幅开展 1：20 万区域化探工作，圈定了一系列有找矿前景的异常 40 处，在然者涌、莫海拉亨地区异常特征明显。同时对然者涌、吉龙地区进行了 1：5 万水系沉积物测量加密工作，在然者涌、吉龙发现了铜、铅锌等矿化线索。

2001～2002 年青海省地质调查院遥感分队在青海省南部东段"三江"北西段进行了"三江北段矿产资源潜力遥感分析"，总面积约 8.7 万 km²，对全区进行遥感地质解译和圈定成矿有利地段，同时对重要找矿解译成果抽样进行检查、验证。根据基础图像的对比分析调查区位于多彩－玉树影像区的多彩－年吉措影像亚区。

2002～2008 年青海省地质调查院完成雪莲湖、玛章错钦、沱沱河、赤布张湖、温泉兵站、雁石坪等 6 幅 1：20 万区域化探扫面工作，区内圈定出多处以 Pb、Zn 为主的综合异常，另有部分 Ag、Au、Bi 等元素综合异常。

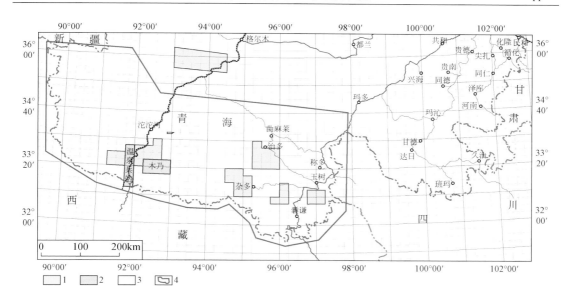

图 1-10　工作区 1 ∶ 5 万区域地球化学测量工作程度图

1. 2014 年以前完成的 1 ∶ 5 万化探图幅；2. 2014 年完成的 1 ∶ 5 万化探图幅；3. 未开展 1 ∶ 5 万化探范围；4. 工作区范围

2004 ～ 2005 年青海省有色地勘局地质矿产勘查院开展的"青海省治多县多彩地区地质矿产综合调查"项目，圈出磁异常 47 个，圈出 25 处水系沉积物地球化学测量综合异常，为治多县多彩地区异常检查提供了靶区。

2004 ～ 2006 年，青海省地质调查院完成了杂多地区 I46E018023、I46E019023、I46E018024、I46E019024、I47E019001、I47E020001（共 6 幅）1 ∶ 5 万水系沉积物测量和异常查证工作。共圈出综合异常 93 处，包括甲类异常 2 处，乙类异常 37 处，丙类异常 54 处。指出东莫扎抓铅锌Ⅰ级多金属找矿远景区是该区规模较大、强度高的 Pb、Zn 多金属地球化学异常区带。圈定了以莫海拉亨异常为中心的 5 个串珠状异常，从西向东分布有刊破给 - 拉茸 - 莫海拉亨 - 拉亨弄 - 莫海，异常主元素为 Pb、Zn、Ag、Cd，异常强度高，分布面积大，组合元素多，为在莫海拉亨地区开展矿产地质工作提供了有利的依据。

2005 ～ 2010 年，青海省地质调查院在该区开展了 18 幅 1 ∶ 5 万矿产远景调查工作，完成了 1 ∶ 5 万水系沉积物测量，圈定多处水系沉积物测量异常，显示出水系沉积物测量异常重现性好、强度高、规模大、浓集中心明显等特征。同时 2010 ～ 2012 年青海省第五地质矿产勘查院另有 6 幅 1 ∶ 5 万矿产远景调查（乌丽）正在进行，通过对所圈定的 1 ∶ 5 万水系沉积物测量异常进行异常查证，在玛章错钦湖东、察日错南及虽穷等异常区发现一些矿化线索，经槽探工程验证，均圈定出矿化体，证明为矿致异常。

2006 ～ 2008 年，青海省地质调查院在杂多地区开展了 1 ∶ 5 万区域矿产调查工作，对所涉及的图幅 I46E017021、I46E017022、I46E018022（共 3 幅）同步进行了 1 ∶ 5 万水系沉积物测量工作。共圈出综合异常 45 处，包括甲类异常 3 处，乙类异常 32 处（其中乙 1 类 5 处、乙 2 类 17 处、乙 3 类 17 处），丙类异常 3 处。认为杂多地区主要找矿元素为

Pb、Zn、Ag、Cu、Au、As 等，具有寻找铅锌银多金属矿的潜力。

2008～2010年，青海省地质调查院在杂多地区开展1：5万区域矿产调查工作的同时，对所涉及的图幅I46E017023、I46E019022、I46E020022、I46E020023、I46E020024（共5幅）同步进行了1：5万水系沉积物测量工作，共完成工作面积2150km^2。通过工作进一步分解了1：20万异常，异常强度和浓集中心更加明显，共圈出综合异常38处，其中甲类异常1处，乙类异常15处（乙1类异常4处，乙2类异常1处，乙3类异常10处），丙类异常22处。认为杂多地区是铜铅锌多金属矿地球化学异常聚集地段，为规模大、强度高的Pb、Zn、Cu、Ag多金属地球化学异常区带，具有寻找大型铅、锌、铜、银多金属矿的潜力，为杂多地区今后普查找矿工作提供了丰富宝贵的资料。

2008～2010年青海省有色地勘局地质矿产勘查院开展的"青海省治多县当江地区地质矿产综合调查"项目，圈出磁异常9个，圈出23处水系沉积物地球化学测量综合异常或异常群（带），其中甲类综合异常4处，乙类综合异常3处，丙类综合异常4处，丁类综合异常12处。

2010～2011年青海省第五地质矿产勘查院开展的5幅1：5万布玛浪纳水系沉积物测量，区内圈定出多处以Pb-Zn为主的综合异常，另有部分Ag、Au、Bi等元素综合异常，部分成果目前可以提供使用。

2012年青海省有色地勘局地质矿产勘查院申请开设的"青海省治多县宗可曲地区矿产远景调查"项目，截至2016年完成1：5万水系沉积物地球化学测量900km^2。

2011～2013年青海省有色地勘局地质矿产勘查院实施的"青海省治多县尕龙格玛地区矿产远景调查"项目，初步圈出磁异常12处，圈出33处水系沉积物地球化学测量综合异常。

2011～2013年青海省第五地质矿产勘查院在赛多浦岗日地区开展矿产远景调查和区域地质调查工作，该项目可提高楚多曲地区的基础地质研究程度，与之相匹配的1：5万水系沉积物测量工作，为该区的地质找矿实现成果突破提供了地球化学依据。

2011～2013年陕西省地质矿产勘查开发局第二综合物探队开展了温泉四幅1：5万水系沉积物测量，圈定了水系化探异常，为矿产预查提供了找矿靶区。

四、区域遥感工作

自20世纪80年代以来，先后针对矿产、水文、工程、环境、农业地质等领域开展了少量相关专题的遥感解译与研究工作。在青海东南部地区利用遥感技术，对地质构造、岩体（隐伏岩体）、火山机构等配合地质找矿进行了1：50万～1：20万遥感解译；90年代末对"三江"源地区的生态环境进行了遥感解译和评价。

五、区域水文地质环境地质调查

到20世纪末，青海水文地质工作如下：在青南高原局部地区，完成1：20万区域水文地质普查；在青南高原地区，完成 1：20 万简易水文地质调查面积 20363km²；在广大的青南高原地区，完成 1：100 万区域水文地质普查覆盖面积约 30.15 万 km²。总体上看，青南地区的普查精度差，工作程度较低（图 1-11）。

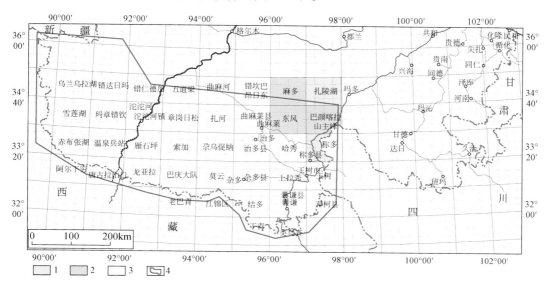

图 1-11　水文地质工作程度图

1.1：20 万水文地质调查区；2.1：50 万水文地质调查区；3.1：100 万水文地质调查区；4.工作区范围

第二节　矿产地质工作程度

一、地质矿产调查与勘查

（一）地质矿产调查工作

2004 年开始，中国地质调查局、青海省国土资源厅、中国铝业公司、青海省金星矿业有限责任公司相继在"三江"地区主要成矿带开展 1：5 万区域地质矿产调查。2007 年以来青海省 1：5 万区域地质矿产调查工作各方法呈现阶梯式增长，特别是 2008 年青藏专项实施以来增长幅度明显提高。

围绕沱沱河整装勘查区、多彩整装勘查区、然者涌－莫海拉亨整装勘查区及纳日贡玛－下拉秀找矿远景区部署了 1：5 万区域地质矿产调查，除了常规区调外，还应用了 1：5 万水系沉积物、地面高精度磁法等多手段综合测量，2014 年以前完成 122 幅（图 1-12）。2014 年开展了 4 个项目 10 个 1：5 万图幅区域地质矿产调查，仅有 1 个项目 3 个 1：5 万图幅正常完成，可提交资料，其余项目均中止（表 1-2）。1：5 万区域地质矿产调查工作的开展提高了基础地质调查程度，圈定了一批有待查证的异常，发现了大量找矿线索，为矿产勘查提供了大量基础资料，具有重要的参考价值。

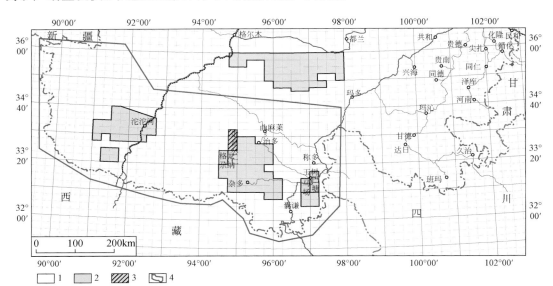

图 1-12　工作区 1∶5 万区域地质矿产调查工作程度图

1. 2014 年以前完成的图幅；2. 2014 年开展不能提交资料的图幅；3. 2014 年开展可提交资料的图幅；4. 工作区范围

表 1-2　2014 年以来西南"三江"成矿带北段 1∶5 万区域地质矿产调查工作项目一览表

序号	项目名称	工作周期	承担单位	可提交图幅	备注
1	青海省杂多县格龙尕纳地区 1∶5 万 I46E015019、I46E016019 两幅区域地质矿产调查	2013～2015 年	西北有色地质勘查局地质勘查院	无	中止项目
2	青海省治多县俄昌公仁地区 1∶5 万 I46E012020、I46E013020、46E014020 三幅区域地质矿产调查	2013～2015 年	四川省核工业地质调查院	I46E012020、I46E013020、I46E014020	正常完成项目
3	青海省玉树县马场地区 1∶5 万 I47E019004、I47E020004 两幅区域地质矿产调查	2013～2015 年	青海省有色地勘局七队、陕西省第二综合物探大队	无	中止项目
4	青海省玉树县巴塘地区 1∶5 万 I47E018005、I47E019005、I47E020005 三幅区域地质矿产调查	2013～2015 年	青海省第三地质矿产勘查院	无	中止项目

（二）矿产勘查工作

　　近年来，通过开展地质大调查以及相关的地质矿产勘查工作，工作区的地质工作形势与资源状况发生了很大变化，为新一轮矿产勘查与资源开发奠定了良好的基础。一是铅锌、铜、银以及铁等金属矿展示出优势；二是在优势资源分布方面打破了北部独尊的格局，南部地区矿产地数量剧增；三是不同工作程度区均有重要发现和突破。

具体表现在主要成矿带优势矿产与成矿类型、重要成矿远景区以及战略性矿产的资源潜力与找矿前景突显；新发现一大批重要矿床（点）、矿化线索和异常，发现并初步评价了一批矿产地。"三江"北段不同程度地取得了一定的新发现、新进展和新突破。总体来看，矿产资源勘查工作程度偏低。

截至 2012 年年底，工作区内共发现各类矿床、矿（化）点 47 处，大型矿床 4 处（多才玛铅锌矿、东莫扎抓铅锌矿、莫海拉亨铅锌矿和纳日贡玛铜钼矿）、中型矿床 3 处（纳保扎陇锌矿、楚多曲多金属矿、小唐古拉山铁矿）、小型矿床 6 处（乌丽铁矿、开心岭铁矿、木乃铜银矿、尕龙格玛铜多金属矿、然者涌铅锌矿、旦荣铜矿），以铅锌、铜、铁矿为主，伴生银、金、钼等。其中进行过普查工作的 10 处，达到详查程度的 7 处，进行过勘探工作的 5 处。已查明的资源储量中，可供开发的基础储量偏少。总体来看，矿产资源勘查工作程度偏低。

矿产资源勘查工作在不同的地区、矿种、成矿区带有很大差异。以往在广袤的青南地区开展的矿产勘查工作很少，1999 年国土资源大调查实施以来，国家加大了对西南"三江"北段矿产资源勘查力度，尤其是 2008 年青藏专项启动后，大大提升了工作区矿产资源勘查投入（表 1-3）。目前，仍以矿产资源调查为主，发现的大矿、富矿偏少，然而该区具有较大成矿潜力，纳日贡玛大型斑岩型铜钼矿的发现带动了区域成矿背景的认识，东莫扎抓、莫海拉亨大型铅锌矿和多才玛富矿段的发现增强了对该区找矿潜力的信心，尤其是沱沱河整装勘查区楚多曲—雁石坪一带侏罗纪地层中海相火山岩型铜多金属矿的发现和多彩整装勘查区尕龙格玛、查涌、撒纳龙哇、当江等三叠纪海相火山岩 - 热液改造型、火山喷流沉积 - 热液改造型铜多金属矿找矿突破为该区矿产资源勘查开拓了新领域。

表 1-3　近年来西南"三江"成矿带北段矿产勘查工作项目一览表

序号	项目名称	工作周期	承担单位	备注
1	青海省玉树县格马 - 晓富贡巴煤炭资源调查评价	2013～2015 年	四川省煤田地质局	中止项目
2	青海省治多县多彩 - 当江地区铜多金属矿调查评价	2011～2014 年	青海省有色地质矿产勘查局矿勘院	
3	青海雅西措地区铜多金属矿调查评价	2011～2014 年	青海省柴达木综合地质矿产勘查院	
4	青海沱沱河地区扎木曲 - 扎拉夏格涌铜多金属矿调查评价	2011～2014 年	青海省第五地质矿产勘查院	
5	青海省雁石坪地区铜铁多金属矿调查评价	2013～2015 年	吉林省地质矿产勘查开发局四所	
6	青海省玉树县桑知阿考一带铜多金属矿地质调查评价	2013～2015 年	中化地质矿山总局陕西地质勘查院	中止项目
7	青海省杂多县宰里涌曲地区铜铅锌矿产资源调查评价	2013～2015 年	青海峰田物化探公司	中止项目

续表

序号	项目名称	工作周期	承担单位	备注
8	青海省杂多县陆日格－众根涌地区铜矿调查评价	2011～2014年	青海省地质调查院	中止项目
9	青海杂多县然者涌－莫海拉亨地区铅锌矿整装勘查区综合研究及结扎地区铅锌矿调查评价	2011～2014年	青海省地质调查院	中止项目
10	青海省尕龙格玛地区矿产远景调查	2011～2013年	青海省有色地质矿产勘查局	
11	青海省赛多浦岗日地区矿产远景调查	2011～2014年	青海省第五地质矿产勘查院	
12	青海省杂多县阿涌地区矿产远景调查	2011～2014年	青海省有色地质矿产勘查局	中止项目
13	青海省治多县宗可曲地区矿产远景调查	2011～2013年	青海省有色地质矿产勘查局	
14	青海乌丽地区矿产远景调查	2010～2014年	青海省第五地质矿产勘查院	
15	青海省治多县堂龙赛－格仁涌铜多金属矿资源调查评价	2014～2016年	青海省有色地质矿产勘查局	
16	青海沱沱河楚多曲－直钦赛加玛铅锌多金属矿调查评价	2014～2016年	青海省第五地质矿产勘查院	
17	西藏安多县巴茸西铅锌矿调查评价	2014～2016年	西藏五队	
18	西藏安多县里裁银多金属矿调查评价	2014～2016年	西藏五队	
19	青海格尔木市布茸西－温泉三站铜多金属矿调查评价	2014～2016年	陕西省地质矿产勘查开发局第二综合物探大队	
20	青海省沱沱河地区江仓地区多金属矿调查评价	2014～2015年	青海省柴达木综合地质矿产勘查院	
21	青海沱沱河雀莫错－宗陇巴铅锌矿调查评价	2014～2016年	青海省第五地质矿产勘查院	
22	青海沱沱河纳德奴玛－康巴周钦地区多金属矿调查评价	2014～2016年	青海省柴达木综合地质矿产勘查院	
23	青海省玉树州治多县立新铅锌铜多金属矿调查评价	2014～2016年	贵州省有色金属和核工业地质勘查局地质矿产勘查院	中止项目
24	青海省杂多县然达－昂赛地区煤炭资源调查评价	2014～2016年	青海煤炭地质勘查院	中止项目
25	青海省玛璋涌玛地区煤炭资源调查评价	2014～2016年	青海省第四地质矿产勘查院	中止项目

二、矿业权设置现状

西南"三江"北段目前共设置矿业权 50 个，其中探矿权 49 个，采矿权 1 个。

（一）探矿权设置情况

1. 沱沱河煤、铜、铅、锌、银重点勘查规划区

规划区中有 27 个探矿权，其中沱沱河铁铜铅锌银矿重点勘查区（Ⅰ类）内有 15 个。

2. 纳日贡玛－下拉秀铁、铜、钼、铅、锌、银重点勘查规划区

规划区中有 22 个探矿权，其中多彩－当江铜铅锌矿重点勘查区（Ⅰ类）内有 36 个，纳日贡玛－东莫扎抓铜钼铅锌银矿重点勘查区（Ⅰ类）内有 8 个。

（二）采矿权设置情况

目前正在开发的金属矿山有："三江"北段尕龙格玛铜多金属矿床。

第三节　科研工作

1971 年出版了《1：100 万青海地质图及其说明书》，1979 年出版了《青海地层表》及《青海省古生物图册》，1981 年出版了《青海省构造体系图》。20 世纪 80 年代地质矿产部青藏高原地调所组织完成了《青藏高原地质文集系列》、《三江地质志》和《三江矿产志》。1990 年出版了《青海省区域矿产总结》，1991 年出版了《青海省区域地质志》，1997 年出版了《青海省岩石地层》。以上专题研究全部或部分覆盖本区，尤其是《青海省区域地质志》和《青海省区域矿产总结》对全区的地质和矿产做了一定的研究与总结。

2008 年青海省地质矿产勘查开发局张雪亭等出版了《青海省区域地质概论——1：100 万青海省地质图说明书》及《青海省板块构造研究——1：100 万青海省大地构造图说明书》，对该区区域地质构造有了新的总结。西安地质调查中心李荣社等承担的"青藏高原北部空白区地质调查与研究"项目，于 2008 年编制出版了《昆仑山及邻区地质图》（1：100 万）和《昆仑山及邻区地质》。西安地质调查中心实施的"东昆仑成矿带基础地质研究"项目总结了 P-T 地质演化和"三江"北段主要成矿作用；西安地质调查中心实施完成的"西北地区矿产资源潜力评价"项目，用构造相的观点基本完成《1：250 万西北地区大地构造相图》的编制，对成矿带进行了划分，并对多矿种开展潜力评价和预测。

2003 年中国地质大学（北京）开展了"三江北段（青海段）找矿疑难问题研究"工作，目前尚未见到该课题对研究区的公开报道。2006 年，中国地质科学院地质研究所承担的"十一五"国家科技支撑计划项目"西部大型矿产基地综合勘查技术与示范"之课题八"三江北段铜、铅锌、银矿床成矿规律及勘查评价技术研究"涉及该区，初步报道了勘查区的基本地质特征和对矿床类型的基本认识（侯增谦等，2008）。张文权等（2007）以东莫扎抓矿区的勘探工作为载体，分析了激电法寻找金属硫化物矿体的优势，报道了东莫扎抓矿区的基本地质特征；侯增谦等（2008）提出东莫扎抓和莫海拉亨铅锌矿床为产于逆冲断裂上盘的一类热液铅锌矿床，命名为"东莫扎抓式"铅锌矿床。刘英超等（2009）初步介绍了东莫扎抓和莫海拉亨两个铅锌矿床的矿床地质特征，矿床与MVT（密西西比河谷型）铅锌矿床地质特征类似，为逆冲推覆带背景下的类MVT铅锌矿床。此外，还有国家973计划及国家"358"项目等重大项目也涉及该区重大科技问题。这些区域上的综合研究工作进一步提升了该区岩石地层、岩浆岩、构造及重大地质问题的研究程度。

总之，勘查区内科研工作尚不充分，主要参考资料见表1-4，详细研究工作正在起步。

表1-4 西南"三江"成矿带北段地质矿产综合调查主要参考资料

类型	序号	资料名称	单位/作者	数量	出版年
片区地质矿产图	1	青海省区域地质概论——1：100万青海省地质图说明书	青海省地质矿产勘查开发局/张雪亭等	1套	2008
	2	青海省板块构造研究——1：100万青海省大地构造图说明书	青海省地质矿产勘查开发局/张雪亭等	1套	2008
	3	昆仑山及邻区地质图（1：100万）	李荣社等	1套	2008
	4	东昆仑-三江北及邻区地质图（1：100万）	潘晓萍、计文化等	1套	未出版
	5	东昆仑-三江北及邻区地质矿产图（1：100万）	潘晓萍、何世平等	1套	未出版
	6	青藏高原及邻区大地构造图及说明书（1：150万）	潘桂棠等	1套	2013
	7	青藏高原及邻区地质图及说明书（1：150万）	潘桂棠等	1套	2013
	8	西北地区地质图（1：100万）	徐学义、王洪亮等	1套	待出版
	9	西北片区大地构造分区图（1：250万）	西安地质调查中心	1套	未出版
	10	西北地区矿产资源潜力评价系列（1：200万）图	西安地质调查中心	1套	未出版
区调资料	11	1：25万区域地质调查	各地勘单位	19幅	1997～2008
	12	1：20万区域地质调查	各地勘单位	31幅	1952～1985
	13	1：5万区域地质调查	各地勘单位	91幅	1957～2006
	14	1：5万区域地质矿产调查	各地勘单位	122幅	1999～2013
物化探资料	15	1：20万区域重力调查	各地勘单位	20幅	1999～2013
	16	青藏高原及邻区航磁系列图及说明书（1：300万）	王德发等	1套	2013
	17	1：20万化探	各地勘单位	25幅	1999～2013
	18	1：5万化探	各地勘单位	51幅	1999～2013

续表

类型	序号	资料名称	单位／作者	数量	出版年
专著	19	青海省区域矿产总结	青海省地矿局	1 套	1990
	20	青海省区域地质志	青海省地矿局	1 套	1991
	21	东特提斯地质构造形成演化	潘桂棠等	1 部	1997
	22	青海省岩石地层	青海省地质矿产局／孙崇仁等	1 部	1997
	23	中央造山带（中－西部）前寒武纪地质	陆松年等	1 部	2009
	24	青海地质矿产志	章午生	1 套	1991
	25	中国西北部地质概论——秦岭、祁连、天山地区	徐学义等	1 部	2008
	26	昆仑山及邻区地质	李荣社等	1 部	2008
	27	东昆仑成矿带基础地质研究报告	计文化等	1 部	未出版
	28	青藏高原北部前寒武纪地质初探	陆松年	1 部	2002
	29	昆仑开合构造	姜春发等	1 部	1992
论文	30	30 余年来各类论文		数千篇	1980～2013

第四节 以往工作存在的主要问题

一、地质调查综合研究与资料深入分析亟待加强，科研与地质找矿实践结合不够，基础地质及矿产勘查工作程度低，不能满足经济社会发展需要

对重要成矿带优势与战略性矿产的主要成矿时期、含矿岩石类型、主要成矿类型以及分布规律等区域成矿条件研究总结不够；对大中型矿床形成的地质构造背景与主要控矿因素需进一步明确。对工作区内的地、物、化、遥及矿产勘查等资料信息综合研究与分析不够，科技对地质找矿的支撑能力需进一步提高。例如：

（1）沱沱河与玉树地区铅锌矿成矿构造环境和时代没有统一认识，两者成矿条件的综合对比研究相对薄弱。

（2）斑岩型铜钼矿的岩浆性质、分布规律及找矿方向尚不明确。

（3）铜多金属矿、铅锌矿与铁矿的成矿关系研究不够深入，成矿时代是否具有一致性？

（4）成矿作用和空间分布是否存在内在联系？

（5）成矿规律、富集规律与后期叠加改造的关系？

亟待根据这些条件和问题建立适合西南"三江"北段的找矿模型。

二、科技工作为地质找矿服务的能力需进一步提高

随着地勘工作的深入开展，很多影响找矿突破的重大疑难问题尚未开展研究，部分科研项目没有围绕找矿突破工作安排部署。地质矿产科学研究和科技创新能力明显滞后，对地质找矿工作的支撑不够。科研工作中呈现出科学研究与生产实践相互脱节的现象，其研究成果往往难以应用到找矿实践中或对找矿指导不够。地勘单位在找矿中往往偏重于地质生产，综合整理、综合研究工作明显滞后，在找矿遇到困难时，应用科学研究解决找矿实际问题的能力较弱。

多数重要成矿区带控矿因素、找矿标志尚不明朗，矿带、矿体遭受后期破坏严重，制约了进一步找矿方向，导致目前"三江"北段以中小型矿产居多，贫矿多、富矿少的被动局面。此外，工作区地处青藏高原腹地的高寒地带，地形高差大，绝大多数地区存在永冻层，强烈的机械风化作用和第四系覆盖导致岩石地层出露连续性差，常规的深部勘探方法难以奏效。亟待加强科研工作，建立行之有效的矿床成因模型、找矿综合标志，了解矿体就位机制、富集规律，研发深部勘探技术等。

三、项目统一部署和统一管理、新机制建立有待进一步落实

中央、地方、企业勘查资金和项目的有机协调和相互联动还不够，特别是各种渠道的地勘项目的统一部署和统一管理、新机制的建立方面有待进一步完善；找矿突破新机制有待进一步落实。

四、地勘工作外部环境的维护和协调还需加强

2010年，受玉树地震的影响，青海南部有望获得找矿重大突破的纳日贡玛—莫海拉莫一带因外部环境问题被迫停止地勘工作。2011年通过大量的协调工作，也仅有部分项目开展了野外工作。同时地勘工作的外部环境问题由原来的玉树、果洛和黄南等地区逐步蔓延到全区范围，导致许多地质调查和勘查项目被迫中止，近年来已取得铜多金属找矿突破的多彩整装勘查区工作严重受阻。应当清醒地认识到，地勘工作外部环境的协调是一项长期、艰巨、复杂的任务。如果玉树等地区的地勘工作外部环境不能有效改善，将严重影响"青藏专项"、找矿突破战略行动的顺利实施，也难以完成"358地质勘查工程"制定的目标任务。

第二章 区域地层系统

第一节 大地构造位置及构造单元划分

西南"三江"成矿带北段地处青藏高原中北部，位于东特提斯构造域北缘（图 2-1），是连接古亚洲构造域和特提斯构造域的纽带。

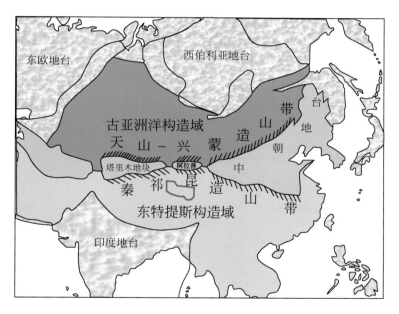

图 2-1 工作区大地构造位置（据李荣社等，2011）

按照青海大地构造单元划分方案（表 2-1、图 2-2），工作区地处特提斯（东特提斯北部）海西－印支造山系（Ⅱ），主体属于唐古拉造山带（Ⅱ$_2$），北跨巴颜喀拉造山带（Ⅱ$_1$），包括 7 个三级构造单元：中巴颜喀拉造山亚带（Ⅱ$_1^3$），可可西里－南巴颜喀拉造山亚带（Ⅱ$_1^4$），西金乌兰湖－玉树石炭纪—晚三叠世活动带（晚海西、印支复合褶皱带）（Ⅱ$_2^1$），下拉秀中、晚三叠世沉降带（Ⅱ$_2^2$），沱沱河－杂多石炭、二叠纪沉降带（晚海西断隆带）（Ⅱ$_2^3$），雁石坪中、晚侏罗世陆缘沉降带（Ⅱ$_2^4$），南缘唐古拉山南坡石炭、二叠纪活动带（晚海西褶皱带）（Ⅱ$_2^5$）。

表 2-1 青海省构造单元划分简表

一级	二级	三 级 构 造 单 元	备注
秦祁昆（东昆仑－祁连－北秦岭）晚加里东造山系（I）	I_1 祁连造山带	I_1^1 北祁连造山亚带	
		I_1^2 中祁连元古宙古陆块体	
		I_1^3 南祁连－拉脊山造山亚带	
		I_1^4 达肯达坂－化隆元古宙古陆块体	
	I_2 东昆仑造山带	I_2^1 欧龙布鲁克－乌兰元古宙古陆块体	
		I_2^2 赛什腾山－阿尔茨托山造山亚带	
		I_2^3 俄博梁元古宙古陆块体	
		I_2^4 阿卡腾能山造山亚带	
		I_2^5 柴达木晚中生代—新生代断拗盆地	
		I_2^6 祁漫塔格－都兰造山亚带	
		I_2^7 伯喀里克－香日德元古宙古陆块体	
		I_2^8 雪山峰－布尔汉布达造山亚带	
	I_3 秦岭造山带	I_3^1 宗务隆山海西造山亚带	
		I_3^2 同德－泽库早印支造山亚带	
		I_3^3 兴海海西、早印支复合造山亚带	
		I_3^4 西倾山古陆块体	
特提斯（东特提斯北部）海西－印支造山系（II）	II_1 巴颜喀拉造山带	II_1^1 布喀达坂峰－阿尼玛卿海西－印支复合造山亚带	
		II_1^2 北巴颜喀拉造山亚带	
		II_1^3 中巴颜喀拉造山亚带	
		II_1^4 可可西里－南巴颜喀拉造山亚带	
	II_2 唐古拉造山带	II_2^1 西金乌兰湖－玉树石炭纪—晚三叠世活动带（晚海西、印支复合褶皱带）	工作区
		II_2^2 下拉秀中、晚三叠世沉降带	
		II_2^3 沱沱河－杂多石炭、二叠纪沉降带（晚海西断隆带）	
		II_2^4 雁石坪中、晚侏罗世陆缘沉降带	
		II_2^5 南缘唐古拉山南坡石炭、二叠纪活动带（晚海西褶皱带）	

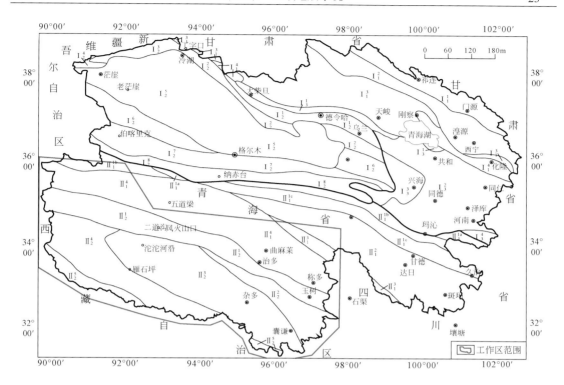

图 2-2　工作区构造单元划分略图

第二节　区域地层

　　本书在收集大量相关基础地质资料的基础上，通过 1：5 万关键地段解剖地质填图和典型矿床的解剖研究，并根据新近完成的 1：5 万、1：25 万区域地质矿产调查项目，对西南"三江"成矿带北段地层进行了梳理，完成了西南"三江"成矿带北段地层简表（表2-2），区内地层包括巴颜喀拉、西金乌兰 - 金沙江和羌北 - 昌都三个地层分区，具体地层分布如下。

一、前寒武系

　　按照常规划分方案，将 2500Ma 作为太古宙和古元古代的界限，1600Ma 作为古元古代和中元古代的界限，1000Ma 作为中元古代和新元古代的界限，541Ma 作为新元古代和寒武纪界限。太古宙和古元古代合称早前寒武纪，中、新元古代称为晚前寒武纪。

　　工作区前寒武系只有晚前寒武系，仅出露于羌北 - 昌都地层分区，包括宁多岩群（$Pt_{2-3}N.$）、草曲群（Pt_3C）。

表2-2 西南"三江"成矿带北段地层简表

时代	地层分区	巴颜喀拉地层分区	西金乌兰—金沙江地层分区	羌北—昌都地层分区
第四纪	Qh	沼泽、冲积		
	Qp	冰川堆积		
新近纪	N₂	曲果组N₂g		
	N₁	咖呐湖组N₁s		
古近纪	E₃	五道梁组E₃w	雅西错组E₃w	查保玛组E₃N₁c
	E₂			
	E₁		沱沱河组E₁₋₂t	
白垩纪	K₂			桑秸山组K₂s
	K₁		风火山群KF	洛力卡组K₁₋₂l；错居日组K₁c
侏罗纪	J₃	年宝组J₃n	雁石坪群J₂₋₃Y	雪山组J₃xs；索瓦组J₃s
	J₂		絮稚群JC	夏里组J₂x；布曲组J₂b
	J₁			雀莫错组J₁q
三叠纪	T₃	板岩夹砂岩组T₃B₄；巴颜喀拉山群TB	歇武蛇绿混杂岩带oφqmτ；甸鲁山克错组T₃g	巴塘群T₃Bt：碳酸盐岩组T₃Bt₃、火山岩组T₃Bt₂、碎屑岩组T₃Bt₁；结扎群T₃J：巴贡组T₃bg、波里拉组T₃b
	T₂	板岩组T₃B₃		甲丕拉组T₃jp
	T₁	砂岩组T₂₋₃B₂	汉台山群PTH	结隆组Tj

纪		拉卜查日组P$_3$lb
二叠纪	P$_3$	那益雄组P$_3$n
		乌丽群P$_3$W
	P$_2$	尕迪考组P$_{1-2}$gd
		九十道班组P$_2$j
		诺日巴尕日组P$_2$nr
	P$_1$	开心岭群C$_2$P$_{1-2}$K
石炭纪	C$_2$	扎日根组C$_2$P$_1$z
		碳酸盐岩组C$_2$J$_2$
		碎屑岩组C$_2$J$_1$
		加麦弄群C$_2$J
	C$_1$	碳酸盐岩组C$_1$Z$_2$
		碎屑岩组C$_1$Z$_1$
		杂多群C$_1$Z
泥盆纪	D$_3$	
	D$_2$	
	D$_1$	依吉组DW
志留纪	S	
奥陶纪	O$_3$	
	O$_2$	青泥洞组O$_1$q
	O$_1$	
寒武纪	∈	草曲群Pt$_3$C
元古宙	Pt	宁多岩群Pt$_{2-3}$N

汉台山群PtH

多彩-隆宝蛇绿混杂岩带oφm$_{CP}$

注：据沱沱河幅、玉树县幅、治多县幅、杂多县幅、囊谦县幅1:25万区调及本项目成果综合汇编

1. 宁多岩群（Pt₂₋₃N.）

宁多岩群由姚忠富 1990 年命名，在工作区断续分布于玉树县多彩乡、洼陇达 - 帮洞尕卡、小苏莽。该岩群为一套中深变质的片岩、片麻岩夹少量斜长角闪岩，岩石类型以黑云斜长片麻岩、（二云）石英片岩、石英岩、浅粒岩为主，夹斜长角闪片岩、角闪片岩、大理岩及透辉岩。变质程度为角闪岩相。原岩为一套成熟度较高的沉积碎屑岩 - 中基性火山岩 - 碳酸盐岩建造。该群被侏罗纪花岗岩吞噬，与周缘地层为断层接触。

该岩群黑云斜长片麻岩中获得单颗粒锆石 U-Pb 年龄为（709±66）Ma（1：25 万治多幅）。西藏地勘局区域地质调查大队获得 U-Pb 法年龄为（1680±390）Ma、（1870±280）Ma、（1780±150）Ma（1：20 万邓柯幅区调报告）。青海省玉树县西北约 45km 的隆宝镇一带宁多岩群石榴子石二云石英片岩（原岩为碎屑沉积岩）获得 $^{207}Pb/^{206}Pb$ 年龄为（3981±9）Ma 的古老碎屑锆石，为寻找冥古宙地壳物质提供了新的线索（何世平等，2011）。此外，玉树县小苏莽一带获得宁多岩群黑云斜长片麻岩（副变质岩）的锆石 LA-ICP-MS 最新蚀源区年龄为（1044±30）Ma，侵入该群片麻状黑云花岗岩锆石 LA-ICP-MS 年龄为（990.5±3.7）Ma，将宁多岩群的形成时代限定于中元古代末 - 新元古代初（何世平等，2013）。

2. 草曲群（Pt₃C）

草曲群由 1993 年 1：20 万邓柯幅命名，分布于玉树县勒德、岔来村、跃陇。该群为一套浅变质泥质碎屑岩 - 中基性火山岩，夹多层浅变质砾岩，部分具冰碛岩特征。1993 年 1：20 万邓柯幅曾在也群格村草曲群变质玄武岩中获 2 件 U-Pb 同位素年龄值分别为 999 Ma 和 876 Ma，故暂将其时代厘定为新元古代。

二、下古生界

工作区下古生界分布局限，仅有出露于羌北 - 昌都地层分区的青泥洞组（O₁q）。

青泥洞组（O₁q）

青泥洞组由董得源（1979）创名，仅分布于玉树县桑知阿考、琼尼库一带。该组下部为一套杂色砂岩、板岩，具有复理石沉积特征（杜德勋等，1997）；中部以灰岩夹泥页岩、砂岩为主；底部为薄层黑色、深灰色灰岩。青泥洞组由下向上，沉积环境由浅海陆架向外陆架过渡。下部板岩中含笔石 *Dichograptus* spp.，*Didymograptus* spp.，*Tetragraptus* sp.，*Isograptus* sp.，*Phyllograptus* sp.，为我国华南地区 *Didymograptus hirundo* 带的主要分子，属早奥陶世道保湾期；中部灰岩中含藻类 *Lophosphaeridium* cf. *citrinum*，*Renalcis papilla*，其时代为早奥陶世宁国期。

三、上古生界

上古生界出露广泛，主要分布于羌北 - 昌都地层分区，包括依吉组（D₃yj）、杂多群（C₁Z）、加麦弄群（C₂J）、开心岭群（C₂P₁₋₂K）（自下而上分为扎日根组 C₂P₁z、诺日巴尕日保组

P_2nr、九十道班组 P_2j）、乌丽群（自下而上分为那益雄组 P_3n、拉卜查日组 P_3lb）；部分区调图幅还划分出尕迪考组（$P_{1-2}gd$），其层位和岩性组合相当于开心岭群的诺日巴尕日保组（P_2nr）和九十道班组（P_2j）；巴颜喀拉地层分区上古生界仅发育依吉组（D_1yj），西金乌兰-金沙江地层分区零星出露汉台山群（PTH）。

1. 依吉组（D_1yj）

该组为 1 : 25 万玉树幅从原通天河蛇绿混杂岩中解体出的地层单位，分布于玉树县隆宝一带。该组由正常沉积岩和中基-中酸性火山岩或火山碎屑岩组成，主要为各类千枚岩、变砂岩、片岩、变质火山岩或凝灰岩以及长英质糜棱岩等，绿片岩相变质，该组被大量辉长-辉绿岩墙群和中酸性侵入岩侵入。依吉组不整合于汉台山群之下。

2. 杂多群（C_1Z）

杂多群由青海省第二区调队 1982 年创名，分布在西金乌兰-金沙江结合带以南。该群包括下部碎屑岩组（C_1Z_1）、上部碳酸盐岩组（C_1Z_2）。

1）杂多群碎屑岩组（C_1Z_1）

主要岩性由灰-深灰色夹有褐色中薄层状粉砂质板岩、碳质板岩及煤层、灰岩等，以及灰紫色、灰色中厚层状岩屑长石砂岩、粉砂岩夹紫红色长石砂岩、灰岩两套岩石组成，该带中发育煤层及煤线，局部夹火山岩。产有腕足类、珊瑚、菊石、腹足类等化石，常见早石炭世维宪期分子。

该岩组与石炭二叠系开心岭群之诺日巴尕日保组（P_2nr）、九十道班组（P_2j）及尕迪考组（$P_{1-2}gd$）呈断层接触，其上被上三叠统结扎群甲丕拉组（T_3jp）、白垩系风火山群（KF）和古近系沱沱河组（$E_{1-2}t$）角度不整合覆盖。

2）杂多群碳酸盐岩组（C_1Z_2）

由含砾灰岩、鲕粒灰岩、砂屑灰岩、生物碎屑灰岩、泥质灰岩组成，产腕足类、珊瑚、苔藓虫、三叶虫等化石，含早石炭世杜内-维宪期分子。

该岩组基本上与碎屑岩组（C_1Z_1）相随，底部与碎屑岩组整合接触，大部分与开心岭群断层接触，局部被沱沱河组角度不整合覆盖。

3. 加麦弄群（C_2J）

加麦弄群由刘广才（1988）创名于囊谦县加麦弄，自下而上分为碎屑岩组、碳酸岩组。该地层与下石炭统杂多群、石炭二叠系开心岭群呈断层接触，其上被上三叠统结扎群甲丕拉组和古近系沱沱河组角度不整合覆盖。

1）加麦弄群碎屑岩组（C_2J_1）

岩石组合以细粒石英砂岩夹粉砂质板岩为主，夹有长石石英砂岩、石英质粉砂岩、千枚岩、灰岩及碳质板岩，产腕足类、菊石、苔藓虫、腹足类及植物化石。整合于下石炭统杂多群碳酸盐岩组之上。

2）加麦弄群碳酸盐岩组（C_2J_1）

岩石组合以灰色厚层状鲕粒灰岩夹生物碎屑灰岩为主，夹有细粒石英砂岩和泥灰岩、夹板岩及白云岩化灰岩，产有腕足类、珊瑚、蜓类化石，蜓类属晚石炭世中晚期标准化石。与下伏碎屑岩组为整合接触，与上覆结扎群和沱沱河组为角度不整合，与二叠纪地层多呈断层接触。

4. 开心岭群（$C_2P_{1-2}K$）

开心岭群由青海省石油局 632 队 1957 年创名于唐古拉山开心岭，自下而上分为扎日根组 C_2P_1z、诺日巴尕日保组 P_2nr、九十道班组 P_2j。

1）扎日根组（C_2P_1z）

下部为灰白色厚层状粉晶生物碎屑灰岩，产石炭纪的䗴类化石；中上部为深灰色中－薄层状生物碎屑灰岩，产早二叠世的䗴类化石，伴生有孔虫、珊瑚、腕足类和腹足类等。该组呈断片状或条带状近东西向展布，与诺日巴尕日保组、九十道班组、那益雄组以及三叠系波里拉组之间皆为断层接触，未见顶底。

2）诺日巴尕日保组（P_2nr）

以碎屑岩为主，夹厚度不稳定的火山岩、灰岩，岩性组合为岩屑砂岩、杏仁状玄武岩、玄武安山岩、角砾凝灰岩、粉（微）晶灰岩、含砂屑泥晶质灰岩、生物碎屑（粉砂质）细晶灰岩、泥质灰岩夹粗砾岩，产腕足类、双壳类等化石。与下部扎日根组之间呈断层接触，与上部九十道班组整合接触。

3）九十道班组（P_2j）

岩性为粉晶粒屑灰岩、生物碎屑灰岩、内碎屑（粒屑）灰岩夹少量灰色长石石英砂岩及粉砂岩。富含䗴类以及少量珊瑚、菊石、双壳类及腕足类等化石。整合于诺日巴尕日保组之上，与上二叠统乌丽群之间断层接触，沱沱河组不整合其上。

5. 尕迪考组（$P_{1-2}gd$）

该组由青海省第二区调队 1982 年创名于杂多县尕迪考，其层位和岩性组合相当于开心岭群的诺日巴尕日保组（P_2nr）和九十道班组（P_2j），仅玉树地区使用此地层名称。

岩性主要为灰绿色安山岩、安山玄武岩、玄武岩、流纹英安岩、中基性和中酸性火山碎屑岩、火山角砾岩夹灰岩及砂岩、粉砂岩，灰岩夹层中产腕足类和䗴类化石。该组与开心岭群九十道班组、诺日巴尕日保组呈断层接触关系，局部被结扎群甲丕拉组不整合覆盖。

6. 乌丽群（P_3W）

乌丽群由西北煤炭勘探局乌丽煤矿青藏勘查队 1956 年创名，自下而上分为那益雄组 P_3n、拉卜查日组 P_3lb。

1）那益雄组（P_3n）

该地层为一套含煤碎屑岩系夹少量灰岩，主要岩性为岩屑石英砂岩、中粗粒长石石英砂岩、泥晶灰岩夹薄层状泥岩、碳质泥岩、火山凝灰岩、火山沉凝灰岩及灰绿色复成分砾岩，夹煤层；产腕足类、珊瑚及孢粉化石。那益雄组与开心岭群之间多为断层接触，局部为整合接触。

2）拉卜查日组（P_3lb）

主要由灰－深灰色碳酸盐岩夹碎屑岩及煤层组成。富含䗴类，其次为腕足类、双壳类及苔藓虫等化石。拉卜查日组与下伏那益雄组整合接触，与上覆甲丕拉组为平行不整合或角度不整合接触。

7. 汉台山群（PTH）

汉台山群由中国科学院青海可可西里科学考察队 1990 年创名，分布于西金乌兰构造带南、北边缘。该群上部为碳酸盐岩，下部为石英质碎屑岩，底部见有砾岩，不整合于泥盆系依吉组和通天河蛇绿混杂岩之上。上部灰岩中含晚二叠世和早三叠世两组古生物群，时代归为未分的晚二叠世—早三叠世。上部钙质胶结灰岩砾岩含双壳类 *Myophoriopis* sp.。

四、中生界

中生界分布较广，尤其是三叠系和侏罗系广布。羌北－昌都地层分区的三叠系包括结隆组（T_2j）、结扎群（自下而上分为甲丕拉组 T_3jp、波里拉组 T_3b、巴贡组 T_3bg）、巴塘群（自下而上分为碎屑岩组 T_3Bt_1、火山岩组 T_3Bt_2、碳酸盐岩组 T_3Bt_3），巴颜喀拉地层分区的三叠系为巴颜喀拉山群（自下而上分为砂岩组 $T_{2-3}B_2$、板岩组 T_3B_3、板岩夹砂岩组 T_3B_4），西金乌兰－金沙江地层分区的三叠系仅局部出露苟鲁山克错组（T_3g）。

侏罗系主要分布于羌北－昌都地层分区，少量分布于巴颜喀拉地层分区。羌北－昌都地层分区的侏罗系为雁石坪群（$J_{2-3}Y$）（自下而上分为雀莫错组 J_2q、布曲组 J_2b、夏里组 J_2x、索瓦组 J_3s、雪山组 J_3xs）和察雅群（JC）。巴颜喀拉地层分区的侏罗系仅有年宝组（J_1n）。

白垩系仅分布于羌北－昌都地层分区，为风火山群（KF），自下而上分为错居日组（K_1c）、洛力卡组（$K_{1-2}l$）、桑恰山组（K_2s）。

1. 结隆组（T_2j）

结隆组是由青海省第二区调队 1981 年在玉树地区创名的结隆群演化而来，分布局限，仅见于玉树县格陇和拉以陇一带。岩性为粉砂质板岩、千枚状粉砂质板岩、砂质灰岩、泥晶灰岩、变长石石英砂岩、长石砂岩，产比较丰富的头足类及少量的双壳类。上下分别与巴塘群中组和结扎群甲丕拉组呈断层接触。

2. 结扎群（T_3J）

该群由青海省区域地质测量队 1970 年创名，自下而上分为甲丕拉组 T_3jp、波里拉组 T_3b、巴贡组 T_3bg。

1）甲丕拉组 T_3jp

岩性组合为灰紫色厚层中细粒岩屑石英砂岩、岩屑长石砂岩夹巨厚层复成分砾岩、含砾粗砂岩、长石石英砂岩、泥质粉砂岩及微晶灰岩透镜，局部夹中基性火山岩、中基性火山角砾岩，产腕足类和双壳类化石。该组不整合于下石炭统杂多群、石炭二叠系开心岭群的不同层位上，其上与波里拉组整合接触。

2）波里拉组 T_3b

岩性组合为灰黄、青灰、深灰色含生物泥晶灰岩、亮晶灰岩、白云质生物灰岩、灰质白云岩夹灰－紫红色岩屑长石砂岩，局部地段见有石膏和安山岩及中基性凝灰岩，产丰富的珊瑚、双壳类、腹足类等化石。其上与巴贡组、下与甲丕拉组均为整合接触。

3）巴贡组 T_3bg

岩石组合主要为长石石英砂岩、石英砂岩、粉砂岩、碳质页岩夹灰岩透镜体及煤层，灰岩夹层中产双壳类及丰富多彩的植物化石。其与下伏波里拉组整合接触，与石炭二叠系开心岭群、孕迪考组断层接触，其上被白垩系风火山群不整合覆盖。

3. 巴塘群（T_3Bt）

该群由青海省区域地质测量队 1970 年创名于玉树县巴塘乡，分布于羌北－昌都地层分区北部，限于哈秀－隆宝断裂与登俄涌－巴塘断裂之间，呈北西—南东向展布，自下而上分为碎屑岩组 T_3Bt_1、火山岩组 T_3Bt_2、碳酸盐岩组 T_3Bt_3，三个岩组之间均为整合接触，与外围地层多呈断层接触，局部见与下伏二叠系和上覆风火山群不整合接触。

1）巴塘群碎屑岩组（T_3Bt_1）

岩性组合主要为灰－深灰色中－厚层状细粒长石石英砂岩，中－细粒石英砂岩、粉砂岩夹浅变质泥灰岩、钙质泥岩、细粒硬砂质长石砂岩及少量板岩、火山碎屑岩，含双壳类、菊石、腕足类及植物等化石。

2）巴塘群火山岩组（T_3Bt_2）

岩性组合为中酸性凝灰岩、英安岩、中基性凝灰熔岩、安山岩、中基性火山角砾熔岩、杏仁状蚀变玄武岩、杏仁状玄武安山岩、粉晶－细晶灰岩、白云质灰岩夹灰色中－厚层状中－细粒长石砂岩、长石石英砂岩、粉砂岩及泥钙质板岩，含双壳类、腕足类、菊石、有孔虫、牙形刺及珊瑚化石。岩性为灰紫色蚀变浅灰色厚层－块状粉晶灰岩。

3）巴塘群碳酸盐岩组（T_3Bt_3）

岩性为灰岩、白云质灰岩、长石石英砂岩、粉砂岩夹深灰色泥质钙质板岩，含双壳类化石。

4. 巴颜喀拉山群（TB）

青海省区域地质测量队 1970 年在 1 : 100 万玉树幅区域地质调查中将北京地质学院 1961 年在玉树地区创建的巴颜喀拉群（玛多－竹节寺）修订为巴颜喀拉山群，张雪亭等（2007）将巴颜喀拉山群自下而上分为昌马河组、甘德组、清水河组。由于巴颜喀拉山群为一套具复理石特征的碎屑岩，实际工作中昌马河组、甘德组、清水河组不易识别，仍按传统的划分方案，自下而上分为砂岩组 $T_{2-3}B_2$、板岩组 T_3B_3、板岩夹砂岩组 T_3B_4。该群化石稀少，主要产菊石、孢粉、牙形石、双壳类，各岩组之间为整合接触，在区域上偶见不整合于布青山群之上。

1）巴颜喀拉山群砂岩组（$T_{2-3}B_2$）

岩性为灰色－深灰色厚层状、中－厚层状中细粒岩屑砂岩、钙质胶结中细粒长石岩屑砂岩、岩屑长石砂岩夹深灰色板岩，发育鲍马序列的 bc、bcd 段。

2）巴颜喀拉山群板岩组（T_3B_3）

以砂岩、板岩互层、板岩夹砂岩为主，砂岩－粉砂岩－板岩组成韵律性旋回，鲍马序列 bcd、bc、cde 段发育。

3）巴颜喀拉山群板岩夹砂岩组（T_3B_4）

岩性以灰色中细粒岩屑长石砂岩为主，有长石砂岩、长石石英砂岩夹深灰色钙质板岩、薄层碳质板岩及灰色岩屑长石粉砂岩。

5. 苟鲁山克错组（T_3g）

苟鲁山克错组为张以弗 1994 年创名，分布于西金乌兰－金沙江地层分区，呈断片产出。其上部为长石石英砂岩、石英砂岩与粉砂质泥岩、粉砂岩不等厚互层并夹碳质页岩，局部夹煤层，产硅化木化石；中部为岩屑长石石英砂岩，细粒长石石英砂岩夹粉砂岩、碳质泥岩，砂岩中植物化石碎片、碳屑常见；下部为粉砂质泥岩夹钙质岩屑石英细－粉砂岩及岩屑石英砂岩。

6. 年宝组（J_1n）

年宝组由袁哲平 1984 年命名，在工作区零星分布于巴颜喀拉地层分区南部。主要为中酸性火山岩夹含碎屑岩的火山岩。产植物、孢粉等化石。顶、底分别与贵德群、巴颜喀拉山群不整合接触。

7. 察雅群（JC）

察雅群由四川省地质局第三区域地质测量大队 1974 年命名，在工作区主要分布于囊谦县南部。以紫红色（局部为杂色）的泥岩、页岩为主夹粉砂岩、细砂岩，或为互层，韵律发育，部分地区夹泥灰岩、生物介壳灰岩、泥晶白云岩及砾岩。产双壳类、腹足类、腕足类、孢粉和脊椎动物等化石。上与香堆群整合或平行不整合接触；下与巴贡组整合过渡。

8. 雁石坪群（$J_{2-3}Y$）

雁石坪群由詹灿惠、韦思槐 1957 年创名的"雁石坪岩系"演化而来，自下而上分为雀莫错组（J_2q）、布曲组（J_2b）、夏里组（J_2x）、索瓦组（J_3s）、雪山组（J_3xs），总体上为三套砂岩、两套灰岩。该群不整合于结扎群及更老地层之上，各组之间均为整合接触。

1）雀莫错组（J_2q）

岩性为灰紫色中细粒岩屑石英砂岩、灰紫色细粒长石石英砂岩、灰紫色长石石英粉砂岩夹灰紫色钙质细砾岩、火山岩及火山角砾岩，产双壳类、腕足类化石。该组不整合于结扎群及更老地层之上，风火山群不整合其上。

2）布曲组（J_2b）

岩性为深灰色中－薄层状泥晶灰岩夹青灰色中层状中粗粒长石岩屑砂岩，产有丰富的双壳类、腕足类及少量海胆、菊石、鹦鹉螺等化石。

3）夏里组（J_2x）

岩性以灰紫色厚层状细粒岩屑石英砂岩为主，有灰白色薄－中层状细粒岩屑石英砂岩、灰色（含砾）石英砂岩夹灰紫色复成分砾岩及少量的灰岩，局部夹火山岩、火山碎屑岩，产双壳类、腕足类、遗迹化石及植物茎干和碎片。

4）索瓦组（J_3s）

岩性为一套深灰色厚层泥晶灰岩、珊瑚礁灰岩、生物碎屑灰岩与灰绿色、深灰色钙质粉砂岩、泥质粉砂岩，产双壳类、腕足类、层孔虫及蠕虫类。

5）雪山组（J_3xs）

上部为钙铁硅质石英砂岩、泥质粉砂岩及硅质石英砂岩夹泥砾岩；中部为泥砾岩、钙泥质长石石英砂岩、岩屑石英砂岩及泥岩；下部为岩屑石英细砂岩、粉砂岩、粉砂质泥岩夹泥砾岩。其与上覆白垩系错居日组角度不整合接触。

9. 风火山群（KF）

由张文佑、赵宗溥等 1957 年创名，自下而上分为错居日组（K_1c）、洛力卡组（$K_{1-2}l$）、桑恰山组（K_2s）。该群与下伏侏罗系或更老地层为角度不整合接触，其上与沱沱河组也为角度不整合接触，各组之间为整合接触。

1）错居日组（K_1c）

为一套杂色碎屑砾岩、砂砾岩、砂岩夹粉砂岩、页岩，局部地段夹含铜砂岩，产双壳类及孢粉化石。该组角度不整合于侏罗系或更老地层之上。

2）洛力卡组（$K_{1-2}l$）

岩性为灰紫色、紫红色钙铁质粉砂岩、砂岩、粉砂岩、岩屑长石粉砂岩、长石岩屑粉砂岩夹含铜砂岩及少量粉砂质泥岩、泥岩和薄层灰岩，产双壳类、淡水介形虫、轮藻和孢粉等化石。其下与错居日组、上与桑恰山组均为整合接触。

3）桑恰山组（K_2s）

以紫红色为主的碎屑岩，分为上部砂砾岩段和下部砂岩段，产介形虫、轮藻、植物和孢粉等化石。下段岩性为灰紫色中薄层状中细粒岩屑砂岩、长石岩屑砂岩、灰紫色含砾岩屑石英砂岩夹灰紫色、灰黄色中层状复成分细砾岩及少量薄层状钙质粉砂岩；上段岩性为灰紫色中厚层状复成分砾岩、紫红色中层状岩屑石英砂岩、含砾岩屑长石砂岩夹少量岩屑石英粉砂岩。其上与沱沱河组为角度不整合接触。

五、新生界

古近系和新近系分布广泛，包括沱沱河组（$E_{1-2}t$）、雅西错组（E_3y）、五道梁组（E_3w）、查保玛组（E_3N_1c）、唢呐湖组（N_1s）、曲果组（N_2q）。第四系覆盖广泛，主要为冰川堆积物、沼积物、冲积物。

1. 沱沱河组（$E_{1-2}t$）

该组由青海省区调综合地质大队 1989 年创名的"沱沱河群"演化而来。岩性主要为砖红色、紫红色、黄褐色复成分砾岩、含砾砂岩及薄-中层状岩屑砂岩，化石稀少，仅采到孢粉，偶见硅化木，整体上呈现向上由细变粗的沉积特征，以山麓冲洪积扇为主兼河流相沉积。其不整合于白垩系风火山群之上，上与雅西错组呈整合接触。

2. 雅西错组（E_3y）

岩性主要为砖红-紫红色薄-中层状粗粒岩屑石英砂岩、中-细粒岩屑石英砂岩、岩屑长石砂岩、粉砂岩夹泥岩、泥晶灰岩，局部夹膏盐层，含介形虫、轮藻及孢粉。该组与下伏沱沱河组呈整合接触。

3. 五道梁组（E_3w）

岩性主要为灰-灰白色薄-中厚层状泥灰岩、泥岩、生物碎屑灰岩及灰黑色薄-中厚层状泥晶灰岩，产介形类、孢粉。为淡水湖泊相沉积。其与下伏古近系为整合接触，其上被第四系覆盖。

4. 查保玛组（E_3N_1c）

查保玛组以橄榄玄粗岩、粗安岩、粗面岩为主，夹少量含火山角砾岩屑晶屑凝灰岩和火山角砾岩。火山机构保存较完整。

5. 唢呐湖组（N_1s）

唢纳湖组由西藏地矿局区域地质调查大队 1987 年创名于双湖县唢呐湖东，在工作区仅分布于巴颜喀拉地层分区西北部。是一套灰色泥灰岩、泥岩、粉砂岩夹生物碎屑泥晶灰岩、含砾砂岩及多层石膏的内陆湖泊沉积。

6. 曲果组（N_2q）

岩性为一套暗红色、紫红色偶夹灰绿色的碎屑岩沉积，按岩性组合可以分为两段。下段为暗红色及紫红色厚层状粗砾岩、复成分中砾岩夹紫红色厚层状含砾粗粒岩屑砂岩。上段下部为紫红色厚层状泥岩、粉砂质泥岩及紫红色中层状粉砂岩、细砂岩夹石膏透镜体，产孢粉化石；上段上部为泥岩夹粉砂质泥岩，产孢粉化石。其与下伏沱沱河组、雅西措组及前古近纪地层呈角度不整合接触。

综上所述，工作区存在四个较明显的区域不整合。从早到晚依次为：①上三叠统（巴塘群 T_3Bt、结扎群 T_3J）底部与下伏下石炭统杂多群、石炭二叠系开心岭群的角度不整合；②中－上侏罗统（雁石坪群 $J_{2-3}Y$）底部与下伏地层之间的角度不整合；③古近系（沱沱河组 $E_{1-2}t$）底部与下伏地层之间的角度不整合；④上新统底部（曲果组 N_2q）与下伏地层之间的角度不整合。前两者可能和特提斯洋的演化有关，后两者可能和青藏高原的阶段性隆升有关，四个区域不整合均与该区四次大的成矿作用密切相关。

第三章 区域岩浆岩

第一节 火 山 岩

西南"三江"成矿带北段火山活动主要分布于羌北－昌都地区，大致可划分为四期，集中于二叠纪（尕迪考组 $P_{1-2}gd$、诺日巴尕日保组 P_2nr、那益雄组 P_3n）、晚三叠世（巴塘群 T_3Bt、甲丕拉组 T_3jp）、中侏罗世（雀莫错组 J_2q）和渐新－中新世（查保玛组 E_3N_1c）。此外，中－新元古代（宁多岩群 $Pt_{2-3}N$、草曲群 Pt_3C）和晚古生代（依吉组 D_1yj、杂多群碎屑岩组 C_1Z_1）有少量火山活动（表 3-1）。

表 3-1 西南"三江"成矿带北段火山岩分布层位

时代 地层分区		巴颜喀拉地层分区	西金乌兰－金沙江地层分区	羌北－昌都地层分区		火山作用期次
第四纪	Q					
新近纪	N_2					
	N_1			查保玛组 E_3N_1c		第四期
古近纪	E_3					
	E_2					
	E_1					
白垩纪	K_2					
	K_1					
侏罗纪	J_3					
	J_2			雀莫错组 J_2q		第三期
	J_1					
三叠纪	T_3		巴塘群火山岩组 T_3Bt_2			第二期
			巴塘群碎屑岩组 T_3Bt_1	甲丕拉组 T_3jp		
	T_2					
	T_1					
二叠纪	P_3			那益雄组 P_3n		第一期
	P_2			诺日巴尕日保组 P_2nr	尕迪考组 $P_{1-2}gd$	
	P_1					

续表

时代　　地层分区		巴颜喀拉地层分区	西金乌兰－金沙江地层分区	羌北－昌都地层分区	火山作用期次
石炭纪	C_2				
	C_1			杂多群碎屑岩组 C_1Z_1	
泥盆纪	D_3				
	D_2				
	D_1	依吉组 D_1yj			
志留纪	S				
奥陶纪	O_3				
	O_2				
	O_1				
寒武纪	∈				
元古宙	PT			草曲群 Pt_3C	
				宁多岩群 $Pt_{2-3}N.$	

1	2	3	4

1. 夹变质中基性火山岩；2. 夹中基性火山岩；3. 中基性火山岩；4. 夹火山碎屑岩

一、前二叠纪火山岩

1. 中－新元古代变质火山岩

工作区元古宙火山岩较少，均为变质火山岩，出露于中－新元古界，包括宁多岩群 $Pt_{2-3}N.$ 和草曲群（Pt_3C）。

宁多岩群（$Pt_{2-3}N.$）为一套角闪岩相变质的片岩、片麻岩夹少量斜长角闪岩，经原岩恢复斜长角闪岩的原岩为中基性火山岩、火山碎屑岩，部分钠长石英片岩的原岩为中酸性火山岩。变质火山岩呈北西向狭长带状断续分布于宁多岩群变质岩系中。由于岩石均发生较强变质作用，火山岩的性质不明。

草曲群（Pt_3C）由一套浅变质泥质碎屑岩夹灰绿色变质橄榄玄武岩、变质角闪安山岩、变质安山岩等组成，仅出露于囊谦县东南部，其层位可能与吉塘岩群的西西岩组相当。1993 年 1 : 20 万邓柯幅曾在也群格村草曲群变质玄武岩中获 2 件 U-Pb 同位素年龄值分别为 999Ma 和 876Ma，草曲群的主变质年龄为 640Ma。

2. 泥盆纪火山岩

泥盆纪零星分布有少量火山岩、火山碎屑岩，含火山岩地层为依吉组（D_1yj）。

依吉组（D_1yj）火山岩主要产出在玉树地区依吉组中、上段的局部层位，岩石组合为蚀变玄武岩、玄武安山岩、安山岩以及浅变质凝灰岩，具低绿片岩相变质，有大量中基性岩脉侵入其中。产出在依吉组中段的火山岩横向上厚度变化较大，有自北西向南东增厚的趋势。产出的构造背景为拉张的裂陷环境。

3. 石炭纪火山岩

石炭纪零星分布有少量火山岩、火山碎屑岩，含火山岩地层为杂多群（C_1Z）。

杂多群（C_1Z）火山岩主要分布于杂多县南山、莫核拉才其涌上游、结扎公社南山、赛柴拉桑、加涌上游、尕尔纳及纳涌赛一带，呈北东—南西向展布，其中赛柴拉桑、加涌上游、尕尔纳及纳涌赛一带的火山活动较为强烈，形成了一套巨厚的火山岩系。火山岩总体呈带状分布，多呈火山地层、夹层状、透镜状等形式赋存于杂多群碎屑岩组正常海相沉积地层中，其喷发环境为海相裂隙式喷发的火山岩。岩石类型有玄武岩、流纹岩、流纹英安岩、流纹质晶屑岩屑凝灰岩、英安质凝灰角砾熔岩、英安质凝灰熔岩。

二、二叠纪火山岩（第一期火山作用）

二叠纪火山岩在工作区分布较多，以早 - 中二叠世为主，含火山岩的地层为诺日巴尕日保组（P_2nr）、尕迪考组（$P_{1-2}gd$），此外上二叠统那益雄组（P_3n）夹少量火山碎屑岩。火山岩呈北西西向分布于工作区中部。

1. 诺日巴尕日保组火山岩

诺日巴尕日保组（P_2nr）为工作区含火山岩的主体，呈北西—南东向分布于沱沱河和玉树地区。岩性为火山碎屑角砾凝灰岩、含角砾玻屑晶屑凝灰岩和玄武岩、玄武安山岩，发育辉绿岩墙、辉长辉绿岩墙。具有裂隙式火山喷发特征，由于后期断裂破坏和第四系覆盖，火山机构不完整。构造环境为裂谷。火山作用与铁（铜）、铅锌成矿关系密切。

2. 尕迪考组火山岩

尕迪考组（$P_{1-2}gd$）的层位相当于诺日巴尕日保组（P_2nr）和九十道班组（P_2j），该名称仅限于玉树地区使用。呈北西—南东方向展布，以中 - 酸性火山碎屑岩为主夹少量基性或酸性熔岩。主要岩石组合为：灰绿色安山质火山角砾岩、浅灰绿色块层状蚀变流纹英安质凝灰岩、浅黄绿色中酸性含火山角砾凝灰熔岩夹少量的灰绿色多斑状蚀变安山玄武岩。火山作用与铁（铜）、铅锌成矿关系密切。

3. 那益雄组（P_3n）

以含煤碎屑岩为主，仅在局部地段夹少量火山碎屑岩，岩性为凝灰岩、沉凝灰岩。

三、晚三叠世火山岩（第二期火山作用）

晚三叠世火山岩主要位于巴塘群（T_3Bt），局部地段甲丕拉组（T_3jp）夹火山岩。

1. 巴塘群（T₃Bt）

火山岩分布于杂多县和治多县，呈北西—南东向条带状展布，主要发育在巴塘群火山岩组中，其次以夹层状、透镜状分布在碎屑岩组中。岩性主要为玄武岩、安山玄武岩、中酸性凝灰岩及少量流纹岩、凝灰质英安岩、火山角砾岩及粗面岩、灰绿色－灰紫色安山岩、石英安山岩、灰绿色英安岩等。为典型的裂隙式海相火山岩，与铜多金属成矿关系密切。

2. 甲丕拉组（T₃jp）

火山岩呈夹层状产出，层位不稳定，仅在局部地段发育，岩性主要为安山岩、玄武岩、中酸性凝灰熔岩及凝灰岩。近年来 1 ： 5 万区调 I46E011012 幅在沱沱河地区囊极—扎苏一带填绘出甲丕拉组火山机构，并与铜多金属矿化有关。

四、中侏罗世火山岩（第三期火山作用）

中侏罗世火山岩主要位于巴塘群雀莫错组（J₂q）。

雀莫错组（J₂q）为一套以碎屑岩为主的地层，近年来 1 ： 5 万区调在雁石坪地区于雀莫错组下部发现火山岩夹层，岩性有玄武岩、安山岩、英安岩、流纹斑岩及中酸性凝灰岩、火山角砾岩等，呈多层状产出，并与铁、铜多金属矿化有关。

五、渐新世—中新世火山岩（第四期火山作用）

渐新世—中新世火山岩主要发育于查保玛组（E₃N₁c）中，分布范围较广，沱沱河地区和玉树地区均有查保玛组火山岩。

查保玛组（N₁c）以火山岩为主，发育良好的火山机构和火山韵律，为一套碱性火山岩组合，岩性为灰红色流纹岩、粗面岩、粗安岩、碱性玄武岩、安山质火山角砾岩夹英安质凝灰熔岩。火山岩系的喷溢相—爆发相的韵律特点明显，构成较完整的火山活动旋回，下部为酸性火山岩组合，上部为中－基性火山岩组合，往往构成"白底黑顶"。查保玛组火山岩属典型的陆相中心式喷发火山岩，个别火山中心发育次火山岩和斑岩体，局部发育铜矿化，是否与斑岩型铜钼矿有关值得研究。

第二节　侵　入　岩

工作区侵入岩不发育，多为小岩体或岩株（图 3-1、表 3-2）。

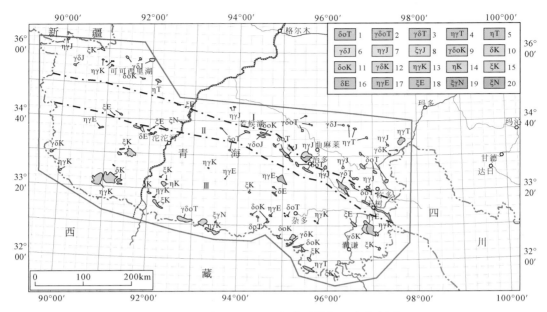

图 3-1 西南"三江"北段中酸性侵入岩分布图

1. 三叠纪石英闪长岩;2. 三叠纪英云闪长岩;3. 三叠纪花岗闪长岩;4. 三叠纪二长花岗岩;5. 三叠纪二长岩;6. 侏罗纪花岗闪长岩;7. 侏罗纪二长花岗岩;8. 侏罗纪钾长花岗岩;9. 白垩纪英云闪长岩;10. 白垩纪闪长岩;11. 白垩纪石英闪长岩;12. 白垩纪花岗闪长岩;13. 白垩纪二长花岗岩;14. 白垩纪二长岩;15. 白垩纪正长岩;16. 古近纪闪长岩;17. 古近纪二长花岗岩;18. 古近纪正长岩;19. 新近纪二长花岗岩;20. 新近纪正长岩;Ⅰ. 巴颜喀拉地层分区;Ⅱ. 西金乌兰-金沙江地层分区;Ⅲ. 羌北-昌都地层分区

表 3-2 西南"三江"北段中酸性侵入岩简表

地层分区 时代		巴颜喀拉地层分区	西金乌兰-金沙江地层分区	羌北-昌都地层分区
新近纪	N		正长岩	钾长花岗岩
古近纪	E		正长岩	闪长岩、二长花岗岩、正长岩
白垩纪	K	花岗闪长岩、二长花岗岩、正长岩	英云闪长岩	英云闪长岩、闪长岩、石英闪长岩、花岗闪长岩、二长花岗岩、二长岩、正长岩
侏罗纪	J	二长花岗岩、花岗闪长岩	钾长花岗岩	
三叠纪	T	英云闪长岩、石英闪长岩、二长花岗岩、二长岩	英云闪长岩、石英闪长岩、花岗闪长岩、二长花岗岩	石英闪长岩、二长花岗岩

一、西南"三江"成矿带北段侵入岩时间特征

在时间上，最老的侵入体为三叠纪，最新的为新近纪；相对而言，岩浆侵入活动有三个高峰期，分别为三叠纪、白垩纪和古近纪，可能分别对应于三次区域性汇聚或高原隆升事件。而侏罗纪和新近纪岩浆侵入活动微弱，可能代表两次伸展事件。

1. 三叠纪侵入岩

三叠纪侵入岩主要分布于工作区北部的巴颜喀拉地层分区和西金乌兰－金沙江地层分区，羌北－昌都地层分区沿唐古拉山分布零星（图3-2）。其中，沿若候涌—玉树有一条北西西—南东东分布的三叠纪侵入岩带。

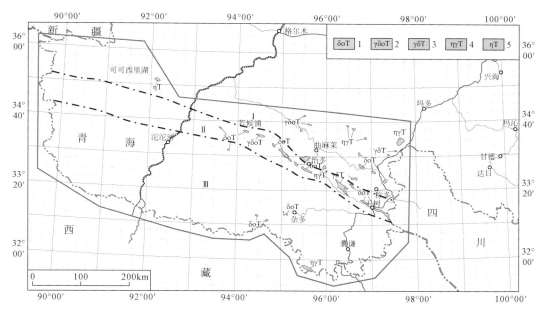

图 3-2　西南"三江"北段三叠纪中酸性侵入岩分布图

1. 三叠纪石英闪长岩；2. 三叠纪英云闪长岩；3. 三叠纪花岗闪长岩；4. 三叠纪二长花岗岩；5. 三叠纪二长岩；Ⅰ. 巴颜喀拉地层分区；Ⅱ. 西金乌兰－金沙江地层分区；Ⅲ. 羌北－昌都地层分区

三叠纪侵入岩的岩石类型有英云闪长岩、石英闪长岩、二长花岗岩、二长岩等，总体属于钙碱性系列。

目前，工作区尚未发现与三叠纪侵入岩有关的成矿作用。

2. 侏罗纪侵入岩

侏罗纪侵入岩零星分布于巴颜喀拉地层分区，多呈小岩株出露（图3-3），仅在治多县西北有一个稍大的二长花岗岩体。

侏罗纪侵入岩的岩石类型有二长花岗岩、花岗闪长岩及钾长花岗岩等，主要属于钙碱性系列，个别属于碱性系列。

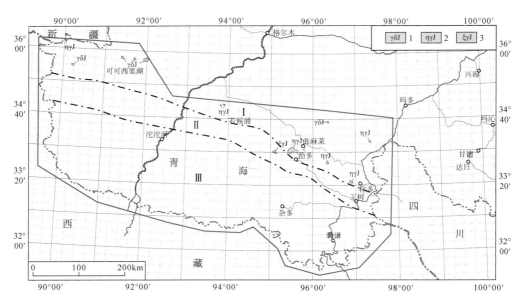

图 3-3 西南"三江"北段侏罗纪中酸性侵入岩分布图

1.侏罗纪花岗闪长岩；2.侏罗纪二长花岗岩；3.侏罗纪钾长花岗岩；Ⅰ.巴颜喀拉地层分区；Ⅱ.西金乌兰-金沙江地层分区；Ⅲ.羌北-昌都地层分区

目前，工作区尚未发现与侏罗纪侵入岩有关的成矿作用。

3. 白垩纪侵入岩

白垩纪侵入岩主要分布于羌北-昌都地层分区，多呈小岩体或岩株出露（图3-4），沿唐古拉山有一条北西西—南东东的白垩纪侵入岩带。

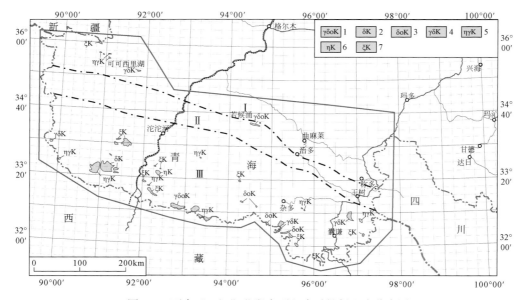

图 3-4 西南"三江"北段白垩纪中酸性侵入岩分布图

1.白垩纪英云闪长岩；2.白垩纪闪长岩；3.白垩纪石英闪长岩；4.白垩纪花岗闪长岩；5.白垩纪二长花岗岩；6.白垩纪二长岩；7.白垩纪正长岩；Ⅰ.巴颜喀拉地层分区；Ⅱ.西金乌兰-金沙江地层分区；Ⅲ.羌北-昌都地层分区

白垩纪侵入岩的岩石类型较多，包括英云闪长岩、闪长岩、石英闪长岩、花岗闪长岩、二长花岗岩及正长岩等，属于钙碱性系列和碱性系列。

目前，工作区尚未发现与白垩纪侵入岩有关的成矿作用。

4. 古近纪侵入岩

古近纪侵入岩主要分布于羌北–昌都地层分区，多为小岩体或岩株（图3-5），沿沱沱河—玉树南呈北西西—南东东断续分布，其中有沱沱河、纳日贡玛和玉树南三个集中出露区。

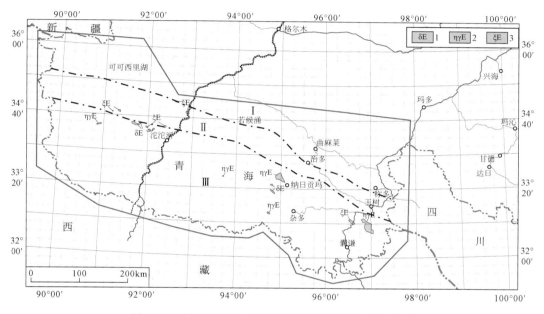

图 3-5　西南"三江"北段古近纪中酸性侵入岩分布图

1.古近纪闪长岩；2.古近纪二长花岗岩；3.古近纪正长岩；Ⅰ.巴颜喀拉地层分区；Ⅱ.西金乌兰–金沙江地层分区；Ⅲ.羌北–昌都地层分区

古近纪侵入岩的岩石类型包括闪长岩、二长花岗岩及正长岩等，主要属于碱性系列，少量属于钙碱性系列。

工作区已发现与古近纪侵入岩有关的纳日贡玛大型斑岩铜钼矿。目前，在沱沱河一带的扎拉夏格涌也发现与古近纪侵入岩有关的铅锌矿化，值得进一步工作。

5. 新近纪侵入岩

新近纪侵入岩出露极为零星，呈小岩株出露于西金乌兰–金沙江地层分区和羌北–昌都地层分区（图3-6）。

新近纪侵入岩的岩石类型有钾长花岗岩、正长岩等，总体属于碱性系列。

目前，工作区尚未发现与新近纪侵入岩有关的成矿作用。

总之，工作区侵入岩随时间由老到新，侵入活动具有从北向南演化的趋势，岩浆性质从钙碱性向碱性演化，并对应于三次构造事件相伴的成矿作用。

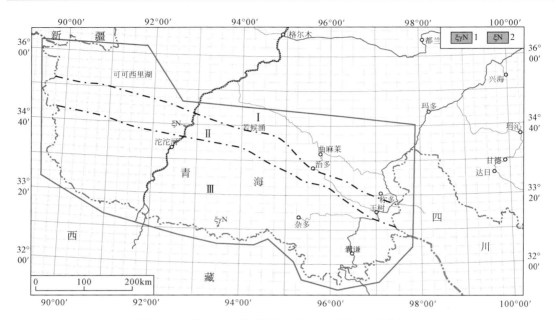

图 3-6 西南"三江"北段新近纪中酸性侵入岩分布图

1.新近纪二长花岗岩；2.新近纪正长岩；Ⅰ.巴颜喀拉地层分区；Ⅱ.西金乌兰－金沙江地层分区；Ⅲ.羌北－昌都地层分区

二、西南"三江"成矿带北段侵入岩空间特征

在空间上，三叠纪侵入体主要分布于西金乌兰－金沙江地层分区的东段，呈北西—南东向展布，可能代表西金乌兰－金沙江洋盆闭合；而巴颜喀拉地层分区和羌北－昌都地层分区三叠纪侵入体仅有零星小岩株分布。侏罗纪侵入体较少，岩体规模较小，仅分布于巴颜喀拉地层分区，呈北西—南东向零星展布，可能与陆内剪切走滑构造活动有关。白垩纪侵入体主要分布于羌北－昌都地层分区，沿唐古拉山呈北西—南东向带状分布，可能对应于一期汇聚事件；其余地区仅零星出露白垩纪侵入体。古近纪侵入体仅分布于羌北－昌都地层分区，具有北西—南东成行、北东—南西成串的分布规律，可能代表高原隆升事件，岩浆侵入活动同时受北西向和北东向两组断裂的控制，侵入岩集中出露于两组断裂的交汇部位，可能对斑岩型铜钼矿的成矿具有控制作用。新近纪侵入体较少，仅有个别小岩株零星分布于羌北－昌都地层分区和西金乌兰－金沙江地层分区，可能代表高原隆升事件。

第四章 区域构造及蛇绿（混杂）岩带

第一节 区 域 构 造

一、褶皱构造

工作区褶皱构造较为发育，卷入褶皱的地层主要为前白垩系，褶皱轴向与区域构造线基本一致，呈北西—南东、北西西—南东东向展布。

1. 沱沱河地区

1）扎日根复式背斜

位于扎日根一带，轴向北西—北西西向，长约 10km。核部由诺日巴尕日保组构成，两翼地层为九十道班组。两翼基本对称，岩层产状正常，倾角 50°。次级褶皱发育，尤以北翼为最。褶皱方向与主轴方向一致，多为短轴背、向斜，各褶曲呈左行雁行式排列。

2）帮可钦复式向斜

位于帮可钦一带，轴向北西西向，长约 8.5km，北翼及东、西两端被新生代地层覆盖，南翼受断层破坏，褶皱形态不完整。地层由结扎群甲丕拉组构成，两翼基本对称，岩层倾角一般为 46°～55°。次级褶皱发育，褶皱轴向与主轴方向一致，呈左行斜列状分布。

3）尺柔强玛－纳宇恰日卡向斜

位于"三江"北段西南部，轴向呈东西向，向西倾伏，长约 28km。向斜地层均由中－上侏罗统的雁石坪群构成，核部为雪山组，南翼延至区外。北翼燕山期碱性正长斑岩大面积侵入，多数地段被错居日组和第四系覆盖。东侧仰起端地层呈弧形平行分布，仰起端显示向斜两侧地层基本对称，轴面近直立。

2. 多彩地区

区内褶皱构造十分发育，在不同地层中形成的褶皱形态各具特色。产于巴塘群的褶皱是较为典型的线性褶皱，向南逐渐变得较为开阔，在复背、向斜的背景上次一级褶皱也十分发育，它们与复背、向斜轴向一致，但形态则较为开阔，主要褶皱有麦龙涌复背斜。产于结扎群中的褶皱在形态上与巴颜喀拉山群和巴塘群中的褶皱差异较大，大型背、向斜在形态上比较宽缓、开阔，长宽比一般为 3：1～10：1，次一级褶曲不甚发育，主要有卓罗群背斜、格群涌背斜，新近系—古近系多构成宽缓的向斜构造或呈单斜构造。

产于巴塘群和甲丕拉组中的铅锌矿多卷入褶皱，褶皱构造对成矿具有叠加富集作用，且在背斜核部矿体变厚。

3. 玉树 – 杂多地区

该区由于大规模的逆冲推覆构造，形成逆冲推覆隆起带和前缘褶皱冲断带，褶皱构造多被破坏或不明显，仅保存部分与逆冲推覆有关的拖曳褶皱。

二、断裂构造

工作区经历了长期复杂的构造运动，断裂构造极为发育，按其展布方向可分为北西向、北东向、近东西向三组断裂，各断裂彼此交错切割，共同构成区内基本构造轮廓（图4-1）。局部地段发育环形断裂和放射状断裂。

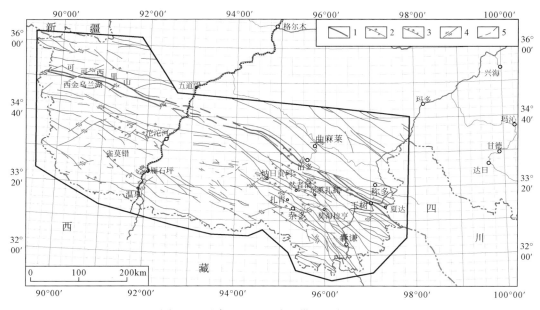

图 4-1　西南"三江"成矿带北段断裂系统

1. 主干断层；2. 逆冲断层；3. 正断层；4. 左行走滑断层；5. 推测断层

1. 北西向（北西西向）断裂

北西向（北西西向）断裂为区内的主要断裂，属于早期构造作用形成的断裂，分布范围较广，延伸都比较长，在断层附近形成较宽的挤压破碎带，有少量基性岩脉和酸性岩脉沿断裂分布，倾向主要为北东，部分倾向西南，地貌上多为负地形，航片上多数反映清晰，控制着中、新生代断陷盆地的形态及分布。断裂性质以从北东向南西逆冲推覆为主，构成区内逆冲推覆断裂系，使古近纪以前的地层呈一系列北西—南东向展布的叠瓦岩片，并形成前缘褶皱冲断带、逆冲推覆隆起带及飞来峰。北西向（北西西向）断裂具有走滑剪切分量，多数表现为右行走滑特征；可可西里山南缘断裂和玉树–西金乌兰湖断裂为贯穿工作区的主干断裂，也是西金乌兰–隆宝蛇绿混杂岩带的边界断裂。部分倾向西南的断裂为正断层，可能为从北东向南西逆冲推覆作用的派生断裂。

沱沱河地区发现的铅锌矿床、矿点、矿化线索多产于北西向的断裂破碎带，扎日根一带多金属矿化点多产于近东西向断裂带附近。此外，多彩地区多数铅锌矿受由北东向南西的逆冲推覆断裂控制。表明工作区北西向（北西西向）断裂与成矿关系较密切。

总之，北西向断裂为区内的主要断裂，对区内地层、岩浆活动、后期的变质改造都有明显的控制作用。此外，逆冲推覆断裂系对区内部分铅锌矿具有一定的破坏作用，使得含矿地层和矿带不连续以及深埋隐伏。

2. 北东向断裂

北东向断裂延伸都比较短，错断古近系以前的地层和早期北西向（北西西向）断裂，具有间隔发育的特征。构造性质主要为左行走滑，断距较小，形成时代较晚，为喜马拉雅期的产物。

该组左行走滑断裂系对区内铅锌矿、铜多金属矿具有一定的破坏作用，使得铅锌矿带不连续。然而，在北东—南西向左行走滑断裂与北西—南东向逆冲推覆断裂的交汇部位，沿中酸性岩基附近往往侵入有小型中酸性斑岩体，是斑岩型铜钼矿的母岩和主要赋矿地质体，如纳日贡玛斑岩型铜钼矿，因此左行走滑断裂系的发育对斑岩型铜钼矿的成矿作用具有不可低估的建设作用。

3. 环形断裂和放射状断裂

工作区环形断裂和放射状断裂仅在局部发育，两者在空间上往往相伴产出，与中心式火山作用有密切成生联系。由于后期构造破坏，尤其是逆冲推覆作用的改造和左行走滑断裂的影响，环形断裂和放射状断裂多保存不完整或被强烈改造，仅有部分侏罗纪和古近纪形成的环形断裂和放射状断裂得以保存。

如雁石坪地区碾廷曲一带与中侏罗世中心式火山作用有关的环形断裂和放射状断裂，本次工作通过 1 ∶ 5 万火山机构专题填图，在中侏罗统雀莫错组中填绘出围绕古火山口的环形断裂和以古火山口为中心的放射状断裂（图 4-1），两者均遭受北东向南西逆冲推覆断裂的改造；环形断裂带和放射状断裂带中具有镜铁矿化和磁黄铁矿化，其中镜铁矿较富，具有一定规模。

三、新生代构造特征

区内新生代构造活动十分活跃，主要表现为活动断裂、沱沱河走滑拉分盆地、地壳间歇性抬升和掀斜、山区多级夷平面、叠置型冲－洪积扇、单面山、多级阶地、河流袭夺和地震活动等。其中沱沱河断陷盆地发育三组控盆断裂，分别为：北西—北西西向、近东西向、北东向。

第二节　蛇绿混杂岩带

西南"三江"成矿带北段工作区内部发育两条蛇绿混杂岩带，具有地层和构造分区意义。一为歇武蛇绿混杂岩带，相当于甘孜－理塘蛇绿混杂岩带延入工作区的部分；二为西金乌兰－多彩－隆宝蛇绿混杂岩带，属于区域上西金乌兰－金沙江蛇绿混杂岩带的一部分。

一、歇武蛇绿混杂岩带（oφm$_T$）

歇武蛇绿混杂岩是四川甘孜－理塘蛇绿混杂岩的西延，是由 1 ： 25 万玉树幅从通天河蛇绿混杂岩中解体出来的非正式单元。该蛇绿混杂岩带以立新－歇武断裂为北界与巴颜喀拉山群近邻，以浪普断裂为南界与下泥盆统依吉组接连，呈北西西—南东东向断续展布，向西出露宽度变小，直至最后尖灭。

歇武蛇绿混杂岩包括蛇绿岩残块、上覆岩系、外来岩片等构造块体和基质，总体上基质多岩块少。蛇绿岩残块包括变质超基性岩（绿泥菱镁片岩）、糜棱岩化辉长岩、蚀变辉绿岩、玄武岩、枕状玄武岩，呈大小不一的岩块产出；外来岩块主要为灰岩。变形基质主要有变细粒长石岩屑杂砂岩和黑云绿泥绢云千枚岩等。上覆岩系包括蚀变玄武质凝灰岩和放射虫硅质岩。

据区域上 1 ： 20 万贡岭幅（1984）、1 ： 20 万理塘幅（1984）区域地质调查报告，在甘孜－理塘混杂岩带的灰岩中含晚二叠世化石；在与玄武岩相伴的硅质岩内获得早三叠世—晚三叠世早期的放射虫化石：早三叠世放射虫有 *Yanagia chinensis* Feng，*Paurinella sinensis* Feng；中三叠世—晚三叠世早期放射虫有 *Triassocampe* cf. *nova* Yao，*Pseudostylosphaera nazarovi* Kozur，*Squinabolella*? sp.，*Hinedorclls* sp.，*Muelleritortis cochleata tumidospina* Kozur，*Triassocampe coronata* Bragin，*Astrocentus pulche* Kozur et Mostler 等。梁斌（1990，2004）在川西道孚县城南混杂岩中获得放射虫：*Muelleritortis*，*Paroertlispongus* 和 *Pseudoertlispongus* 等，地质时代为中三叠世拉丁期。侯增谦等在甘孜－理塘混杂岩带的洋脊型枕状玄武岩中获 ^{40}Ar/^{39}Ar 年龄值为（231.3±6.7）Ma。据此，该蛇绿混杂岩的时代为三叠纪。

二、西金乌兰－多彩－隆宝蛇绿混杂岩带（oφm$_{CP}$）

该蛇绿混杂岩带是继 1 ： 20 万区调后 1 ： 25 万区调新填绘出的非正式单元，呈北西—南东向或近东西向展布，分布于治多县多彩—当江—聂恰曲和玉树县哈秀—隆宝湖一带，是区域上西金乌兰－金沙江蛇绿混杂岩带的重要组成部分。

西金乌兰－多彩－隆宝蛇绿混杂岩带呈各种形态的岩块或岩片产出，长轴总体展布方向近北西—南东向，与区域面理的展布方向是一致的，与围岩多以韧性界面接触，蛇绿岩岩块与强烈剪切变形的泥砂质基质相互混杂在一起，构成典型的蛇绿混杂岩。蛇绿混杂岩岩块包括蛇纹岩、变质辉橄岩、糜棱岩化辉长岩、辉绿岩、玄武岩（绿帘角闪岩）、硅质岩，基质主要为钠长绿泥糜棱片岩、绿泥片岩。

西金乌兰－多彩－隆宝蛇绿混杂岩带在区域上同一构造带内据已获得巴音查乌马辉长岩的 Rb-Sr 等时线年龄为（266±41）Ma（苟金，1990）。1 ： 25 万可可西里幅区调获得辉长岩的 ^{40}Ar/^{39}Ar 年龄为（345.69±0.91）Ma。1 ： 25 万治多县幅区调在当江以北硅质

岩中获得 *Pseudoalbaillella fusifirmis*（纺锤形假阿尔拜虫）和 *Pseudoalbaillella* spp.（假阿尔拜虫众多未定种）放射虫化石，经中国科学院南京地质古生物研究所鉴定，时代为 P_1-P_2。1∶25 万玉树县幅区调在立新采获放射虫：*Latentifistula crux* Nazarov et Ormiston，*Pseudoalbaillella scalprata scalprata* Holdsworth et Jones，*Pseudoalbaillella scalprata rhombothoracata* Ishiga，*Pseudoalbaillella sakmarensis*（Kozur），*Pseudoalbaillella* sp.，该放射虫组合属于 *Pseudoalbaillella scalprata rhombothoracata* 带，时代为早二叠世，相当于 Wolfcampian 顶部到 Leonardian 底部。

因此，该蛇绿混杂岩的时代为石炭纪—早二叠世。

第五章　区域地球物理与地球化学特征

第一节　区域地球物理特征

一、区域航磁（ΔT_a）特征

　　青海省航磁异常整体处于一个低背景区中，但各区 ΔT_a 的区域背景场又略有不同（图 5-1）。在"三江"北西段的南部青海沱沱河一带亦存在一面积较大的正磁异常区，西部偏强、东部逐渐变弱，但该区卫星磁力图上没有任何显示，这说明该区的高磁力反映出局部有基–中性火山岩的石炭纪至二叠纪地层的存在。整个巴颜喀拉及三叠纪地层广泛分布的地区，磁场均显示为约 −25nT 的平静场区，这说明整个巴颜喀拉地区为巨厚的磁性极弱的正常碎屑岩沉积覆盖。

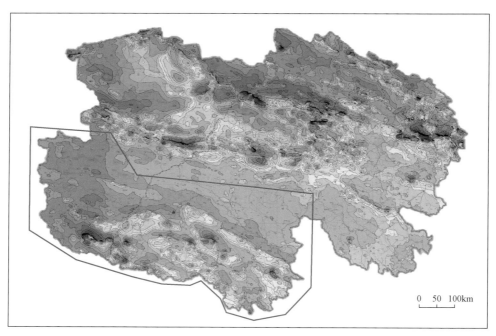

0　　50　100km

图 5-1　青海省航空磁力异常 ΔT_a 平面图

二、布格重力异常特征

青海省全境均处于布格重力异常的负值区内，北高南低。从北部的阿尔金、祁连约 $-300 \times 10^{-5} m/s^2$ 变到南部唐古拉的 $-570 \times 10^{-5} m/s^2$，相差达 $270 \times 10^{-5} m/s^2$（图 5-2），它主要反映了青海地区莫霍面由北向南逐渐加深，且整个莫霍面的平均深度也远大于全球平均深度，大致在 $50 \sim 80km$ 的深度范围内变化。工作区整体处于较低的布格重力异常的负值区，沱沱河西部和治多县 - 杂多县之间为最低负值区，显示这两个地区沉积地层厚度较大。

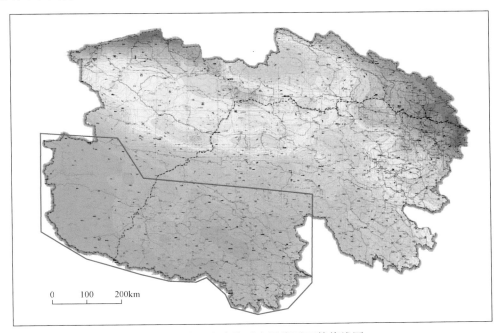

0　　100　　200km

图 5-2　青海省布格重力异常平面等值线图

第二节　区域地球化学特征

工作区从南到北不同成矿地段地球化学特征具有鲜明的特点（图 5-3 ～图 5-6）。

巴颜喀拉成矿省以富 Hg、Li、SiO_2，贫 Cd、Pb、Sr、CaO 为特征，其他元素及氧化物均呈现背景特征，这些特点与巴颜喀拉新生代断裂多、岩性主要为砂板岩相一致。主要成矿元素有 Au、Hg；其他元素变化幅度均较小，总体富集可能性很小，局部有富集的可能。

"三江"成矿省以富 Ag、As、B、Bi、Cd、Pb、Sb、Cu、Zn、CaO，贫 Al_2O_3、Cr、K_2O、Na_2O 为特征，其他元素及氧化物均呈现背景特征，这些特点与"三江"北段是青海省最重要多金属成矿带是一致的。

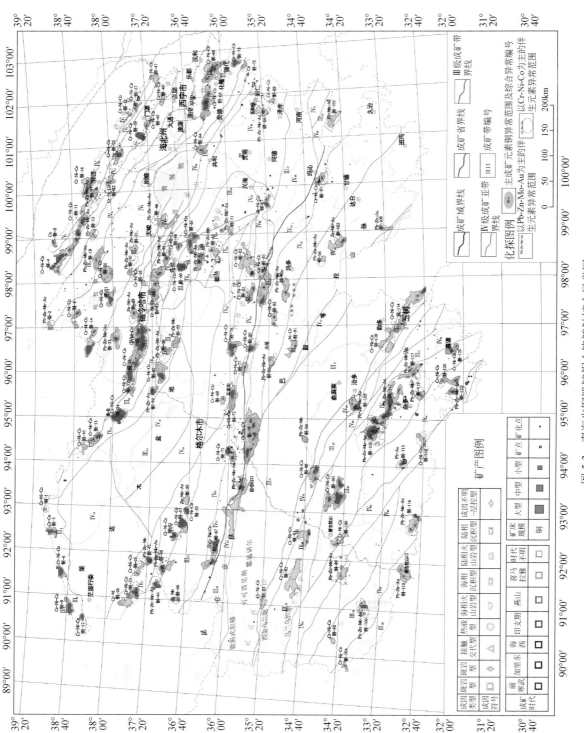

图 5-3　青海省铜钒铝锌铝金铍铬镍钴综合异常图

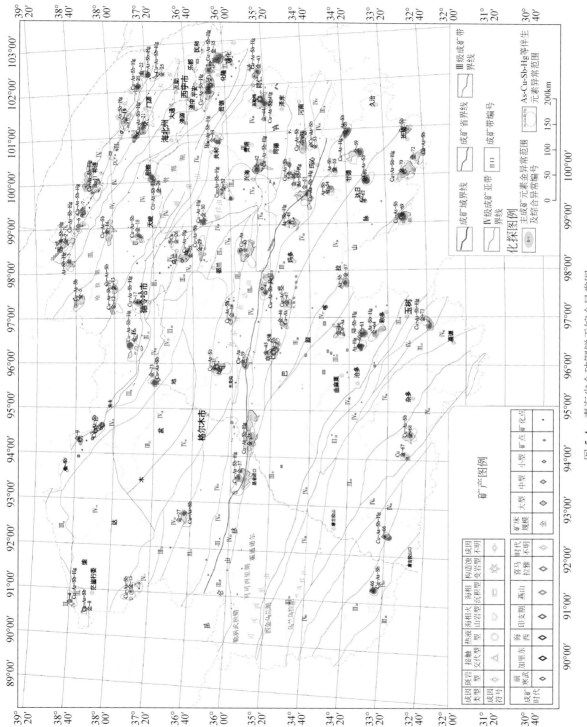

图 5-4 青海省金金砷铜锑汞综合异常图

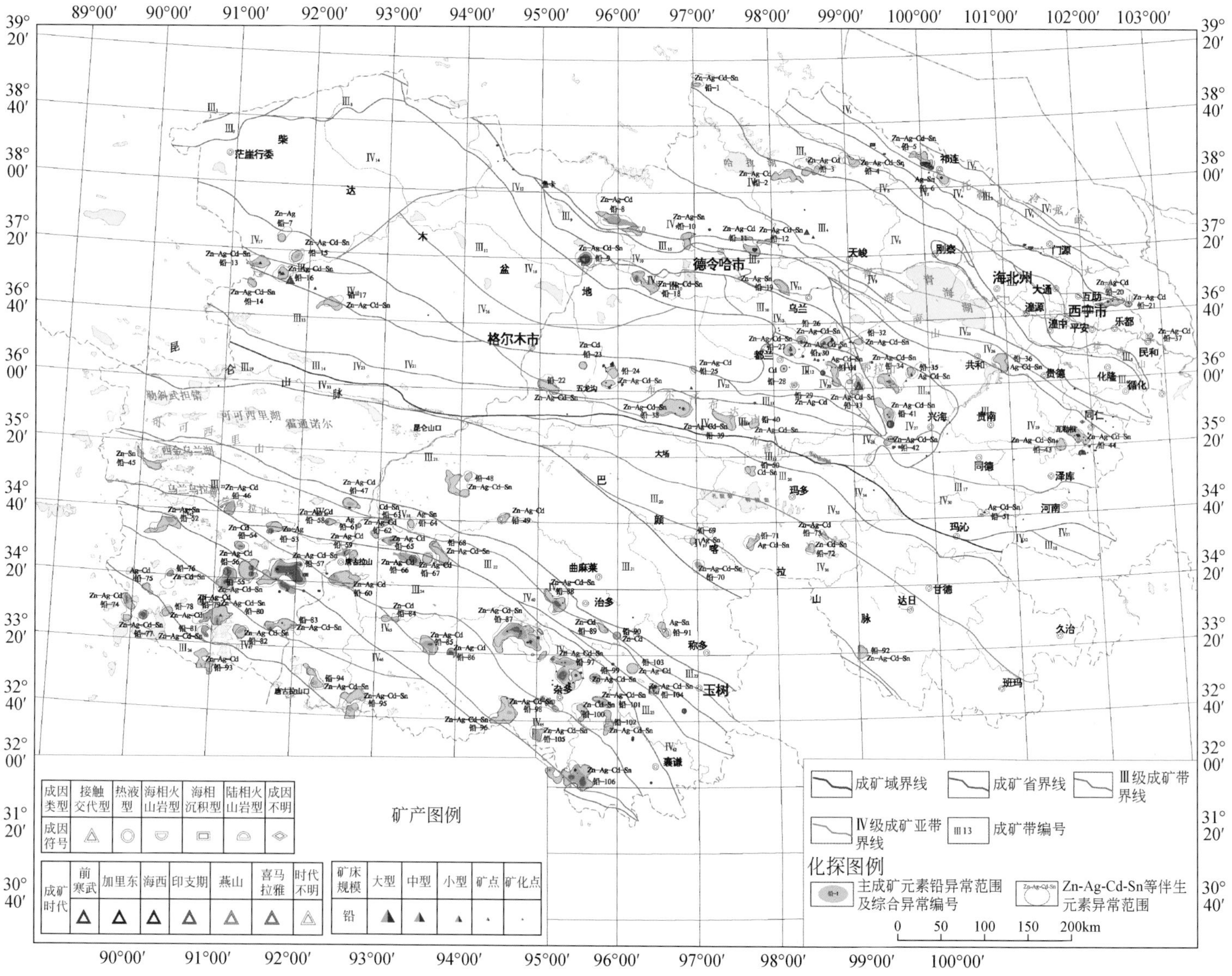

图 5-5　青海省铅锌银镉银锡综合异常图

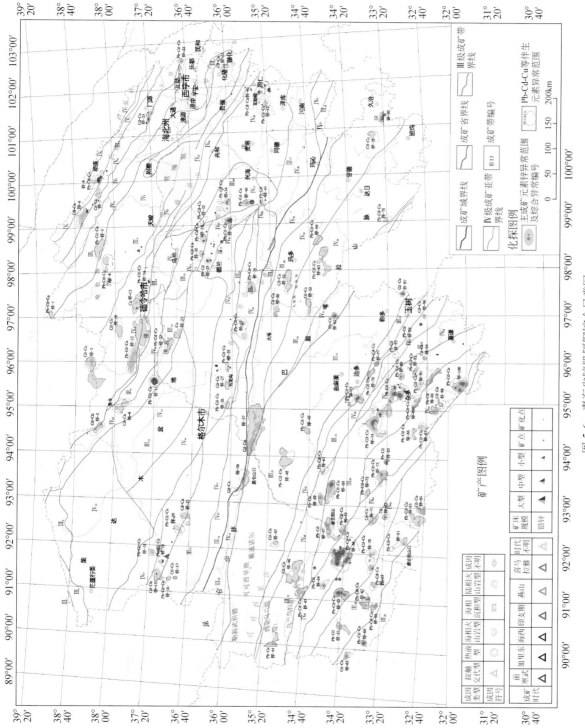

图 5-6 青海省锌铅镉铟综合异常图

Cu 在各个区内从数据统计来看，比较均匀，事实上在多彩地区、纳日贡玛－下拉秀地区铜的成矿事实均不少，成矿类型也较复杂，这也反映分区过大可能导致地球化学信息提取失去指导意义。

根据地球化学异常集群展布趋势及其属性与矿产地集群、地质背景关联，参考指示矿物学特征，工作区存在全国最大的 Pb、Zn 异常区。西南 "三江" 成矿带北段 Pb、As、Ni、Ba、Mo、Fe_2O_3、Cu、Sb、Ag、Bi、Cd 异常区，包括三个异常亚带。

1. 纳日贡玛－宁多 As、Pb、Fe_2O_3、Ni、Cu、Mo、Ba、Zn、Cd、Sb、Ag 异常亚带

总体呈北西—南东向带状，北西端略有收敛，南东向略有发散。可能与构造因素有关，异常排列结构较为复杂。从异常物质属性及其似线状排列走势看，大致可分北、中、南三个次带。北次带从里熊山至夏达；中次带从乌丽、经纳日贡玛至宁多；南次带从乌兰乌拉山、经杂多至江达。从异常分布密集程度看，可分为乌兰乌拉－啊日日纠和纳日贡玛－宁多两个集群。总体受北西—南东向构造控制的同时，局部还有跨越异常亚带的近东西向构造控制。

北次带（里熊山－夏达 Ni、Fe_2O_3、Cr、Cu、Mn、Pb 异常带）：大体相当于金沙江缝合带的青海部分。整个北次带有 30 个异常。

中次带（乌丽－纳日贡玛－宁多 Pb、As、Cu、Zn、Hg 异常带）：从异常表现来看乌丽－曲柔尕卡以 As、Fe_2O_3、Ba、Pb 为主；纳日贡玛－下拉秀以 Pb、Hg、Cu、Zn、Cd 为主，特别 Cu（Mo）有较大异常面积。整个中部次带有 22 个异常。

南次带（乌兰乌拉山－杂多－江达 As、Fe_2O_3、Cd、Mo、Sr 异常带）：从异常表现来看乌兰乌拉湖－索加以 Ba、As、Cd、Pb、Fe_2O_3 为主；查日纳育－毛庄以 As、Mo 为主。整个南次带有 28 个异常。

2. 雁石坪－打旧 Pb、Zn、Au、Mo、Hg 异常亚带

位于雁石坪—打旧一带，近北西西向展布。异常以替木通为界可分为两段。

替木通以西有 18 个异常，主要与燕山晚期—喜马拉雅期火山活动有关。

替木通以东有 15 个异常，其中 Pb、Zn、Au 为优势异常元素。

3. 唐古拉山－龙亚拉－君达 Sb、Bi、Ag、Ni、W、Pb、Au、U、Ba 异常亚带

主要分布在唐古拉山南坡，可以分为三段。

洋姜湖－如木称错段：12 个异常，以 Ni、U、La、Sb 居优势。

如木称错－岗陇日段：14 个异常，以 Bi、W、Ag、Sb 居优势，暗示长英质岩浆侵入活动参与明显。

查曲以东：有 4 个异常（3 个在西藏）。

第六章　区域成矿特征

第一节　区域矿产概况

截至 2015 年 11 月底，西南"三江"成矿带北段共发现各类金属矿床、矿（化）点约 75 处（表 6-1、图 6-1）。其中，大型矿床 4 处、中型矿床 5 处、小型矿床 7 处，以铅锌、铜、铁矿为主，伴生银、金、钼等。其中进行过普查工作的 10 处，达到详查程度的 7 处，进行过勘探工作的 10 处。

目前，西南"三江"成矿带北段仍以矿产资源调查为主，发现的大矿、富矿偏少，然而该区具有较大成矿潜力，尤其是沱沱河整装勘查区多彩三叠纪、雁石坪侏罗纪地层中海相火山岩－热液改造型、火山喷流沉积－热液改造型铜多金属矿和纳日贡玛斑岩型铜钼矿的发现为该区矿产资源勘查开拓了新领域。

第二节　矿产分布特征

工作区金属矿产在空间上具有成带和集中分布的特征。金属矿产集中分布于沱沱河、楚多曲－雁石坪、多彩、然者涌－莫海拉亨及纳日贡玛 5 个地区。

一、沱沱河铅锌（银）、铁（铜）成矿集中区

该区位于沱沱河地区铅锌矿整装勘查区北部，西北从扎木曲到东南囊极，呈北西向带状分布，延伸约 200km，共有 16 个矿床（点），并有许多矿化线索。铅锌矿以多才玛大型铅锌矿床、宗陇巴锌矿点为代表，伴生银。铁矿以开心岭和乌丽两个小型铁矿床为代表。铅锌矿分布于西段，铁矿分布于东段。铅锌矿和铁矿多产于中二叠统诺日巴尕日保组（P_2nr）和九十道班组（P_2j）中，逆冲断裂发育，成矿与中二叠世火山作用和逆冲推覆构造有关。此外，该区扎拉夏格涌斑岩型铅锌矿点、江仓南斑岩型铜多金属矿点的发现，且其成矿与喜马拉雅期斑岩体有关，成矿地质条件与纳日贡玛大型斑岩型铜钼矿类似，预示区内具有斑岩型铜钼矿的成矿潜力。

表 6-1　西南"三江"成矿带北段金属矿产一览表

整装勘查区/找矿远景区	编号	矿产地名	主矿种	共生矿	矿床规模	地理位置	主要特征	成矿期	成因类型
	1	扎木曲铜多金属矿点	铜	铅、锌、银	矿点	东经91°38′00″ 北纬34°29′00″	共圈定8条矿（化）体，其中铜矿（化）体5条，铅锌矿（化）体3条，赋存于古近系沱沱河组地层；铅锌矿（银）矿（化）体主要赋存于约喜马拉雅期石英正长斑岩中。Cu品位0.49%～1.7%，Pb品位平均0.55%，Zn品位0.65%。矿体厚0.96～4m。初步估算Pb 4万t，Zn 0.42万t，伴生估算Ag 4200kg	喜马雅期？	热液型？
青海沱沱河铅锌矿整装勘查区	2	扎拉夏格涌铅锌矿点	铅、锌	钼	矿点	东经92°01′44″ 北纬34°24′14″	出露地层为下白垩统错居日组，NW、NE和近EW向发育。岩浆岩主要为喜马雅期钾长花岗斑岩。初步圈定铅矿体2条，M1铅矿体宽17m，平均品位为0.485%；M2铅矿体宽3m，平均品位0.85%。岩体、地质构造、物探较吻合，找矿前景较好。估算铅锌矿资源量9万余吨	喜马拉雅期	岩浆热液型
	3	八十八道班铅锌矿点	铅锌		矿点	沱沱河镇北八十八道班	出露地层为上三叠统甲丕拉组，下白垩统错居日组碎屑岩，NW、近EW向断裂发育。圈定SB1、SB2矿体两条，7条铅矿体，0～58m，长100～600m，平均品位0.85%。估算资源量5.67万t	印支期？	热液型？
	4	乌丽铁矿床	铁	铜	小型	东经92°51′45″ 北纬34°14′15″	铁矿化赋存于上三叠统波里拉组灰岩与石英闪长岩接触带，由于第四系盖层覆盖两者的铅锌矿多不清。矿石物以磁铁矿为主，含少量磁黄铁矿、孔雀石、蓝铜矿。目前品位TFe为58%	印支期？	接触交代型
	5	多才玛铅锌矿床	铅、锌	铜、银	大型	东经91°54′02″ 北纬34°04′20″	初步圈出矿带四条，呈NWW向、近EW向展布，带内零散分布，茶曲帕查，区内多才玛三个矿段，共圈定铅锌矿体32条，截至2015年，多才玛铅锌矿床资源量达到600万t以上	海西期？	火山喷流沉积-热液改造型
	6	鄂仓乐玛铅锌矿点	铅锌		矿点	沱沱河镇西约50km	矿区出露地层为下二叠统诺日巴尕日保组，上三叠统波里拉组，构造较发育，断裂呈NNW向、NE向，圈出NW向矿表控制矿体断续长约1.66km，M4锌矿表控制矿体2条，6条矿体，矿体平均厚度10.90m，Zn最高品位23.76%，平均品位3.79%。估算铅锌矿远景资源量4.5万t	海西期？	火山喷流沉积-热液改造型

续表

整装勘查区/找矿远景区	编号	矿产地名	主矿产种	共生矿	矿床规模	地理位置	主要特征	成矿期	成因类型
	7	日夏力底改铁矿点	铁		矿点	东经92°02′10″ 北纬34°11′30″	矿体产于下二叠统开心岭群碎屑岩组与碳酸盐岩组的接触面上，呈透镜状，出露长20m，平均宽3.8m；矿石矿物主要为褐铁矿（55%），次有微量黄铁矿。平均含TFe48.1%，含硫1.71%，磷0.05%，铜0.004%，铅0.02%，锌0.29%		风化淋滤型（可能为铁帽）
	8	宗陇巴锌矿点	锌		矿点	东经92°02′05″ 北纬34°10′28″	锌矿体主要产于构造破碎蚀变带中，圈出三个矿带，5条锌矿体，矿体受裂隙破碎带的控制。矿脉长100～1640m，厚1.56～36.42m，走向以北东向为主，Zn含量1.58%～16.09%。初步估算锌资源量9.08万t	海西期?	热液型
青海沱沱河铅锌铜矿整装勘查区	9	开心岭铁矿床	铁	铜	小型	东经92°18′29″ 北纬34°07′23″	东矿带有四个矿体，长60～640m，宽1～10.5m，西矿带西段共见8处矿体，多呈脉状和透镜状，规模最大者为60m×25m，东矿带TFe含量一般32.9%，最高68.33%，最低34%。西矿带TFe平均51.17%，总储量859.5万t	海西期	火山喷发-沉积型
	10	扎日根铁矿点	铁		矿点	沱沱河镇丙南扎日根	矿区出露地层为下二叠统诺日巴尕日组。构造较发育，断裂呈NNW向，NE向和NEE向三个方向展布。区内圈定3条铁矿化带	海西期	火山喷发-沉积型
	11	九十一道班铁矿化点	铁	铜	矿化点	东经92°21′40″ 北纬34°04′09″	矿区出露地层为下二叠统诺日巴尕日组。构造较发育，断裂呈NNW向，NE向和NEE向三个方向展布。规模较小，矿化产于安山岩、凝灰岩、碎屑岩和灰岩接触部位，以磁铁矿为主，含少量孔雀石、蓝铜矿	海西期	火山喷发-沉积型
	12	纳保扎陇锌矿床	锌	铅、铜、银	中型	东经91°10′00″ 北纬34°05′00″	圈出了3个矿化带，铅锌矿体12个，银矿体4个，铜矿体2个。矿化与构造破碎蚀变带的控制，成矿与喜马拉雅期斑岩有关。初步估算334铅+锌资源量4.7万t，伴生铜2797.3t，银24.6t	喜马拉雅期	斑岩型

续表

整装勘查区/找矿远景区	编号	矿产地名	主矿种	共生矿	矿床规模	地理位置	主要特征	成矿期	成因类型
	13	那日尼亚铅锌矿点	铅、锌	银	矿点	东经91°22'00″ 北纬34°08'00″	出露地层为古近系沱沱河组、新近系查保马组，下白垩统错居日组、中-上侏罗统雁石坪群。发育喜马拉雅期正长斑岩。多形成规模不等的含矿破碎蚀变带，NE和近EW向三组。断裂构造呈NW、NE、近EW向圈出了碎保矿段和欧乌矿段。初步估算Pb资源量25万t，其中工业矿体为Pb资源量10.23万t	喜马拉雅期	热液型或斑岩型
	14	江仓南铜多金属矿点	铜	铅、锌	矿点	东经91°40'20″ 北纬34°04'05″	矿区出露地层为下三叠统波里拉组、甲丕拉组，下白垩统错居日组。构造较发育，发育喜马拉雅期正长斑岩，断裂呈NW向、近EW和NEE向三个方向展布	喜马拉雅期	斑岩型
	15	雀莫错多金属矿点	铅、锌	银	矿点	东经91°07'05″ 北纬33°54'30″	矿区出露地层为上二叠统拉扎如组，中侏罗统雁石坪群。构造较发育，断裂呈NW向，由和NEE向三个方向向展布，圈出铅矿矿化带5条，矿体8条。资源量估算累积铅金属量6.71万t	燕山期	热液型
	16	巴斯湖铅锌矿点	铅、锌	银	矿点	东经92°53'00″ 北纬33°54'00″	矿体主要赋存于中二叠统九十道班组的深灰色泥晶灰岩中，受断裂控制，产于构造破碎带中。初步圈出矿体19条，估算铅锌资源量22万t	海西期?	火山喷流沉积型-热液改造型?
青海沱沱河铅锌矿整装勘查区	17	玛渠铜铅锌矿点	铜	铅锌	矿点	东经91°06'08″ 北纬33°38'20″	多金属矿化主要赋存于夕卡岩中，局部沿大理岩层同裂隙产出。矿化体呈透镜体，长100m，宽20m。在含矿夕卡岩以南的大理岩中圈出2个富矿体，长约50m，宽10～50m。另外在夕卡岩和大理岩中尚见4处磁铁矿化露头，金属矿物为黄铁矿、黄铜矿、蓝铜矿、孔雀石、菱铁矿等，呈浸染状及块状构造。富矿石拣块样化学分析结果含Cu5.8%，Pb4.4%，Zn少量		接触交代型
	18	切苏美西侧铜多金属矿点	铜	铅、锌、银	矿点	东经91°06'12″ 北纬33°36'44″	矿体南北长约70m，东西宽约20m，矿体呈脉状、长轴为南北向，倾角近直立。赋存于大理岩中，矿体与围岩界线不清。Cu3.21%～7.23%；Pb3.97%～31.0%；Zn0.51%～0.74%；Ag2.1～1608g/t，其中Ag>100g/t的平均含Ag865.25g/t		接触交代型

续表

整装勘查区/找矿远景区	编号	矿产地名	主矿种	共生矿	矿床规模	地理位置	主要特征	成矿期	成因类型
	19	切苏美曲西侧铁矿化点	铁		矿化点	东经91°05′58″ 北纬33°30′39″	矿体主要赋存于大理岩与砂岩中，呈零星出露。共见三处残坡积转石。矿体最长13m，一般5m，其余见残坡积最宽2m。矿物有磁铁矿、镜铁矿，脉石有石英、方解石等。品位：TFe 65%，S、P均在0.22%以下。SiO₂ 0.99%～8.79%		
	20	谢隆沟铜矿点	铜		矿点	东经91°08′36″ 北纬33°37′25″	铁铜矿赋存于石榴子石夕卡岩和阳起透辉夕卡岩中，铜矿化为200～300m，宽0.2～0.5m。矿石物为黄铁矿、黄铜矿，铜蓝及孔雀石。矿石呈浸染状及团块状构造。含Cu 1.02%	燕山期?	接触交代型
	21	楚多曲多金属矿床	铅、锌	铜、银	中型	东经91°40′00″ 北纬33°32′00″	共圈出铅锌多金属矿体11条，主要赋矿地层为休罗系夏里组（J₂x），与地层走向一致，南北向和呈近东西向，受近破碎带的控制。占算铅锌资源量61.33万t，伴生有铜银	燕山～喜马拉雅期?	火山喷流沉积-热液改造型
青海沱沱河铅锌铜整装勘查区	22	错多隆铅锌矿化点	铅锌		矿化点	东经91°51′27″ 北纬33°34′00″	矿化体呈脉状和不规则豆状产于构造破碎带内，矿床及外围。呈NNW向分布，断续长2000m，宽几十米，局部宽达120m。氧化矿石一般含Pb 0.36%～1.25%，少数达12.38%～16.59%；Zn一般0.15%～0.75%，最高7.64%～10.54%		热液型
	23	沙纳陇仁沟铁矿化点	铁		矿化点	东经91°56′35″ 北纬33°33′31″	赤铁矿转石直径一般3～5cm，最大可达10～15cm，矿化规模10～50m长，5～10m厚。大致近南北向分布呈脉状产出，围岩蚀变有碳酸盐化、硅化、绿泥石化。局部破碎角砾岩中具褐铁矿化，铝矿化等。TFe 54.40%～59.00%，SFe 53.85%～58.80%，矿石中含10%～30%的重晶石		热液型
	24	棕能梁铜多金属矿化点	铜、铝、锌		矿化点	东经91°55′39″ 北纬33°33′06″	该矿化点是新发现，出露地层为中休罗统莫错组、布曲组。NW向、NE向断层发育，铜矿化赋存于中休罗统莫错组上部的酸性凝灰岩中，厚0.5m，产状较缓。矿物主要有黄铜矿、磁铁矿、孔雀石、蓝铜矿等。伴生银；钻探验证在NW向锌矿NW向同锌矿、闪锌矿。铅矿、孔雀石、蓝铜矿、铅矿、重晶石、毒砂。此外，在碳酸延曲一带火山口和断裂带中见铜矿浸染状磁黄铁矿和块状镜铁矿	燕山期	海相火山岩-热液改造型

续表

整装勘查区/找矿远景区	编号	矿产地名	主矿种	共生矿	矿床规模	地理位置	主要特征	成矿期	成因类型
	25	小唐古拉山铁矿床	铁	铜铅锌	中型	东经91°55′00″ 北纬33°27′30″	东矿区以铁矿及铅锌矿为主，共有6条矿带，最宽27m，一般1～3m，1号矿带(1Fe)为主要矿带，厚0.8～12m，可见到1～5层矿。主矿体延深67～100m。西矿区云雾沟南坡及云雾沟峡口东均有分布，呈脉状赋予铅锌矿带内，铜矿分布于矿区北部的大理岩中，铅锌矿赋存于闪长斜卡岩中。矿带南北长大于4～6km。	燕山期	热液-接触交代型
	26	扎西达尔当铜银矿化点	铜银		矿化点	东经92°01′22″ 北纬33°31′32″	矿化带沿断裂南侧断续延长达5km。单个矿化露头长30～100m，最宽20m，一般10m左右。以褐铁矿、孔雀石、蓝铜矿、银为特征。铜、银含量均已达到最低工业品位，部分样品Cu含量略高量达1500×10⁻⁶。其HX6号样Ag含量高达391×10⁻⁶，Cu含量为0.67%；HX7号样Cu 0.53%，含Ag 41.0×10⁻⁶。	燕山期?	中低温热液型
青海沱沱河铅锌矿整装勘查区	27	盖玛陇巴铁矿化点	铁	铜、银	矿化点	东经92°24′45″ 北纬33°30′31″	矿石矿物主要为含银褐铁矿，次为镜铁矿，另见少量黄铁矿。Fe含量最高41.98%，平均为12.53%，最低3.08%。Ag含量最高39.0×10⁻⁶，平均为8.74×10⁻⁶，个别样品Cu含量略高达1500×10⁻⁶，只可作为伴生组分评价。		中低温热液型
	28	木乃铜银矿床	铜	铜、银	小型	东经92°22′59″ 北纬33°25′22″	夕卡带断续出露长600m，平均宽70m，其岩性为石榴透辉夕卡岩。铜矿化产在夕卡中，矿化分布不均匀，未发现富集地段。品位：Cu 0.13%。	燕山期	接触交代型
	29	景桑扎东拉铁矿化点	铁		矿化点	东经91°18′54″ 北纬33°28′10″	矿化范围长约200m，宽100m。矿石矿物为磁铁矿、褐铁矿、赤铁矿、黄铁矿。周岩蚀变为夕卡化、绿泥石化。矿石品位：TFe 22.95%，S 0.18%，P 0.019%。		接触交代型
	30	岗失那扎铁矿点	铁		矿点	东经91°12′27″ 北纬33°20′54″	A矿段共6个矿体，矿体长5～50m，宽2～12m。B矿段为较富集矿段，C矿段，5个矿体，矿体长8～32m，宽3～9m。矿石品位：TFe 69.15%，最低34.33%，TFe平均49.24%；S 0.5%～0.72%，一般0.02%～0.08%；P 0.03%～0.039%，最低0.01%；SiO₂ 1.13%～2.61%，个别达19%～22%	燕山期	沉积-后期改造型

续表

整装勘查区/找矿远景区	编号	矿产地名	主矿种	共生矿	矿床规模	地理位置	主要特征	成矿期	成因类型
	31	雀莫日铁矿点	铁		矿点	东经91°46′58″ 北纬33°17′22″	I号矿体由两条矿脉组成，分别为：3.0m×0.3m，4m×1m。II号矿体长150m，宽10~22m。III号矿体长140m，宽7~8m，向两端端喜玉尖灭。TFe最高59.74%，最低31.60%，平均53.35%。	燕山晚期	中低温热液交代型
青海沱沱河铅锌铜矿整装勘查区	32	查肖玛沟脑锌矿化点	锌	铜、钼、银	矿化点	东经92°01′43″ 北纬33°14′07″	矿化蚀变带分布于二长花岗斑岩及附近，岩体外接触带为石榴子夕卡岩，具黄铁矿、褐铁矿化。含Zn 2.14%~4.15%，Pb 0.08%~0.36%，Ag 0~3g/t。I号矿（化）体走向285°，长100~200m，宽1~2m。II号为矿化二长花岗斑岩，含Mo、Ag、Zn。宽6m，长60m。III号矿为黄铁矿化、褐铁矿化。宽12m，长90m。具黄铁矿、褐铁矿，矿体为矿化碎屑岩块之残坡积带。品位：Cu 0.01%，Zn 0.02%~0.03%，最高2.24%~4.15%。		接触交代型
青海省多彩铜多金属矿整装勘查区	33	拉迪欧玛铜多金属矿点	铜、铅、锌		矿点	东经94°08′00″ 北纬33°55′30″	矿点位于巴塘群火山岩中。2007年新发现两条锌铅矿体，推测长100m，宽分别为6.7m、1.5m。品位：Zn 1.31%~4.77%，Pb 0.24%~0.88%。	印支期	海相火山岩-热液改造型
	34	查涌铜多金属矿床	铜	铅、锌、银、钼	小型	东经95°20′21″ 北纬33°54′06″	矿化产于"查涌蛇绿混杂岩带"枕状玄武岩，凝灰质砂岩中，其以断层围限，呈北西—南东向带状展布。带内圈出多条的铜铅锌矿体。Pb 1.32%~27.69%，平均6.03%；Cu 0.52%~10.33%，平均0.21%~0.93%，平均3.3%；Ag 4.25~74g/t，平均17.4g/t。近来，0.36%；钻孔中见明两层富铜矿，厚2~4m，伴生银。	印支期	火山喷流沉积-热液改造型
	35	尕龙格玛铜多金属矿床	铜	铅、锌	中型	东经95°15′30″ 北纬33°51′00″	矿床产于巴塘群中酸性火山岩内。圈出铜、铅、锌矿体24个，矿体赋存于石英安山岩中，长度在50~100m，厚度2~14.95m，沿倾向延深数十米至200m	印支期	海相火山岩型

续表

整装勘查区/找矿远景区	编号	矿产地名	主矿种	共生矿	矿床规模	地理位置	主要特征	成矿期	成因类型
	36	玛岁才格铜矿点	铜	铅锌	矿点	东经95°28′00″ 北纬33°34′00″	Ⅰ号矿化体产于玉树-乌兰湖断层以北约50m的巴拉湖内次生小断层内的巴塘群中-厚层凝灰质砂岩中。Ⅱ号铜、铅锌矿体产出在巴塘群中-厚层凝灰质岩中。Ⅰ号铜矿化体矿脉宽5~6m，走向310°左右，延伸长度大于100m，地表经一个取样点3件拣块样品控制，Ⅱ号铜矿化体有三条矿脉，分别宽2~3m，铅锌矿体控度在7~9m。地表采两件拣块样品，品位：Cu 0.29%~0.83%，Pb 0.628%，Zn 0.83%~1.86%。控制矿体宽3~4m	印支期	海相火山岩-热液改造型
青海省多彩铜多金属矿整装勘查区	37	多日茸铜多金属矿点	铜	铅、锌	矿点	东经95°37′00″ 北纬33°33′00″	出露地层为三叠系巴塘群第二岩组火山岩，灰岩，含铜凝灰岩，长石石英砂岩。矿体产于三叠系巴塘群第二岩组的凝灰岩以及凝灰岩与英安岩接触部位。在HS17号异常发现2条铝锌矿（化）体；在HS17号异常东-北部发现1条铜矿（化）体。矿体宽4~9.9m，长300~400m。品位：Cu 0.2%~4.3%，Pb 0.4%~1.43%，Zn 0.5%~7.97%	印支期	海相火山岩-热液改造型
	38	当江东段铁铜矿点	铁、铜		矿点	东经95°49′30″ 北纬33°33′01″	矿点位于巴塘群火山岩中，矿体产于凝灰岩和安山岩中。由四个孤立的含矿露头组成，透镜状，长2.3~2.5m，宽0.2~3.5m。TFe最高53.83%，一般15%~47%，Cu品位最高2.03%	印支期	海相火山岩型
	39	当江铜多金属矿点	铜	铅、锌	矿点	东经95°43′00″ 北纬33°40′00″	区内发现两条矿化蚀变带，分为南北两带，北带又分为两处铜矿点，圈出多金属矿点，矿化体主要分布于上三叠统巴塘群第二岩组灰岩，火山岩中。M1号铜锌矿（化）体，长200~300m，宽2m，铜品位2.07%，平均铜品位0.83%，锌为0.7%；M2号铜矿（化）点，宽5m，铜品位为0.36%；1号铜矿化点，长450m，宽0.2m，品位：Cu 1.34%，Pb 7.06%，Zn 19.35%，Ag 36.5×10⁻⁶；2号矿化点宽9.8m，Pb最高0.74%	印支期	海相火山岩-热液改造型
	40	尼马龙铜多金属矿点	铜	铅、锌	矿点	治多县西南约50km	矿化主要分布于上三叠统巴塘群第二岩组灰岩，火山岩中，区内断裂发育	印支期	海相火山岩-热液改造型

续表

整装勘查区/找矿远景区	编号	矿产地名	主矿种	共生矿	矿床规模	地理位置	主要特征	成矿期	成因类型
	41	撒纳龙哇铜多金属矿点	铜	铅、锌、铁	矿点	东经95°55′51″ 北纬33°33′37″	矿化主要分布于上三叠统巴塘群安山岩、凝灰岩中，矿石矿物有孔雀石、蓝铜矿、方铅矿、闪锌矿、黄铁矿、磁铁矿。该矿物化组合较好，延伸稳定。经工程控制，深部发现数条铜多金属矿（化）体	印支期	海相火山岩－热液改造型
	42	多彩地玛铅锌多金属矿点	铅、锌	铜	矿点	东经95°06′00″ 北纬33°42′20″	出露地层为上三叠统结扎群甲丕拉组二岩段的凝灰质灰岩。圈定铅锌矿体2条，其中KTPbⅠ-1，推测长约500m。铜矿化体4条。铅矿品位约24.33m；铅品位0.495%～4.912%，平均品位为4.32%，单工程中铅品位0.11%～3.39%，平均品位为0.9%	印支期	热液型
青海省多彩铜多金属矿整装勘查区	43	西确涌金多金属矿化点	金	银	矿化点	东经94°59′32″ 北纬34°03′21″	该矿化点是新发现的，矿化产于上三叠统巴塘群英安斑岩、凝灰岩地层的NW向断裂破碎带中，经褶皱揭露。发现3条NW向破碎带。宽1～4m，具黄铁矿化、孔雀石化、蓝铜矿化、硅化、绿泥石化、黄铜矿、辉铜矿。金含量偏低	印支－燕山期？	构造蚀变岩型
	44	米扎里能铅锌矿点	铅、锌	铜	矿点	东经95°43′00″ 北纬33°2′00″	矿化产于上三叠统甲丕拉组灰岩、凝灰质破碎岩中断裂过渡部位的NW向断裂破碎带中，矿石矿物为方铅矿、闪锌矿、孔雀石、蓝铜矿，硅化、重晶石化较强，矿带破后期NE向断裂多处错断	印支期？	热液改造型
	45	贾那弄铅锌矿点	铅、锌	铜	矿点	东经95°56′33″ 北纬33°1′53″	1979年由青海省第二区调队发现并作检查，矿化产于上三叠统结扎群甲丕拉组灰岩中，铅锌产于硅化灰岩中，与地层产状近于一致，脉体走向330°，圈出一条铅锌矿。在露头上，长150m，宽0.8m的矿体，见有闪锌矿、黄铜矿等，黄铁矿、方铅矿，矿化不均匀，呈浸染状，重晶石化，化学分析，Cu 0.07%～0.2%，Zn 6.74%～14.15%，Pb小于0.01%	印支期？	热液改造型
	46	阿水寺铅锌矿点	铅、锌		矿点	东经96°07′23″～96°13′11″ 北纬33°10′30″～33°14′40″		印支期？	热液型

续表

整装勘查区/找矿远景区	编号	矿产地名	主矿种	共生矿	矿床规模	地理位置	主要特征	成矿期	成因类型
	47	加及科多金属矿化点	铜铅锌		矿化点	东经95°29′04″ 北纬33°51′47″	产于古近系与巴塘群不整合面两侧的砾岩和灰岩裂隙内，透镜状，出露长约0.4～8m，宽0.1～2.45m，含Cu 0.6%～11.28%，Zn 0.42%～21.6%		氧化淋滤型
青海省多彩铜多金属整装勘查区	48	多彩地玛金矿点	金	铜	矿点	东经95°00′18″ 北纬33°44′57″	出露地层为上三叠统波里拉里组灰岩，圈定两条矿化蚀变带，其中在I号金矿化破碎蚀变带中圈定两条铜金矿体1条。总体产状：25°∠58°，长度约5km，宽约15～20m。见孔雀石、铜蓝、褐铁矿、黄钾铁钒化。圈定一条铜金矿体，矿体平均厚4.72m，铜品位0.25%～4.65%，平均品位1.24%，金品位0.03×10⁻⁶～6.95×10⁻⁶，平均品位1.45×10⁻⁶		构造蚀变岩型
	49	多彩龙壁沟铜多金属矿点	铜铅锌	银	矿点	东经95°03′01″ 北纬33°50′25″	出露地层为上三叠统巴塘群火山岩，灰岩，含铜凝灰岩、长石石英砂岩。矿体产于三叠系巴塘群灰岩破碎蚀变带内，矿化破碎蚀变带长约800m，宽度10～15m，走向近东西，产状：15°∠46°，带中发育方解石脉、石英脉。铜铅锌银矿化体，长度约600m，厚度4.76m，铅平均品位1.6%，银平均品位0.63%，锌平均品位0.5%，铜平均品位0.63%	印支期？	热液改造型
	50	赵卡隆铁铜多金属矿床	铁铜	铅、锌、银	中型	东经97°21′59″ 北纬32°38′26″	矿区地层为上三叠统巴塘群碎屑岩和碳酸盐岩。矿体受岩性和构造控制明显。安山岩与板岩或灰岩的接触带及附近，矿体产状随围岩产状的变化而变化。目前矿区圈出4个矿化带7个矿群		火山喷流沉积－热液改造型
青海杂多县然者涌-莫海拉亨整装勘查区	51	旦荣铜矿床	铜		小型	东经94°07′30″ 北纬32°55′46″	矿区共圈定23条铜矿体，其中18条铜矿体产于下-中二叠统尕迪考组蚀变玄武岩中，其中主矿体均产于蚀变玄武岩中，矿石品位在0.32%～4.34%之间。矿体呈NW向平行排列，单矿体长40～3600m，宽0.5～9.8m，以层状、似层状为主，透镜状，脉状次之，其中Cu 1矿体长3600m，矿体在地表平均厚9.8m，由地表向下25m矿体平均厚度274m，铜品位由地表的1.25%增至2.14%	海西期	海相火山岩型

续表

整装勘查区/找矿远景区	编号	矿产地名	主矿种	共生矿	矿床规模	地理位置	主要特征	成矿期	成因类型
	52	下吉沟铅锌矿床	铅、锌		小型	东经95°19′05″ 北纬33°09′09″		海西期	火山喷流沉积-热液改造型
	53	然者涌铅锌矿床	铅、锌	银	小型	东经95°21′01″ 北纬33°16′05″	主要出露石炭系杂多群碎屑岩组、下二叠统尕迪多组、上二叠统扎结甲群甲不拉组、波里拉组地层。断裂构造主要为近EW向与近NW向两组断裂。矿体产于黄褐色氧化破碎带中，圈定铜矿(化)体数十条，黄铁矿以方铅矿、闪锌矿、黄铁矿为主。最高品位：Pb 50.1%; Zn 23.63%; Ag 2850×10^{-6}	海西期?	热液改造型
青海杂多县-莫然者涌-海拉亨整装勘查区	54	吉那铜矿点	铜		矿点	东经95°19′00″ 北纬33°15′30″		印支期?	海相火山岩-热液改造型
	55	东脚涌多金属矿点	铜、铅、锌		矿点	东经95°19′00″~95°23′00″ 北纬33°07′00″~33°11′00″	产于中二叠统日巴尔日保组碎屑火山岩段中，该处断裂发育。矿化均分布于格吉沟背斜两翼及转折部位，角岩化、夕卡岩化、黄铁矿变有。由13个矿(化)点组成，以铜为主的有7处，铅锌为主的有6处。矿物主要有黄铜矿、斑铜矿、辉铜矿、方铅矿、闪锌矿、黄铁矿。品位：Cu 0.05%~8.02%; Pb 0.16%~7.38%, Zn 0.01%~4.44%	海西期?	热液改造型
	56	东莫扎抓铅锌矿床	铅、锌	钼	大型	东经95°42′00″ 北纬33°07′33″	出露下-中二叠统九十道班组、上二叠统那索雄组、上二叠统扎结甲群甲不拉组和其上的波里拉组。区内发育扎龙俄玛-东莫达逆断层控制钼矿化体1条，矿体5条。圈定铅、锌、钼矿化异常的分布。银多金属矿铅、钼矿与次级挤压碎带有关。Pb品位最高62.57%，Zn 14.08%, Ag 71.8×10^{-6}	海西期?	火山喷流沉积-热液改造型

续表

整装勘查区/找矿远景区	编号	矿产地名	主矿种	共生矿	矿床规模	地理位置	主要特征	成矿期	成因类型
青海杂多县然者涌-莫海拉亨整装勘查区	57	耐干碳日能多金属矿点	铜、铅、锌	银	矿点	东经95°25′30″ 北纬33°00′45″	出露地层为中二叠统诺日巴尕日保和九十道班组。矿点南侧有宽约5m的灰白色花岗斑岩脉。北西—南东倾。矿化带长4km，宽800m。目前共发现24条近南北向平行展布的铜矿体和4条方铅矿脉。矿化赋存于近南北向次级裂隙中，含矿裂隙长0.8～9m。Cu最高品位10.48%，平均0.99%～4.18%；Pb最高品位34.66%，平均5.44%～24.63%；Zn最高品位15.78%，平均0.89%～8.06%。主要矿石矿物为黄铜矿、孔雀石、铜蓝、方铅矿，脉石矿物为方解石、石英、重晶石	海西期?	热液改造型
	58	麦多拉铅锌矿点	铅、锌	银	矿点	东经95°27′30″ 北纬33°03′25″	出露地层为下石炭统杂多群上部碳酸盐岩组（C_2z_2），在矿体东侧及北侧都有灰白色花岗斑岩侵入。北西—南东向逆断裂从矿区通过，形成约8m宽的构造破碎带。矿化赋存于花岗斑岩体外接触带的粉砂质灰岩和断裂破碎带中，受北西—南东向断裂破裂控制。共发现1条铅锌银矿体和2条铅锌矿体。铅锌银矿性不明显，含矿体长12m，宽矿体高8.65%；Zn 0.3%～32.32%，平均7.23%；Ag 3.9～1050g/t，平均249.21g/t。2条铅锌矿产在花岗斑岩体外接触带灰岩中，矿体长20～30m，宽30cm左右，Pb平均品位0.775%～6.64%，Zn为0.52%～1.22%，Ag为293g/t。矿石矿物主要为方铅矿、黄铜矿，其中以黄铁矿最发育	印支期?	热液改造型
	59	阿姆中涌铅锌矿点	铅、锌		矿点	东经95°34′40″ 北纬33°06′20″	矿点出露地层为中二叠统诺日巴尕日保和九十道班组。北东—南西向逆断裂从矿区通过，断裂向北西倾。矿化赋存于闪长岩脉外接触带灰岩中，受该北东—南西向断裂和九十道班组灰岩控制。变质带和九十道班组灰岩中，近北西向断裂展布，矿化赋存于闪长岩脉和九十道班组接触变质带中，圈出4条铅锌矿体，矿化赋存于闪长岩脉外接触带和断裂变质带灰岩中，矿体长300m，宽150m，Pb最高品位14.56%，平均2.69%～3.06%，Zn最高品位1.65%，平均0.59%，矿石矿物为方铅矿、闪锌矿；脉石矿物为方解石、重晶石	印支期?	热液改造型

续表

整装勘查区/找矿远景区	编号	矿产地名	主矿种	共生矿	矿床规模	地理位置	主要特征	成矿期	成因类型
	60	莫海拉享铅锌矿床	铅、锌	锌	大型	东经95°46′00″ 北纬32°53′00″	出露下石炭统杂多群碳酸盐岩组和新新统沱沱河组夹砂岩。共圈定了铅锌矿化带4条，圈定了铅锌矿体18条。矿体长度200～2600m，厚度1.3～50m。锌矿体平均品位0.88%～6.3%。铅矿体平均品位0.79%～4.92%。矿石矿物主要有方铅矿、闪锌矿、黄铁矿、褐铁矿、白云岩化及轻微碳酸盐化。局部发育萤石化及轻微重晶石化。铅锌矿化赋存在下石炭统杂多群碳酸盐岩组逆断层的上下两盘。矿体以层控产在下石炭统内部逆断层灰岩中。	海西期？	火山喷流沉积－热液改造型矿床
	61	吉龙铜矿点	铜	钼	矿点	东经95°12′00″ 北纬32°49′15″	主要出露石炭系杂多群碎屑岩组、碳酸盐岩组。下一中二叠统尕迪考群，断裂和褶皱构造发育，圈定铜矿体3条，铜品位最高5.80%，钼品位最高82.4×10⁻⁶	印支期？	热液型
青海杂多县然者涌－莫海拉享整装勘查区	62	柠青阿依铜矿点	铜		矿点	东经95°08′11″ 北纬32°46′20″		燕山期？	热液型
	63	莫海先卡铅矿点	铅	锌	矿点	东经95°52′50″ 北纬32°49′28″	区内铅锌矿化体赋存于下石炭统杂多群碎屑岩组（C₁Z₁）中，均为北西—南东走向，其岩性为褐铁矿化灰白色石灰岩，岩石破碎，裂隙发育。铅锌矿化体共产出5条，其长度一般为6～18m，厚度为0.2～10m，倾向北东，倾角70°左右，平均21.55%，平均2.39%；Zn最高含量2.63%，平均0.91%	印支期？	热液型
	64	东茅陇铜矿点	铜		矿点	东经96°06′20″ 北纬32°55′49″		海西期	热液型
	65	叶龙达铜矿点	铜		矿点	东经96°09′38″ 北纬32°42′52″	出露地层为中二叠统诺日巴日保组，岩性为长石石英砂岩、泥质粉砂岩及灰紫色钙质胶结火山角砾岩夹石膏，断裂发育，岩性破碎。矿化产在钙质胶结火山角砾岩中。矿化带呈10°～190°延伸，长约60m，宽约6m，Cu最高品位1.62%，矿石矿物主要为辉铜矿、孔雀石、铜蓝及蓝辉铜矿等，呈浸染状或细脉状构造		热液型

续表

整装勘查区/找矿远景区	编号	矿产地名	主矿种	共生矿	矿床规模	地理位置	主要特征	成矿期	成因类型
	66	昂纳赛莫能铅锌矿化点	铅锌		矿化点	东经94°47′56″ 北纬33°34′15″	出露地层为下-中二叠统尕尔考组薄层条带状玄武质凝灰岩，沿安山质凝灰岩有少量夕卡小透镜体北东向剪节理要或小破碎带发育。矿石矿物为方铅矿，闪锌矿，黄铜矿，目估Pb和Zn够工业品位，局部呈稠密-稀疏浸染状		海相火山岩-热液改造型
	67	托吉涌沟铜钼矿化点	铜钼	铅锌	矿化点	东经94°54′48″ 北纬33°32′28″	产在灰色的日似斑状黑云母花岗斑岩与二叠统那益雄组安山质火山岩的接触带。矿石一般为含铜裂隙蚀变黑云母花岗岩，含铜较贫，部分为块状辉铜矿，目估Cu品位5%以上，辉钼矿含量较少，拣块分析：Cu 0.001%～>1%，Pb 0.001%～0.2%，Zn 0.01%～0.02%		斑岩型
青海纳日贡玛-下拉秀（铜钼）找矿远景区	68	打古贡卡铜钼矿点	铜、钼	铅、锌银	矿点	东经94°39′00″～94°40′06″ 北纬33°34′02″～33°34′50″	出露地层为下-中二叠统尕尔考组枕状玄武岩。侵入岩有蚀变花岗斑岩、玄武岩、青磐岩化、普遍具青磐岩化。矿石矿物主要有辉铜矿、黄铜矿、辉铜矿、方铅矿，呈团块状、细脉状、浸染状产出。地表7个光谱样平均值为Cu 271×10⁻⁶，Mo 37×10⁻⁶，Pb 554×10⁻⁶，Ag 3.6×10⁻⁶，Zn 138×10⁻⁶	喜马拉雅期	斑岩型
	69	纳日俄玛西铜矿点	铜	钼	矿点	东经94°45′19″ 北纬33°32′16″	地层为下-中二叠统尕尔考组安山玄武岩。侵围岩为安山玄武岩，普遍具青磐岩化。该矿化点内有一条黄铜矿脉，沿青磐岩化安山岩及武岩裂隙充填其。矿石矿物主要为黄铜矿，偶见少许方铅矿，呈块状构造，含铜较富	喜马拉雅期	斑岩型
	70	纳日贡玛铜钼矿床	铜、钼		大型	东经94°47′15″ 北纬33°30′46″	矿床出露地层为下-中二叠统尕尔考组玄武岩、安山玄武岩，含矿斑岩为喜马拉雅期侵入体，岩性为黑云母花岗斑岩，浅色细粒花岗岩。具强烈蚀变黑云母绢云母花岗岩斑岩体内，矿钼体主要产于斑岩体中。具弱蚀变和强蚀变绢云母黑云母花岗斑粒花岗岩中，矿石中铜平均品位0.2%～0.6%，钼平均品位0.41%。矿石中铜平均品位0.2%～0.6%，钼平均品位0.41%。目前该矿点已圈定4条矿化带，15条矿体	喜马拉雅期	斑岩型

续表

整装勘查区/找矿远景区	编号	矿产地名	主矿种	共生矿	矿床规模	地理位置	主要特征	成矿期	成因类型
青海纳日贡玛-下拉秀（铜钼）找矿远景区	71	众根涌铜铅锌矿点	铜	铅、锌、钼、银	矿点	东经94°58′50″ 北纬33°30′33″	出露地层有上三叠统扎结纳含碎安山质凝灰岩夹粉砂质页岩。下-中二叠统朱迪尕组灰白色大理岩、安山岩等。在色的日岩体形成夕卡岩，是主要铜矿化地段。北东向压扭性断裂及北北东向张扭性断裂较发育。矿化出现在正接触带夕卡岩及蚀变斜长花岗岩中。黄铁矿化和蚀变主要为黄铜矿，次为黄铁矿、方铅矿、闪锌矿、辉钼矿等，赤铁矿呈条带状。长250～350m，宽2.5～6.85m，Cu品位0.56%～1.3%，最高2.29%	喜马拉雅期	接触交代型-斑岩型
	72	陆日格铜钼矿点	铜、钼		矿点	东经94°21′08″ 北纬33°29′13″	产于黑云母花岗斑岩玄武岩与硅化、碎裂岩化玄武岩接触带，长约100m，宽约2.9～4.5m，Cu品位0.45%～6.38%；钼矿体9条，长100～910m，宽1.8～30.11m，Mo品位0.035%～1.54%。主要矿物有辉钼矿、黄铜矿、黝铜矿、孔雀石	喜马拉雅期	斑岩型
	73	套多龙铜矿点	铜		矿点	东经94°48′33″ 北纬33°30′28″	地层为上二叠统那益雄组，砾岩、砂岩，以后各含石和蚀变不明显。可微弱泥土化硅化。黄铜矿呈细脉浸染状或浸染状，黄铜矿化很不均匀，石英细脉附近的凝灰质砂岩中亦有含黄铜矿、孔雀石。该点附近的凝灰质砂含铜脉内，石英碳酸盐细脉，局部见含铜脉体，光谱分析Cu>1%	海西期	热液型
	74	乌愆紧别铜矿点	铜	锌	矿点	东经95°01′21″ 北纬33°30′18″	矿体产于灰白色的日似斑状花岗岩体南缘接触带。其北东为花岗岩，南为第四系覆盖。西为灰白色大理岩。矿体出露长约104m，宽7～20m，主要矿物为黄铜矿、闪锌矿、方铅矿，品位Cu 0.57%～5.28%，Zn 0.6%～37.83%，Pb 0.02%～0.33%	喜马拉雅期	接触交代型
	75	车拉涌铁矿点	铁		矿点	东经94°47′20″ 北纬33°16′24″	车拉涌闪长岩体沿断裂分布。其北为安山岩，安山质角砾岩等。南侧黄铁矿化显著。矿（石）物以磁铁矿为主，赤铁矿次之，铁矿物呈细脉及浸染状较均匀地分布其内，未能富集成矿	海西期？	海相火山岩-热液改造型？

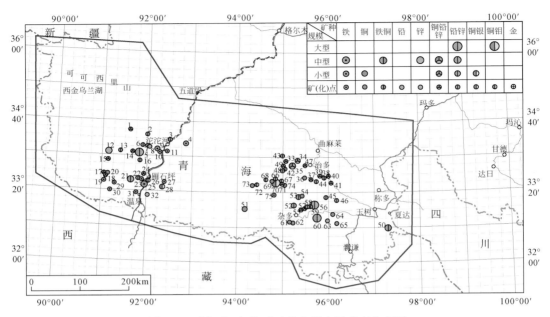

图 6-1　西南"三江"成矿带北段金属矿产分布图

二、楚多曲－雁石坪铅锌（银）、铜（银）成矿集中区

该区位于沱沱河铅锌矿整装勘查区南部，西北从雀莫错到东南雁石坪以东的木乃，呈北西向带状分布，延伸约 120km，共有 16 个矿床（点），新近开展的 1 : 5 万区域地质调查发现较多矿化线索。铅锌矿以纳保扎陇中型锌矿床、楚多曲中型多金属矿床为代表，伴生银。铜矿以木乃小型铜银矿为代表。成矿与中侏罗世火山－沉积作用、燕山期岩浆侵入和逆冲推覆构造有关，与火山岩有关的矿化产于中侏罗世雀莫错组中。

三、多彩铜（银）、铅锌（银）成矿集中区

该区位于多彩铜多金属矿整装勘查区，西北从拉迪欧玛，经当江，东南到玉树的巴塘，呈北西向带状分布，延伸约 200km，共有 18 个矿床（点）。铜矿以尕龙格玛中型铜矿床和查涌小型铜多金属矿床为代表，伴生银，成矿与晚三叠世火山作用和逆冲推覆构造作用有关，产于晚三叠世巴塘群火山－沉积岩系中。铅锌矿以多彩地玛铅锌多金属矿点为代表，伴生银，成矿与晚三叠世火山－沉积作用和逆冲推覆构造有关，产于晚三叠世甲丕拉组碎屑岩、凝灰质碎屑岩与波里拉组灰岩过渡带。

四、然者涌－莫海拉亨铅锌（银）、铜成矿集中区

该区位于然者涌－莫海拉亨整装勘查区，西北从然者涌，东南到莫海先卡，呈北西向

带状分布，延伸约 100km，共有 15 个矿床（点）。铅锌矿以东莫扎抓大型铅锌矿床、莫海拉亨大型铅锌矿床为代表，伴生银，成矿与中二叠世火山－沉积作用和逆冲推覆构造有关，产于中二叠世诺日巴尕日保组碎屑岩、火山岩与碳酸盐岩地层中，受断裂控制明显。铜矿以吉那铜矿点为代表，产于中二叠世诺日巴尕日保组碎屑岩、火山岩与碳酸盐岩地层中，受断裂控制明显。然者涌－莫海拉亨铅锌（银）、铜成矿集中区向北西可能与沱沱河铅锌（银）、铁（铜）成矿集中区相连。

五、纳日贡玛铜钼成矿集中区

该区位于纳日贡玛－下拉秀（铜钼）找矿远景区西北部，主体呈北西向带状分布，部分呈北东向断续分布，集中于纳日贡玛一带，共有 10 个矿床（点）。铜钼矿以纳日贡玛大型铜钼矿床和陆日格铜钼矿点为代表，伴生铅锌。成矿与古近纪小型斑岩体有关，受北西向和北东向两组断裂交汇部位的控制。纳日贡玛铜钼成矿集中区与西藏玉龙铜矿处于同一成矿带上。

第三节　主要成矿类型和成矿组合

工作区主要成矿类型包括：海相火山岩－热液改造型、火山喷流沉积－热液改造型、斑岩型、热液改造型、接触交代型等。

一、海相火山岩－热液改造型

海相火山岩－热液改造型是工作区主要成矿作用类型。与成矿作用有关的火山作用从早到晚如下。

1. 早－中二叠世

然者涌－莫海拉亨地区，与尕迪考组（$P_{1-2}gd$）基性火山－沉积岩系有关的铜多金属成矿作用，如旦荣铜矿床，成矿组合为铜－铅－锌－银。

2. 晚三叠世

多彩地区与晚三叠世巴塘群（T_3Bt）中基性火山－沉积岩系有关的铜多金属成矿作用，如撒纳龙哇铜多金属矿点、当江铜多金属矿点，成矿组合为铜－铅－锌－（铁）－银；与晚三叠世巴塘群（T_3Bt）中酸性火山－沉积岩系有关的铜多金属成矿作用如尕龙格玛铜多金属矿床，成矿组合为铜－铅－锌。沱沱河地区西部与晚三叠世甲丕拉组（T_3jp）中基性火山－沉积岩系有关的铜多金属矿化，如囊极－扎苏铜矿化，成矿组合为铜－银。

3. 中侏罗世

雁石坪地区与雀莫错组（J_2q）火山－沉积岩系有关的铜多金属矿化，如棕熊梁铜多金属矿化点,成矿组合为铅-锌-铜-银;与雀莫错组(J_2q)侵出相次火山岩系有关的铁矿化,如碾廷曲南镜铁矿化,成矿组合为铁-(铜)。

二、火山喷流沉积-热液改造型

沱沱河地区,与诺日巴尕日保组(P_2nr)、九十道班组(P_2j)中基性火山岩-火山碎屑岩-碎屑岩-碳酸盐岩有关的铅锌、铁铜矿化,如多才玛铅锌矿、开心岭铁矿,成矿组合为铅-锌-银-铁-铜。

然者涌-莫海拉亨地区,与诺日巴尕日保组(P_2nr)、九十道班组(P_2j)中基性火山岩-火山碎屑岩-碎屑岩-碳酸盐岩有关的铅锌、铁铜矿化,如东莫扎抓铅锌矿、莫海拉亨铅锌矿、开心岭铁矿,成矿组合为铅-锌-银-铁-铜。

雁石坪地区,与雀莫错组(J_2q)中基性火山岩-火山碎屑岩-碎屑岩-碳酸盐岩有关的铅锌,如楚多曲多金属矿,成矿组合为铅-锌-铜-银。

三、斑岩型

纳日贡玛地区与喜马拉雅期斑岩有关的铜钼成矿作用,如纳日贡玛铜钼矿床、陆日格铜钼矿点,成矿组合为铜-钼-铅-锌。沱沱河地区与喜马拉雅期斑岩有关的铅锌成矿作用,如纳保扎陇锌矿、扎拉夏格涌铅锌矿点,成矿组合为铅-锌-铜-银-(钼)。

四、热液改造型

沱沱河地区与逆冲推覆构造有关的铅锌矿化,如雀莫错多金属矿点、谢隆沟铜矿点。多彩地区与逆冲推覆构造有关的铅锌矿化,如多彩地玛铅锌多金属矿点、米扎纳能铅锌矿点,成矿组合为铅-锌-铜-银。

五、接触交代型

该类型成矿作用在工作区较少。如沱沱河地区乌丽铁矿床、木乃铜银矿,多彩地区的贾那弄铅锌矿点,成矿组合为铜-银、铅-锌-银、铁-铜。

第七章　典型矿床

第一节　沱沱河整装勘查区

一、多才玛铅锌矿床

1.概况

多才玛铅锌矿床地理位置处于沱沱河南岸，距青藏公路沱沱河大桥西南方向约60km，地理坐标：东经91°54′02″，北纬34°04′20″。到目前为止，多才玛铅锌矿床资源量达到600万t以上，矿床规模为大型。

多才玛矿区出露的含矿地层为石炭二叠系开心岭群九十道班组，分为两个岩段。一岩段：浅灰白色块层状结晶灰岩、生物碎屑灰岩夹少量长石岩屑砾岩。二岩段：浅灰白色块层状结晶灰岩（图7-1）。断裂构造极为发育，主要为区域F1逆冲走滑断层，形成断裂带及其附近衍生的平行断层；此外，北东走向的左行走滑断层破坏了矿带完整性。岩浆活动微弱，活动方式以侵入为主，空间上受构造控制明显，产于断裂带附近。仓龙错钦玛－多才玛深断裂贯穿整个矿区，形成宽40～230m不等之破碎带，控制了矿体的产出。

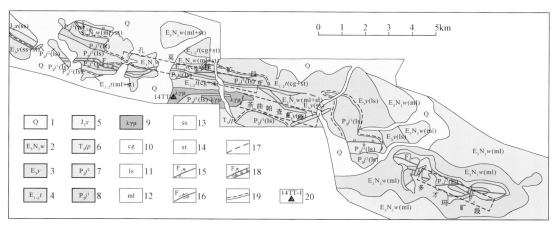

图7-1　多才玛矿区地质略图（据2015年青海省地质调查综合研究报告，有修改）

1.第四系；2.渐新统－中新统五道梁组泥晶灰岩；3.渐新统雅西错组长石石英砂岩；4.古新统－始新统沱沱河组紫红色砾岩、复成分砾岩夹泥钙质粉砂岩；5.中侏罗统夏里组紫红色长石石英砂岩夹绿色长石石英砂岩及深灰色生物碎屑灰岩；6.上三叠统甲丕拉组安山质角砾熔岩；7.中二叠统九十道班组上岩段浅灰白色灰岩；8.中二叠统九十道班组下岩段青灰色结晶灰岩；9.喜马拉雅期浅肉红色石英闪长（玢）岩；10.砾岩；11.灰岩；12.泥晶灰岩；13.砂岩；14.粉砂岩；15.逆断层及编号；16.左行走滑断层及编号；17.推测性质不明断层；18.断层破碎带及编号；19.角度不整合地层界线；20.采样位置及编号

表7-1 孔莫陇矿段铅锌矿体特征表（据青海省第五地质矿产勘查院，2014）

矿体编号	规模			矿体产状	平均品位/%		控制工程
	长/m	块段厚度/m	斜深/m		Pb	Zn	
KM1	305	12.55	50	10°∠65°	—	—	KTC5
KM2	360	10.47	50		—	—	KTC5
KM3	1100	2.64～56.14	80～300	315°～355° ∠30°～40°	1.63	5.75	TC6、KZK301、KZK304、KZK102、KZK103、KZK001、KZK002、KZK003、TC5、KZK202、TC4、KZK401、KZK403、KZK601、KZK602、KZK603、KZK604、KZK605、KTC3、KZK801、KZK802、KZK803、KZK1201、KZK1203、KZK1601
KM4	1300	2.86～28.12	80～320	315°～10° ∠11°～40°	2.29	1.66	KZK701、KZK702、KZK703、KTC6、KZK301、KZK303、KZK304、KZK102、KZK103、KTC5、KZK001、KZK002、KZK003、KZK202、KZK401、KZK403、KZK601、KZK602、KZK603、KZK605、KZK606、KZK801、KZK802、KZK803、KZK1203、KZK1604
KM5	2300	1.15～79.97	80～510	10°∠23°～50°	2.20	1.00	KZK701、KZK702、KZK703、KZK303、KZK304、KZK102、KZK103、KTC001、KZK001、KZK003、KZK005、KZK008、KZK202、KZK401、KZK403、KZK601、KZK602、KZK603、KZK606、KZK801、KZK802、KZK803、KZK1201、KZK1202、KZK1203、KZK1601、KZK1603、KZK1604、KZK2001、KZK2002、KZK2402、KZK2403、KZK2801、KZK2802、KZK3202、KZK3203、KZK3204、KZK3601、KZK3602
KM6	1100	1.72～18.09	80～500	315°～355° ∠19°～50°	2.38	2.17	KZK702、KZK303、KZK304、KZK102、KZK001、KZK002、KZK003、KZK005、KZK008、KZK202、KZK401、KZK403、KZK601、KZK602、KZK603、KZK802、KZK803、KZK1201、KZK1203
KM7	100	4.58	40	10°∠63°	—	2.33	TC1201
KM8	500	3.96～5.02	77.5	355°∠50°	—	2.96	KZK8001、KZK9601、KZK10401
KM9	215	3.755	40	10°∠63°	—	1.68	TC801 TC1201
KM10	2700	1.35～79.93	80～540	315°～355° ∠40°～65°	2.45	3.08	KZK304、KZK001、KZK002、KZK003、KZK005、KZK006、KZK008、KZK403、KZK601、KZK602、KZK603、KZK1201、KZK1202、KZK1203、KZK1603、KZK1604、KZK3202、KZK2001、KZK2002、KZK2402、KZK2404、KZK2801、KZK2802、KZK3204、KZK3601、KZK3602、KZK3203、KZK4002、KZK4004、KZK4801
KM11	900	2.76～72.45	80～250	315°～355° ∠40°～65°	2.89	—	KZK304、KZK005、KZK006、KZK008 KZK601、KZK606、KZK1202、KZK1203

续表

矿体编号	规模			矿体产状	平均品位/%		控制工程
	长/m	块段厚度/m	斜深/m		Pb	Zn	
KM12	316	1047~12.55	40	315°~355° ∠40°~65°	0.89	1.69	CTC26702 CTC25703
KM13	100	2.99	40	315°~355° ∠65°	0.74	—	CTC25703
KM14	659	1.6~3.55	40	315°~355° ∠40°~65°	3.58	1.3	CTC25701 TC6401 TC6801
KM15	100	3.59	40	315°~355° ∠40°~65°	—	2.89	TC6801
KM16	100	3.59	40	315°~355° ∠40°~65°	0.51	—	TC6801
KM17	100	5.86	309	315°~355° ∠40°~65°	1.95	—	KZK10401 KZK9601 KZK9602
KM18	100	3.48~7.365	313	315°~355° ∠40°~65°	1.05	—	KZK9601 KZK9602
KM19	100	1.84~5.29	181~183	315°~355° ∠40°~65°	0.99	—	KZK9601 KZK9603
KM20	100	1.83~2.72	176~218	315°~355° ∠40°~65°	3.5	—	KZK9601 KZK9603

2. 矿带特征

由西至东，该矿床分为孔莫陇、茶曲帕查和多才玛 3 个矿段。

1）孔莫陇矿段

分布于 Sb Ⅱ 矿化蚀变异常带的西段，主要集中在孔莫陇 15 ～ 32 勘探线之间，长约 2.4km，宽约 100 ～ 400m，向东西两侧未封闭。目前地表已基本按 200m 间距用槽探工程控制。带内岩石较破碎，含矿岩性主要为下二叠统九十道班组生物碎屑灰岩，圈定铅锌矿体 20 条（表 7-1）。其中 KM3、KM4、KM5、KM6、KM10、KM11 为主矿体，各矿体的含矿岩性为（方铅矿化褐铁矿化）碎裂灰岩、结晶灰岩，锌矿体多在近地表出露，且锌矿体产状较缓，除 KM3 矿体产状 15° 左右外，其余各矿体产状为 18° ～ 40°（图 7-2 ～图 7-4）。

2014 年，孔莫陇矿段深部发现了厚度大、品位较高的矿体，厚度约 6 ～ 57.37m，Pb+Zn 品位为 4% ～ 15.5%，Pb 最高可达 39.47%，Zn 最高为 36.83%。该矿区 2014 年新增铅锌资源量 100 万 t。

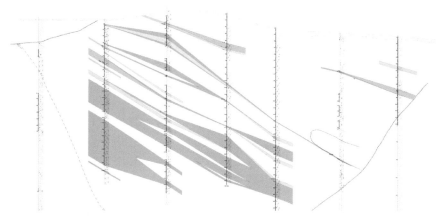

图 7-2　孔莫陇矿段 K6 勘探线剖面图（据青海省第五地质矿产勘查院，2014）

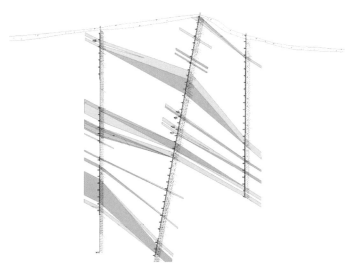

图 7-3　孔莫陇矿段 K12 勘探线剖面图（据青海省第五地质矿产勘查院，2014）

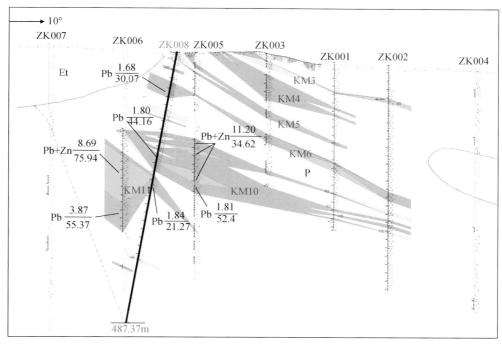

图 7-4 孔莫陇矿段 K0 勘探线剖面图（据青海省第五地质矿产勘查院，2014）

2）茶曲帕查矿段

分布于 Sb Ⅱ 矿化蚀变异常带的中段，主要集中在茶曲帕查南东一带的原 175 线、87 线～ 95 线之间，长约 2.7km，宽 250 ～ 450m，岩性为古近系沱沱河组砂岩、泥晶灰岩，含矿岩性主要为泥晶灰岩，圈定铅锌矿体 5 条。矿体编号为 CM1、CM2、CM3、CM4、CM5（表 7-2），矿体产状倾向北 5°～ 10°、倾角 30°～ 40°，呈脉状、细脉状产出，埋深最深达 400m。

3）多才玛矿段

多才玛矿段分布于 Sb Ⅱ 矿化蚀变异常带的东段，沿 F3 断裂带展布。矿体赋存于新近系五道梁组地层及其与下二叠统九十道班组接触带附近 EW 向的 F3 断裂带中，破碎带岩性为泥晶灰岩，矿体形态及产状受破碎带控制，肉眼可见星点状及细脉状方铅矿。槽探工程的控制揭露，于褐铁矿化蚀变破碎带中圈出以铅为主的铅锌矿体 4 条。

DM1、DM2、DM3（Pb）矿体和 DM4（Pb、Zn）矿体：矿体赋存于九十道班组地层中，均由单工程控制，各矿体其地表控制长度为 100m，Pb 矿体厚度为 1.02 ～ 9.86m，平均品位为 0.53% ～ 1.95%，Zn 矿体厚度为 1.89 ～ 4.93m，平均品位为 0.82% ～ 4.8%，赋矿岩石为含生物碎屑泥晶灰岩、中薄层状碎裂结晶灰岩。

3. 矿床特征

1）矿石的结构、构造

矿区铅锌矿石结构为自形－半自形－他形晶粒状结构、生物碎屑结构、碎裂结构；角砾状、细脉状、星点状、稀疏浸染状等构造（图 7-5）。角砾碎块岩石原岩成分主要为生

表 7-2　茶曲帕查矿段铅锌矿体特征表（据青海省第五地质矿产勘查院，2014）

矿体编号	矿体及矿体分支编号	规模			品位 /%	控矿工程编号
		长 /m	厚 /m	斜深 /m		
CM1	CM1（Zn 工业）	100	25.52	25	9.66	CTC17501 CZK17501
CM2	CM2（Zn 低）	100	5.22	25	1.9	CZK17502
CM3	CM3（Zn 工业）	393	17.95	125.3	5.06	CTC9901 CTC9501 CTC8701 CZK8701 CZK8702 CZK9501
	CM3-1 PbZn（Zn 工业）	100	4.8	40	6.64	CTC9901
	CM3-1 PbZn（Pb 低）				0.46	
	CM3-2 PbZn（Zn 工业）	246	11.12	55	4.16	CTC9501 CTC8701 CZK8701
	CM3-2 PbZn（Pb 工业）				7.69	
	CM3-3 PbZn（Zn 工业）	100	6.27	30	5.67	CTC8701
	CM3-3 PbZn（Pb 工业）				1.07	
	CM3-4 PbZn（Zn 工业）	100	12.83	40	8.83	
	CM3-4 PbZn（Pb 工业）				1.13	
CM4	CM4（Zn 低）	100	9.48	80	1.65	CZK8701 CZK8702
CM5	CM5（Zn 低）	100	14.67	270	1.65	CZK8701 CZK8702
	CM5（Pb 工业）	100	2.99	250	1.41	

物碎屑灰岩、砾屑灰岩。角砾碎块多呈次圆状，大小悬殊，大者 5～10cm，小者 2～3cm，地表呈明显的褐铁矿化，局部见有白色高岭土化。小碎块（角砾）之间的孔隙多被其他更细的岩屑、矿物碎屑充填，岩溶及交代蚀变作用强烈；较大的碎砾核心则可见到原岩生物碎屑灰岩、砾屑灰岩碎块，角砾中有灰黑色金属矿物呈雪花状、树枝状、小团块状。胶结物为钙质、碳酸盐（方解石），多具强烈的褐铁化，局部见有黑色小团块状物质（铅矾）分布。碳酸盐胶结物呈白色束状晶体，将大小不等角砾及碎屑黏结为一体，岩屑和矿物碎屑构成填隙物。

2）矿物组成

原生矿石矿物：主要有方铅矿、闪锌矿、黄铁矿。

次生矿物：主要有铅矾、菱锌矿、褐铁矿等。

3）矿石类型

按矿石组分和结构构造划分为角砾状锌矿石、网脉状、浸染状、星点状铅锌矿石等几种主要类型。

4）围岩蚀变及矿化特征

赋矿岩石以碎裂岩化硅化泥晶含生物屑砂屑灰岩、碎裂岩化白云石化硅化含生物屑泥

图 7-5　铅锌矿石特征照片（据青海省第五地质矿产勘查院，2014）

晶灰岩为主，方解石脉发育。因此，蚀变类型主要有碳酸盐化（包括白云岩化）、硅化、泥化，围岩及矿石中发育石英细脉。

金属矿化主要表现为方铅矿化、闪锌矿化、白铅矿化、菱铁矿化、菱锌矿化等。方铅矿、闪锌矿多呈细脉状产出；白铅矿化、菱铁矿化、菱锌矿化以次生富集的形式沿岩石的层理、节理面或裂隙面分布。矿化强弱与裂隙发育程度有关，裂隙较宽阔且频度较高地段铅锌矿脉较多，矿石品位亦相对其他地段增高幅度显著。

4. 控矿因素及找矿标志

1）控矿因素

控矿因素主要有三种。

（1）岩浆热液喷流沉积控矿：方铅矿、闪锌矿大多与呈细脉状产出的岩浆岩密切相关，表现了热液成矿的主要特征。

（2）地层控矿：矿化体大多产于中二叠统九十道班组碎裂岩化灰岩及泥灰岩中。古近系沱沱河组紫红色砂砾岩底部见矿，但矿体规模较小、矿化较弱。总体表现了矿化与灰岩地层紧密的成因联系。

（3）后期构造控矿：区内已发现矿化体主要发育于沿二叠系灰岩内的近 EW 向和 NWW 向的新生代 F1（< 24Ma）张性断裂内，属于后期构造改造控矿。

2）找矿标志

通过对研究区成矿环境、矿床地质特征及其地球物理、地球化学特征的初步分析总结，初步认为研究区找矿标志有如下几个。

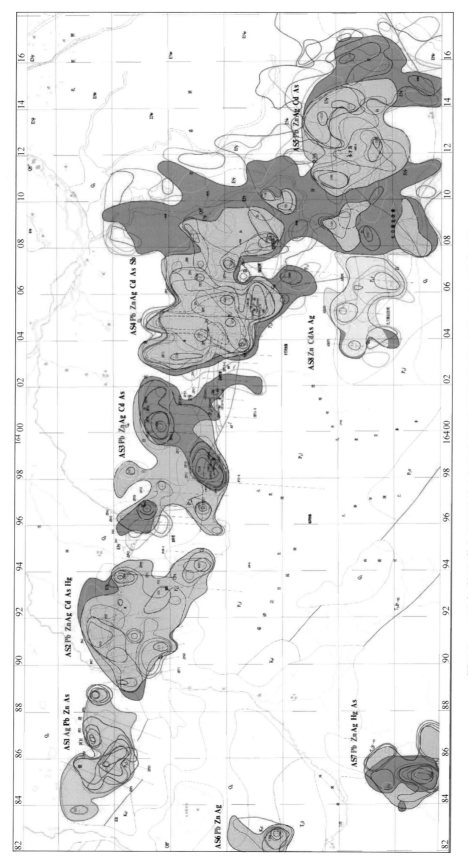

图 7-6 1:5万水系沉积物加密测量综合异常空间分布略图（据青海省第五地质矿产勘查院，2014）

（1）地球化学异常标志：区内以铅锌为主的水系异常（图7-6、表7-3），具有一定的规模和强度、形态完整、浓度梯度变化明显，是研究区寻找铅锌矿的地球化学异常标志。

（2）地球物理异常标志：研究区含矿岩性与非矿岩性的激电性差异较为显著，物探直流中梯测量异常出现"低阻高极化"异常带与土壤异常带相吻合，指示深部可能有矿化体存在；1∶5万相位激电测量圈出了7处相位异常（图7-7），其中2、3、5号异常与已知孔莫陇、茶曲帕查和多才玛矿段十分吻合，且异常连续性较好，为下一步扩展远景及选区提供了物探依据。

表 7-3　多才玛地区 1∶5 万水系沉积物异常特征表（据青海省第五地质矿产勘查院，2014）

异常编号	元素	异常点数	异常下限	峰值	均值	面积/km²	衬度	规模	浓度分带
AS1	Pb	17	300	2560	685.76	4.2	2.23	9.60	外中内
	Zn	9	600	1440	1065.78	2.2	1.78	3.91	外中
	Ag	32	200	2270	579.03	7.9	2.90	22.87	外中内
AS2	Pb	55	300	4450	658.1	16.1	2.19	35.32	外中内
	Zn	44	600	2870	1093.1	12.9	1.82	23.49	外中内
	Ag	18	200	2670	480.22	3.5	2.40	8.40	外中内
	Cd	22	5	15.9	8.73	4.8	1.75	8.38	外中
	As	12	100	200	133.33	3.0	1.33	4.0	外中
	Hg	1	40	198	198	0.25	4.95	1.24	外中内
AS3	Pb	56	300	7310	901	15.6	3.00	46.85	外中内
	Zn	39	600	4935	1202.45	9.8	2.00	19.64	外中内
	Ag	35	200	2471	483.91	9.2	2.42	22.26	外中内
	Cd	57	5	45.9	8.36	12.0	1.67	20.06	外中内
	As	24	100	200	133.14	6.2	1.33	8.25	外中
AS4	Pb	151	300	2270	835.45	37.5	2.78	104.4	外中内
	Zn	294	600	11900	867.6	68.0	1.45	98.6	外中内
	Ag	289	200	3200	392.92	72.3	2.00	142.0	外中内
	Cd	364	5	32.0	12.87	65.0	2.57	193.0	外中内
	As	207	100	200	162.99	43.5	1.63	70.9	外中内
	Sb	88	1.5	5.4	2.12	21.4	1.41	30.25	外中
AS5	Zn	231	500	11900	974	63.5	1.95	123.8	外中内
	Pb	202	200	1890	396	58.5	1.98	107.9	外中内
	Cd	246	6	30.1	11.7	61.8	1.95	120.5	外中内
	Ag	190	200	3200	395.95	54.5	1.98	107.9	外中内
AS8	Zn	31	600	1930	947.61	6.9	1.58	10.90	外中
	Cd	32	5	21.6	9.65	5.4	1.929	10.42	外中内
	As	14	100	200	125.71	3.0	126	3.77	外
	Ag	2	200	349	296.5	0.7	1.48	1.04	外

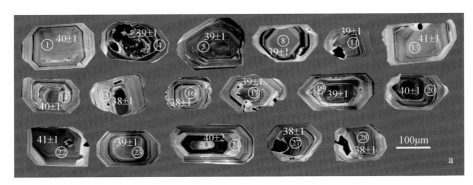

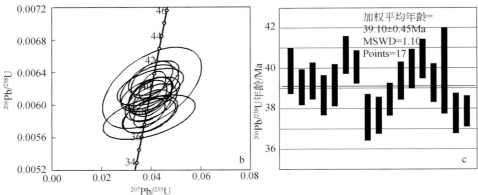

图 7-7　青海沱沱河地区多才玛矿区石英闪长 (玢) 岩 (14TT-1) 锆石 CL 图像 (a)、
锆石 U-Pb 谐和图 (b) 及 $^{206}Pb/^{238}U$ 年龄加权平均图 (c)

（3）岩浆岩指示标志：矿区内的岩浆岩与成矿密切相关，寻找凝灰岩或凝灰质砂岩层及断裂中的侵入岩可能发现多金属矿体；本次研究获得孔莫陇矿段石英闪长 (玢) 岩（14TT-1）LA-ICP-MS 锆石 U-Pb 同位素年龄为（39.10±0.45）Ma（表 7-4），相当于始新世（E_2）。

（4）构造指示标志：矿区内的构造体系目前认识不清，但近东西向主构造带与矿化关系密切，断裂带北侧常出现激电、土壤异常。当三者套合时极有可能发现多金属矿化体。

（5）地表氧化标志：由于铅锌矿化带中含有菱锌矿、白铅矿、毒砂等金属矿物，氧化后呈现红、褐、灰绿等多种氧化色，在地表形成杂色条带，是研究区铅锌矿存在的重要露头标志。

5. 成矿时代及成因类型

据侯增谦等（2006）获得闪锌矿、黄铜矿 Rb-Sr 同位素年龄为 22～24Ma，大概相当于新生代中新世，认为成矿时代很新。

有关多才玛铅锌矿成因类型的争议较大，包括海相火山岩型、造山带型、MVT（密西西比河谷型）、热液改造型、中低温热液脉型及斑岩型。

该矿床各矿段矿体均产于中二叠统九十道班组凝灰岩 (或凝灰质砂岩层) 和灰岩过渡带，九十道班组下伏地层为诺日巴尕日保组（P_2nr）夹火山岩（杏仁状玄武岩、玄武安山岩）、灰岩的碎屑岩，即铅锌成矿于火山－沉积岩系偏上部的层位；多才玛矿区最富的孔莫陇矿

表 7-4　青海沱沱河地区多才玛矿区石英闪长（玢）岩（14TT-1）锆石 LA-ICP-MS U-Pb 同位素测年结果

样号	同位素比值								同位素年龄/Ma								同位素含量/(μg/g)			Th/U	谐和度/%
	$^{207}Pb/^{206}Pb$		$^{207}Pb/^{235}U$		$^{206}Pb/^{238}U$		$^{208}Pb/^{232}Th$		$^{207}Pb/^{206}Pb$		$^{207}Pb/^{235}U$		$^{206}Pb/^{238}U$		$^{208}Pb/^{232}Th$		Th	U	Pb*		
	比值	1δ	比值	1δ	比值	1δ	比值	1δ	年龄	1δ	年龄	1δ	年龄	1δ	年龄	1δ					
14TT-1-1	0.0460	0.0092	0.039	0.008	0.0062	0.0002	0.0042	0.0001	0.1	417.7	39.1	7.6	39.9	1.1	84.8	2.4	8.99	294.64	50.39	0.03	98.0
14TT-1-4	0.0461	0.0062	0.039	0.005	0.0061	0.0001	0.0020	0.0001	3.4	295.4	38.4	5.0	39.1	0.9	39.7	1.8	372.73	469.87	5.56	0.79	98.2
14TT-1-5	0.0473	0.0071	0.040	0.006	0.0061	0.0001	0.0010	0.0001	62.6	323.6	39.6	5.8	39.4	0.9	19.7	1.5	995.24	2018.68	21.90	0.49	100.5
14TT-1-8	0.0483	0.0085	0.040	0.007	0.0060	0.0002	0.0013	0.0001	112.3	368.5	39.7	6.8	38.7	1.0	25.3	1.9	894.81	428.37	5.93	2.09	102.6
14TT-1-11	0.0484	0.0062	0.041	0.005	0.0061	0.0002	0.0022	0.0001	119.3	278.7	40.3	5.0	39.2	1.0	44.6	1.4	719.04	463.51	4.12	1.55	102.8
14TT-1-13	0.0473	0.0078	0.041	0.007	0.0063	0.0001	0.0019	0.0001	63.5	352.1	40.8	6.6	40.7	0.9	38.5	1.1	9.18	290.51	40.49	0.03	100.2
14TT-1-14	0.0473	0.0042	0.040	0.004	0.0062	0.0001	0.0015	0.0000	64.4	200.2	40.2	3.5	40.1	0.8	29.2	0.8	636.03	388.44	5.29	1.64	100.2
14TT-1-15	0.0488	0.0153	0.039	0.012	0.0059	0.0002	0.0022	0.0001	140.1	606.8	39.0	12.0	37.6	1.2	44.7	1.7	1310.16	639.92	8.16	2.05	103.7
14TT-1-16	0.0485	0.0089	0.039	0.007	0.0059	0.0001	0.0018	0.0001	123.9	381.6	38.9	6.9	37.7	0.9	35.7	1.8	417.65	269.6	3.32	1.55	103.2
14TT-1-17	0.0483	0.0068	0.040	0.006	0.0060	0.0001	0.0015	0.0000	112.6	301.1	39.5	5.4	38.5	0.8	30.9	0.8	449.38	322.01	3.55	1.40	102.6
14TT-1-19	0.0472	0.0094	0.040	0.008	0.0061	0.0001	0.0021	0.0001	56.8	415.1	39.5	7.7	39.4	0.9	41.5	1.2	9.18	291.63	37.59	0.03	100.3
14TT-1-20	0.0465	0.0104	0.040	0.009	0.0062	0.0002	0.0008	0.0001	23.4	464.3	39.5	8.7	40.0	1.0	15.9	1.6	595.98	393.34	4.67	1.52	98.8
14TT-1-22	0.0466	0.0065	0.040	0.006	0.0063	0.0001	0.0004	0.0001	29.1	303.4	40.1	5.4	40.5	1.0		2.0	712.06	425.75	4.31	1.67	99.0
14TT-1-23	0.0474	0.0071	0.040	0.006	0.0061	0.0002	0.0016	0.0001	69.9	320.7	39.6	5.7	39.3	0.9	32.0	1.6	928.85	490.48	4.07	1.89	100.8
14TT-1-24	0.0474	0.0157	0.040	0.013	0.0062	0.0003	0.0020	0.0002	67.1	643.0	40.1	12.9	39.9	2.1	40.4	3.4	535.92	400.74	3.99	1.34	100.5
14TT-1-27	0.0493	0.0091	0.040	0.007	0.0059	0.0002	0.0020	0.0001	159.5	383.2	39.5	7.1	37.8	1.0	40.4	1.4	924.41	529.47	7.11	1.75	104.5
14TT-1-28	0.0485	0.0052	0.039	0.004	0.0059	0.0001	0.0014	0.0000	123.8	236.0	39.0	4.1	37.9	0.8	28.4	0.5	918.35	552.22	5.23	1.66	102.9

注：Pb* = 0.241×^{206}Pb+0.221×^{207}Pb+0.524×^{208}Pb；谐和度 = ($^{207}Pb/^{235}U$)/($^{206}Pb/^{238}U$)×100。

段，角砾状铅锌矿石中的角砾保留有原始形成时的纹层状、似层状构造，应为火山喷流过程中的典型火山沉积构造；后期逆冲推覆断裂和喜马拉雅期斑岩对成矿具有叠加改造作用。因此，笔者暂将其归为火山喷流沉积-热液改造型。

二、开心岭铁矿床

1. 概况

开心岭铁矿床地处沱沱河整装勘查区唐古拉山北坡，沱沱河镇西南 20 余千米，交通方便，地理坐标：东经 92°18′29″，北纬 34°07′23″。初步估算铁矿石资源量 723 万 t，规模为小型。

矿区出露地层较单一，仅为开心岭群诺日巴尕日保组（图 7-8）。主要岩性为灰白色结晶灰岩，夹砂砾岩、中基性火山（碎屑）熔岩。构造较发育，断裂呈北北西向、北东向和北东东向三个方向展布，规模较小。岩浆岩主要为印支期侵入岩，矿区内出露岩性有印支期灰绿色辉绿岩-辉绿玢岩及浅灰绿色闪长玢岩，分布零星，呈岩脉产出。

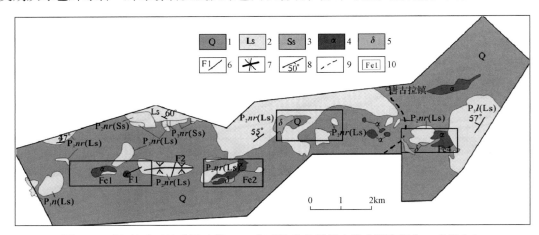

图 7-8 开心岭矿区地质图（据 2015 年青海省地质调查综合研究报告，有修改）

1. 第四系；2. 灰岩；3. 砂岩；4. 安山岩；5. 闪长岩；6. 断层；7. 背斜构造；8. 产状；9. 公路（铁路）；10. 矿区矿段及编号。中二叠统开心岭群：P_2nr 诺日巴尕日保组；上二叠统乌丽群：P_3n 那益雄组，P_3l 拉卜查日组

2. 矿床特征

区内圈定 3 条铁矿化带，分布在长约 5000m、宽约 500m 的近东西向展布的狭长区域内，长 1000 ~ 1500m、宽 30 ~ 200m，呈带状展布，受北东东向、近东西向、北西向断裂破碎带控制，矿化沿岩石裂隙不均匀浸染充填，磁铁矿含量约 10% ~ 40%、局部达 80%。地表矿体与 1∶2000 磁异常高值区（带）套合较好，钻孔中的矿（化）体与地表矿体对应性也较好。

共圈定磁铁矿体 29 个，按矿体相对集中程度分为东、中、西三个矿段。其中西矿段 6 条、中矿段 18 条、东矿段 5 条。

矿区内已圈定的铁矿体中，矿石自然类型相对简单，主要为黄铁矿磁铁矿矿石；脉石矿物有斜长石、角闪石、辉石、榍石和磷灰石等。矿石中伴生元素有 Cu、Pb、Zn、Ag。个别样品 Zn 含量较高，但均未达到边界品位，故无综合利用价值。

　　矿区矿石品位较高（TFe ≥ 40%）的磁铁矿矿石一般呈半自形、中粗粒结构，致密块状、稠密浸染状构造；矿石品位较低（TFe 20% ~ 30%）的磁铁矿矿石呈他形粒状结构、浸染状、稀疏浸染状、团块状构造。

　　本次研究认为开心岭铁矿区火山韵律清晰，矿体的形成与火山作用有密切的关系，火山作用的不同部位成矿特征不同。火山口附近主要为磁铁矿成矿带，磁铁矿充填于隐爆安山玄武质火山角砾岩的空隙（图 7-9a）和安山玄武岩裂隙中（图 7-9b）；离火山口中部距离主要为磁铁矿－镜铁矿成矿带，矿体呈似层状、透镜状赋存于中基性火山岩（图 7-9c、图 7-9a）和火山间歇期凝灰岩中；远离火山口主要为镜铁矿－磁铁矿成矿带，镜铁矿和磁铁矿呈透镜体状夹于凝灰岩（图 7-9d、图 7-9b、图 7-10）中。并且矿区的玄武岩遭受了后期岩浆作用，见较多孔雀石、蓝铜矿沿裂隙分布。

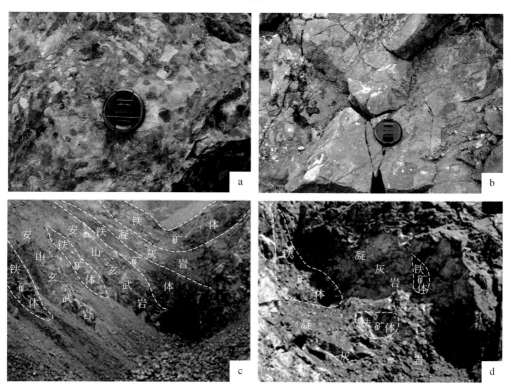

图 7-9　开心岭铁矿区充填于安山玄武质火山角砾岩中的磁铁矿（a）、沿安山玄武岩裂隙贯入的网脉状磁铁矿（b）（示火山口成矿）、中基性火山岩－凝灰岩中似层状－透镜状磁铁矿－镜铁矿（c）（示近火山口成矿）和凝灰岩中透镜体状镜铁矿－磁铁矿（d）（示远火山口成矿）照片

3. 成矿时代和成因类型

　　总之，矿体产于诺日巴尕日保组（P_2nr）火山岩系，中部主体为磁铁矿呈角砾状产于安山玄武岩中，外围主体为镜铁矿－磁铁矿呈透镜体状夹于凝灰岩中，空间上与铜、铅

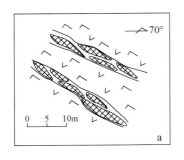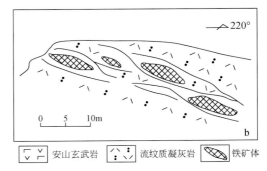

安山玄武岩	流纹质凝灰岩	铁矿体

图 7-10　开心岭铁矿区安山玄武岩中似层状－透镜状磁铁矿－镜铁矿（a）（示近火山口成矿）和凝灰岩中透镜体状镜铁矿－磁铁矿（b）（示远火山口成矿）素描图

锌成矿密切伴生。本书对矿区侵入诺日巴尕日保组（P_2nr）中的辉长岩进行了 LA-ICP-MS 锆石 U-Pb 同位素年龄测试，获得 ^{206}Pb/^{238}U 加权平均年龄为（247.0±1.7）Ma（Points=22，MSWD=3.1），属于早三叠世（张辉善等，2014）。其可认为是开心岭铁矿成矿时代的上限，即成矿时代早于 247Ma，结合矿化特征认为成矿时代为中二叠世。根据开心岭铁矿产出特征、矿石结构构造组合，将其成因类型划归为火山喷发－沉积型铁矿床。

三、纳保扎陇铅锌矿床

纳保扎陇铅锌矿床地处青藏高原腹地唐古拉山北坡，地理坐标：东经91°10′00″，北纬34°05′00″。矿区地层主要为上三叠统甲丕拉组和中侏罗统夏里组，其中以上三叠统甲丕拉组为主（图 7-11），岩性从上至下依次为浅灰色中细粒岩屑长石砂岩、灰黑色泥晶灰岩、灰绿色及紫红色英安岩；中侏罗统夏里组岩性为灰黑色泥晶灰岩夹深灰色－灰黑色砂屑灰岩和灰绿色－紫红色英安岩，为矿区主要容矿地层，有矿源层的作用。区内岩浆岩主要为中、新生代火山岩，其次为浅成岩，中生代火山岩为灰绿色、紫红色块状、气孔状、杏仁状英安岩，气孔大多为不规则状；另外新近纪火山岩较为发育，以不含沉积夹层为特征，为陆相火山喷发产物，岩性为偏碱性灰白色、青灰色粗面岩、蚀变粗面岩。新生代火山岩形成于大陆碰撞造山后的拉张环境，为壳源岩浆和幔源岩浆的混合物；浅成相喜马拉雅期基性岩主要分布于矿区西北部，岩性为辉绿－辉长岩及部分灰白、肉红色花岗斑岩、花岗细晶岩，蚀变以泥化、高岭土化和碳酸盐化为主，这些岩浆岩为铜多金属矿的形成提供了丰富的成矿热液。区内断裂构造较发育，主要为近东西向走滑断裂、近南北向张性断裂和近北东向断裂三组。近东西向走滑断裂以构造角砾岩为主，见有褐铁矿化、黄铁矿化，局部见有黄铜矿化、方铅矿化、闪锌矿化以及辉铜矿化，为早期导容矿构造；近南北向断裂为切层构造，为脆性－弱韧性，岩性以碎粉岩和断层泥为主，常见有褐铁矿化、强烈碳酸盐化，以方解石脉发育为特征，并伴有浸染状、团块状方铅矿和星点状孔雀石化、铜蓝矿化，是区内的主要容矿构造，目前发现的矿体大多产于这些构造中，为区内的主要控矿构造；近北东向断裂为次一级构造，断层为脆性－弱韧性，以碎粉岩及断层泥为主，常见有褐铁矿化、强烈碳酸盐化，以方解石脉发育为特征，并伴有浸染状、团块状方铅矿和星点状孔雀石化、铜蓝矿化，是区内次要容矿构造。

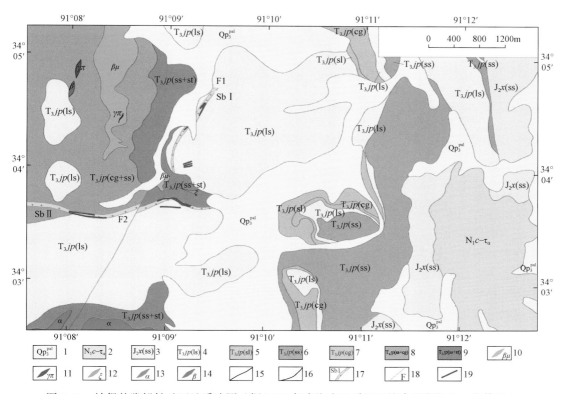

图 7-11　纳保扎陇铅锌矿区地质略图（据 2015 年青海省地质调查综合研究报告，有修改）

1.第四系冲洪积砂砾石层、腐殖土层、亚砂土层等；2.查保玛组灰白色－青灰色粗面安山岩；3.中侏罗统紫红色细粒岩屑长石砂岩夹泥质粉砂岩；4.甲丕拉组深灰－灰黑色泥晶灰岩夹深灰色砂屑灰岩；5.甲丕拉组灰黑色含碳质泥质板岩；6.甲丕拉组灰白色中细粒岩屑长石砂岩；7.甲丕拉组灰绿色－浅肉红色复成分砾岩；8.甲丕拉组浅灰－灰白色复成分砾岩夹含砾粗粒砂岩；9.甲丕拉组浅紫红色中细粒砂岩夹细粒泥质粉砂岩；10.辉绿岩；11.花岗斑岩；12.英安岩；13.安山岩；14.玄武岩；15.实测地质界线；16.实测角度不整合界线；17.破碎蚀变带；18.断层；19.矿体

　　矿区共圈出两条含矿破碎带，南北向破碎带位于北部，由张性断裂控制，走向北东—南西向，倾向南东，倾角变化较大，近地表倾角较缓，深部有变陡的趋势。在地表控制长约 1500m，宽 10～20m，该破碎带上圈出四条矿体。北西西向破碎带位于南部，由挤压性质断裂控制，破碎带走向近东西向，倾向南西，倾角在 30° 左右，破碎带目前地表控制长度约 3000m，宽 30～100m，该破碎带上圈出 3 条矿体。矿体形态多呈脉状、透镜状，钻孔资料表明，主矿体向深部延伸不稳定（图 7-12），其中铅矿体地表控制长度 200～442m、厚度 1.24～12.86m、平均品位 0.46%～5.68%、最高品位 10.16%，锌矿体地表控制长度 200～600m、厚度 1.56～19.04m、平均品位 0.99%～11.81%、最高品位 32.12%。

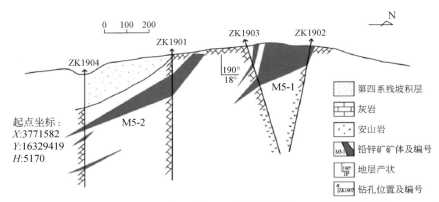

图 7-12　那保扎陇欧乌矿段 19 勘探线剖面（据青海省第五地质矿产勘查院，2013）

赋矿围岩主要为碎裂岩化蚀变灰岩，蚀变主要有碳酸盐化、硅化、高岭土化、褐铁矿化。其中褐铁矿化于近地表最强，金属矿化主要为方铅矿化，呈细脉状或星点状产出。矿石矿物为方铅矿、铅黄、褐铁矿；脉石矿物主要为石英、方解石，少许绢云母。矿石的结构、构造为：晶粒状结构、碎裂结构；块状、角砾状、细脉状、局部浸染状等构造，方铅矿矿物呈脉状、网脉状、团块状充填于岩石裂隙中，一般结晶程度较高且多为自形晶的都是团块状的方铅矿。裂隙发育程度和岩石的破碎程度与矿化强弱有关，裂隙密集、岩石较破碎时，矿化较好，形成较多矿脉，含矿品位则较高。

四、扎拉夏格涌铅锌矿点

扎拉夏格涌铅锌矿点位于沱沱河镇西北约 50km，地理坐标：东经 92°01′44″，北纬 34°24′14″。

矿区出露的主要地层为白垩系风火山群洛力卡组、桑恰山组。断裂构造发育，呈北西向、北西西向展布，其内碎裂岩化及断层泥发育，断面北倾，倾角约 50°，断裂性质为逆冲断层，北西西向断层为区内主要的控矿构造。区内岩浆活动强烈，侵入岩主要为喜马拉雅期钾长花岗斑岩，呈岩株、岩脉产出，岩体侵入于上白垩统桑恰山组、洛力卡组中。矿体主要产于喜马拉雅期钾长花岗斑岩内（图 7-13、图 7-14）。

矿区中含矿破碎带主要由北西西向断裂控制，北西—南东向延伸，长度约 1500m、宽度约 100～220m。带内岩性以斑岩为主，夹少量砂岩，岩石较破碎，多呈大小不一碎块，岩石具强高岭土化，薄膜状、浸染状褐铁矿化。该破碎带上圈出 9 条矿体。矿体形态呈似层状、透镜状，产状与矿化蚀变破碎带产状一致，倾向 10°～25°，倾角 40°～75°。长度 200～1400m 不等，平均厚度 1.99～13.9m，铅矿体长度 200～1400m，厚度 1.99～13.9m，平均品位 0.58%～3.25%、最高品位 67.13%。

蚀变主要有黄铁矿化、硅化、高岭土化、褐铁矿化、泥化，偶见雄黄、雌黄、绢云母化。铅矿石矿物为方铅矿，脉石矿物主要为长石、石英。多呈星点状、浸染状，少数为细脉状充填于岩石裂隙中，局部见块状方铅矿。矿石的结构、构造为：自形－半自形晶细粒状结构；细脉状、局部浸染状、块状等构造。

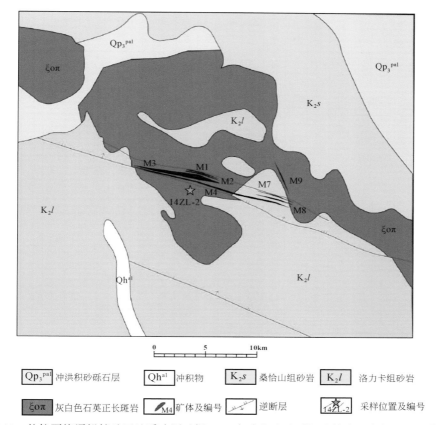

图例：

Qp_3^{pal} 冲洪积砂砾石层	Qh^{al} 冲积物　K_2s 桑恰山组砂岩　K_2l 洛力卡组砂岩
$\xi o\pi$ 灰白色石英正长斑岩	M4 矿体及编号　　逆断层　　14ZL-2 采样位置及编号

图 7-13　扎拉夏格涌铅锌矿区地质略图（据 2015 年青海省地质调查综合研究报告，有修改）

图 7-14　扎拉夏格涌铅锌矿区钾长花岗斑岩内细脉浸染状铅锌矿化岩心（a）和
细脉状铅锌矿化岩心（b）照片

　　初步圈定铅矿体 2 条，M1 铅矿体宽 3m，平均品位为 0.485%；M2 铅矿体宽 17m，平均品位 0.85%。估算铅锌资源量 9 万余吨。

　　本次研究通过对扎拉夏格涌铅锌矿点的地质特征调查，结合矿石赋存状态及矿化蚀变认为其为斑岩型铅锌矿，并获得与矿化密切相关的钾长花岗斑岩（14ZL-2）锆石 U-Pb 同位素年龄为（35.96±0.61）Ma（Points=15，MSWD=1.9）（表 7-5、图 7-15），为古近纪始新世（E_2），为沱沱河地区进一步寻找纳日贡玛式斑岩型铜钼多金属矿开拓了新思路（时超等，2017）。

表 7-5　青海省沱沱河地区扎拉夏格涌钾长花岗斑岩（14ZL-2）锆石 LA-ICP-MS U-Pb 同位素测年结果

样号	同位素比值								同位素年龄/Ma								同位素含量/（μg/g）			Th/U	谐和度/%
	$^{207}Pb/^{206}Pb$		$^{207}Pb/^{235}U$		$^{206}Pb/^{238}U$		$^{208}Pb/^{232}Th$		$^{207}Pb/^{206}Pb$		$^{207}Pb/^{235}U$		$^{206}Pb/^{238}U$		$^{208}Pb/^{232}Th$		Th	U	Pb*		
	比值	1σ	比值	1σ	比值	1σ	比值	1σ	年龄	1σ	年龄	1σ	年龄	1σ	年龄	1σ					
14ZL-02-1	0.0457	0.0097	0.037	0.008	0.0059	0.0002	0.0018	0.0002	0.1	426.0	36.9	7.6	37.9	1.5	35.4	4.6	165.80	641.85	20.00	0.26	102.71
14ZL-02-2	0.0488	0.0057	0.036	0.004	0.0053	0.0001	0.0027	0.0002	137.2	254.9	35.7	4.1	34.3	0.8	55	3.4	1151.11	2618.96	49.62	0.44	96.08
14ZL-02-3	0.0478	0.0043	0.038	0.003	0.0058	0.0001	0.0031	0.0001	89.0	202.8	37.7	3.3	37.0	0.8	63.4	2.1	302.16	780.85	20.49	0.39	98.14
14ZL-02-4	0.0487	0.0030	0.036	0.002	0.0054	0.0001	0.0018	0.0001	134.8	140.5	36.3	2.2	34.9	0.6	36.8	1.4	605.14	1473.01	29.54	0.41	96.14
14ZL-02-5	0.0468	0.0056	0.038	0.005	0.0058	0.0001	0.0014	0.0000	37.2	266.2	37.4	4.4	37.5	0.8	28.1	0.7	2130.84	1043.79	31.99	2.04	100.27
14ZL-02-6	0.0480	0.0118	0.037	0.009	0.0056	0.0002	0.0019	0.0002	100.7	495.7	36.9	8.8	36.1	1.2	38.2	4.4	257.91	848.21	14.38	0.30	97.83
14ZL-02-7	0.0495	0.0048	0.037	0.004	0.0054	0.0001	0.0012	0.0001	171.6	213.0	36.6	3.5	34.7	0.7	24.6	1.5	961.23	2477.49	25.95	0.39	94.81
14ZL-02-8	0.0477	0.0029	0.036	0.002	0.0055	0.0001	0.0020	0.0001	84.5	138.9	35.8	2.1	35.2	0.6	39.3	1.4	557.28	2166.52	29.30	0.26	98.32
14ZL-02-9	0.0452	0.0034	0.035	0.003	0.0057	0.0001	0.0024	0.0001	0.1	132.2	35.2	2.6	36.5	0.7	47.4	1.9	385.86	1385.84	19.69	0.28	103.69
14ZL-02-10	0.0483	0.0065	0.038	0.005	0.0058	0.0001	0.0027	0.0002	111.7	288.4	38.1	5.0	37.0	0.8	54.2	3.7	141.01	593.64	9.43	0.24	97.11
14ZL-02-11	0.0469	0.0036	0.036	0.003	0.0056	0.0001	0.0010	0.0001	41.8	175.7	36.2	2.7	36.2	0.8	20.2	2.4	383.48	1439.91	15.34	0.27	100.00
14ZL-02-12	0.0475	0.0074	0.036	0.006	0.0055	0.0002	0.0011	0.0002	73.9	335.2	35.6	5.4	35.2	1.1	22.2	3.4	163.52	688.20	9.58	0.24	98.88
14ZL-02-13	0.0490	0.0072	0.036	0.005	0.0054	0.0002	0.0011	0.0002	149.3	312.9	36.3	5.2	34.8	1.1	22.6	4.5	217.68	621.20	7.81	0.35	95.87
14ZL-02-14	0.0486	0.0127	0.036	0.009	0.0054	0.0003	0.0013	0.0003	127.7	521.3	36.1	9.1	34.9	1.9	27	6.0	175.48	720.38	8.51	0.24	96.68
14ZL-02-15	0.0462	0.0045	0.036	0.004	0.0058	0.0001	0.0019	0.0001	6.2	218.3	36.4	3.5	37.0	0.6	37.9	1.3	491.63	1609.50	15.61	0.31	101.65

注：Pb*＝0.241×^{206}Pb+0.221×^{207}Pb+0.524×^{208}Pb；谐和度＝（^{207}Pb/^{235}U）/（^{206}Pb/^{238}U）×100。

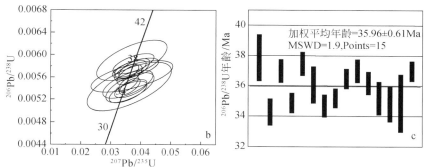

图 7-15　青海沱沱河地区扎拉夏格涌钾长花岗斑岩（14ZL-2）锆石 CL 图像（a）、锆石 U-Pb 谐和
图（b）及 $^{206}Pb/^{238}U$ 年龄加权平均图（c）

五、楚多曲铅锌矿床

楚多曲铅锌矿床位于雁石坪西约 50km，地理坐标：东经 91°40′00″，北纬 33°32′00″。

矿区出露的主要地层为中–上侏罗统石坪群的夏里组、雪山组、索瓦组，白垩系风火山群错居日组，含矿层位是雁石坪群的夏里组。构造线方向以北西向为主，性质为挤压性逆断裂，近南北向断裂构造次之，性质为张性正断裂，两组断裂均为控矿构造。岩浆活动较强，主要为黑云母正长斑岩、辉绿岩脉及花岗细晶岩脉（图 7-16）。

矿区由近南北向含矿断裂破碎带和北西向含矿断裂破碎带组成，近南北向含矿断裂破碎带，南北向延伸，较稳定，宽为 20 ～ 80m，延伸为 600 ～ 1200m，东倾，倾角为 45°，该破碎带上圈出 6 条矿体。矿体赋存于泥晶粉晶灰岩与紫红色泥质粉砂岩接触带中，接触带为层间破碎带，矿体形态呈似层状、脉状，矿体长度 200 ～ 1100m、厚度 5.65 ～ 15.76m、平均品位 Pb+Zn：2.07% ～ 3.82%。北西向含矿断裂破碎带，北西—南东向延伸，宽为 30 ～ 100m 左右，长大于 800m，总体北倾，倾角 80° 左右，该破碎带上圈出 4 条矿体。矿体形态呈脉状，矿体长度 400 ～ 800m、厚度 7.2 ～ 14.81m、平均品位 Pb+Zn：

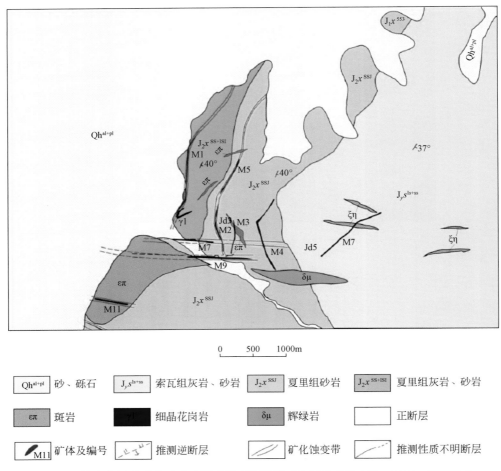

图 7-16　楚多曲铅锌矿床地质略图（据青海省第五地质矿产勘查院，2014，有修改）

1.92% ～ 4.16%。

赋矿围岩主要为碎裂岩化蚀变灰岩、碎裂砂岩，蚀变主要有重晶石化、碳酸盐化、硅化等。在地表重晶石化、碳酸盐化最强，构造破碎带及其两侧地层岩石中广泛发育重晶石、方解石脉，局部成网脉状；硅化常在构造角砾岩中以晚期石英细脉形式发育；硫化物在地表中常出现在构造角砾岩中。矿石矿物为方铅矿、黄铜矿、闪锌矿、镜铁矿等，脉石矿物主要为重晶石、石英、方解石等。矿石的结构、构造为：半自形-他形晶粒状结构、生物碎屑结构、碎裂结构；块状、角砾状、细脉状、局部浸染状等构造。裂隙发育程度和岩石的破碎程度与矿化强弱有关，裂隙密集、岩石较破碎时，矿化较好，形成较多矿脉，含矿品位则较高，局部成块状。

共圈出铅锌多金属矿体 11 条（表 7-6），主要赋矿地层为侏罗系雀莫错组（J_2q）、夏里组（J_2x），矿体展布方向呈近南北向，与地层基本一致，受近南北向和北西西向断裂破碎带的控制。估算铅锌资源量 61.33 万 t，伴生矿种有铜银。

楚多曲铅锌矿床的成因类型应归为火山喷流沉积-热液改造型。

表7-6　楚多曲铅锌矿床矿体特征一览表（据青海省第五地质矿产勘查院，2014）

矿体编号	工程号	矿体产状/(°)		真厚度/m	平均品位				长/m
		倾向	倾角		$Pb/10^{-2}$	$Zn/10^{-2}$	$Cu/10^{-2}$	$Ag/10^{-6}$	
M1	TC801、TC401、TC001、TC301、TC701、TC1102、TC1504、TC3101、ZK1501、ZK1502、ZK1503、ZK2301、ZK701、ZK704、ZK001、ZK002、ZK003、ZK006、ZK801、ZK803	95～126	45～52	15.76	1.65	0.77		18.75	1100
M2	TC1901、TC901、TC502、TC101、TC201、TC803、TC1001、TC1203、TC1601、ZK1601、ZK1602、ZK004、ZK005、ZK802、ZK802	100～121	45～62	5.65	1.74		0.55	18.22	1350
M3	TC603、TC1002、TC1206、TC1401	61～126	38～50	6.05	3.82			72.86	740
M4	TC1207、TC1004、TC402、TC005、TC304、ZK1001	87～130	41～45	4.41	3.46			24.76	1200
M5	TC1202、ZK1202、ZK006、ZK704	81	47	11.66	0.95			46.67	600
M6	TC704、TC504、TC101、TC605、ZK703、ZK804	110～126	37～42	5.17	0.64			3.86	150
M7	ZK4001、TC5201	132	66	13.52	2.13			13.83	＞600
M8	TC6801、TC7001、TC7002、TC7202、TC5401、TC5802、TC6002、TC6201、TC6601、TC6802、TC7004、TC7005、ZK6201、ZK6202、ZK7001、ZK8001	0	65	5.71	2.11		0.68	86.77	＞1000
M9	TC6001、TC4801、TC4801、ZK3201、ZK3202	198	20	10.83	2.00	1.41		44.25	＞800
M10	STC301、STC001、STC401、STC801、STC1201、SZK001、SZK801、STC002、STC003、SZK002	30	70	11.92			0.72	35.2	＞700
M11	TC3202	198	60	5.13	2.20			220	200

六、雀莫错多金属矿点

雀莫错多金属矿点位于雁石坪西北约 120km，地理坐标：东经 91°07′05″，北纬 33°54′30″。

矿区出露的主要地层为二叠系乌丽群拉卜查日组、上三叠统结扎群波里拉组、中 – 上 侏罗统雁石坪群的夏里组、雀莫错组。含矿层位是二叠系乌丽群拉卜查日组。断裂构造分 为两组：一组为呈北西西、近东西向波状延伸。局部被北西或北东向断层错断。沿沟谷、 垭口呈线状分布。断裂面北倾，倾角 40°～50°。受断裂影响，两盘产状较乱。断层破碎 带宏观上表现为 10～100m 不等，带内见有断层角砾岩及碎裂灰岩，具铁染现象。该组 断裂为一高角度逆断层，以压性为主。这组断裂与成矿关系密切，矿区北侧构造带内已发 现铅矿化。另一组呈北东向断裂破碎带，为控矿构造，呈北东向展布。铅锌矿化大多产 于这组断裂形成的破碎蚀变带上或附近，为张性断裂，断裂多呈平行排列。破碎带宽有 1～100m 不等。区内岩浆活动较为频繁，但规模不是很大，主要为喜马拉雅期辉绿岩， 多呈小岩株和岩脉形式出现（图 7-17）。

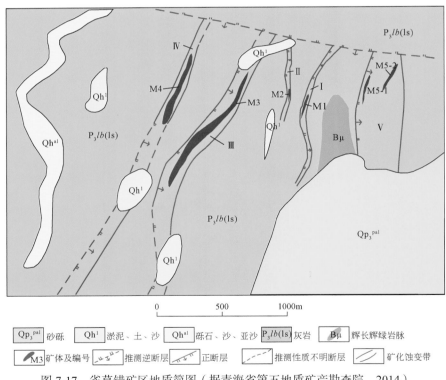

图 7-17　雀莫错矿区地质简图（据青海省第五地质矿产勘查院，2014）

矿区中含矿破碎带主要由北东向断裂控制，整体呈北东—南西向延伸，产状 45°～75°，倾向南东，方铅矿及闪锌矿呈细脉状分布，浸染状，局部富集地段呈块状。 该破碎带上圈出五条矿体。矿体形态多呈脉状、透镜状，钻孔资料表明，主矿体向深部延伸不稳定，其中铅矿体长度 100～1050m、厚度 1.94～48.91m、平均品位 0.45%～16.16%、最高品位 25.86%，锌矿体长度 100～1050m，厚度 1.79～76.63m、平均品位 0.8%～15.11%、最高品位 27.56%。

赋矿围岩主要为碎裂岩化灰岩，蚀变主要有碳酸盐化、硅化、重晶石、褐铁矿化，矿石矿物为方铅矿、闪锌矿，也有黄铜矿、黄铁矿、孔雀石、蓝铜矿等，脉石矿物主要为方解石、石英、重晶石，矿石的结构、构造为晶粒状结构、碎裂结构，块状、角砾状、星点状、细脉状、局部浸染状构造。方铅矿结晶较细，局部较大，矿化强弱与方解石脉、重晶石脉有关，方解石脉、重晶石脉发育时，矿化较好。

矿区圈出铅锌矿化带 5 条，矿体 8 条。资源量估算累积铅金属量 6.71 万 t。

第二节 治多县多彩整装勘查区

一、尕龙格玛铜多金属矿床

1. 概况

尕龙格玛铜多金属矿床位于青海玉树藏族自治州治多县多彩乡境内，地理坐标：东经 95°15′30″，北纬 33°51′00″。该矿于 1959 年被发现，经过近年来的勘探评价，矿床规模已达中型。尕龙格玛铜多金属矿夹持于西金乌兰湖－歇武断裂和乌兰乌拉湖－玉树断裂之间。成矿区带上处于西南"三江"成矿带北段东北部。

矿区出露地层主要为上三叠统巴塘群第二岩组和第四岩组（图 7-18）。前者主要由流纹质－英安质凝灰岩、英安岩、英安质角砾熔岩、集块熔岩及部分砂岩、灰岩等组成，火山岩以英安质角砾熔岩、集块熔岩为主（最大集块可达 40～50cm），其次为英安质凝灰岩、英安岩，属于近火山口相火山岩组合（图 7-19），与成矿关系密切的为英安质凝灰岩和英安质火山角砾岩；后者主要为长石砂岩夹深灰色页岩等碎屑岩。成矿与酸性火山岩有关，容矿岩石主要为酸性凝灰岩、绢英千枚岩。矿区断裂主要为北西西—南东东向及北北东向两组，其中北西西—南东东向断裂与区域构造延伸方向一致，控制火山岩带的空间展布；北北东向断裂切割火山岩带，可能为后期挤压下的张性断裂构造。南北两个火山岩亚带的边界均为北西西—南东东向断裂，尤其是分割两个亚带的大理岩层伴随着层间滑动，也具有后期活动的特征。

2. 矿床主要特征

尕龙格玛铜多金属矿分为东、西两个矿区，目前共圈出 24 条矿体，其中 11 条为盲矿体。西矿区Ⅳ号含锌铜矿体规模最大。矿体一般呈层状、透镜状，大多呈多层产出。矿体具有分带现象：下部为铜锌矿体，上部为多金属矿体。矿体受后期构造的影响发生了分支复合和变形变位。

矿体一般呈层状、透镜状，单个矿体长 50～3900m，厚 0.89～19.92m。Cu 品位 0.31%～2.34%，最高 7.95%；Pb 品位 0.52%～3.76%，最高 17.62%；Zn 品位 1.21%～2.7%，最高 21.59%。

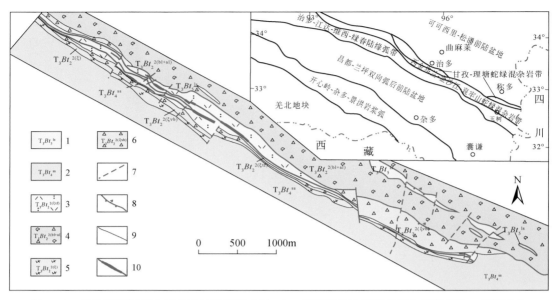

图 7-18　尕龙格玛铜多金属矿床地质简图（据 2015 年青海省地质调查综合研究报告，有修改）

1. 上三叠统巴塘群第五岩组灰岩；2. 上三叠统巴塘群第四岩组含长石石英砂岩；3. 上三叠统巴塘群第二岩组第二岩性段英安质凝灰岩；4. 上三叠统巴塘群第二岩组第二岩性段英安质角砾熔岩夹集块熔岩；5. 上三叠统巴塘群第二岩组第二岩性段英安岩；6. 上三叠统巴塘群第二岩组第二岩性段英安质火山角砾岩；7. 推测性质不明断层；8. 逆断层；9. 实测地质界线；10. 铜多金属矿体

图 7-19　尕龙格玛铜多金属矿区链状火山口（a）和火山喷发相英安质角砾集块熔岩（b）照片

矿石中金属矿物主要有黄铁矿、黄铜矿、方铅矿、闪锌矿和黝铜矿，总量为 15% ～ 30%；次生矿物仅见少量的辉铜矿、铜蓝和孔雀石，含量＜ 3%；脉石矿物有石英、绢云母、重晶石和方解石，含量在 65% ～ 85%。矿石类型主要有黄铁矿黄铜矿矿石、黄铁矿闪锌矿矿石、方铅矿矿石、闪锌矿黄铜矿矿石等。矿石具有分带现象：一般下部为细脉浸染状铜矿石，上部为条带状、块状多金属矿石。上部矿石结构多为细粒粒状结构和交代结构等。矿石构造主要为浸染状、条带状、细脉状、纹层状、块状构造等。围岩蚀变主要有重晶石化、硅化（次生石英岩化）、绢云母化和黄铁矿化，其次为绿帘石化、绿泥石化和碳酸盐化。其中重晶石和硅化最为发育，也是重要的找矿标志。

本次研究认为尕龙格玛铜多金属矿床成矿与火山喷流沉积作用有密切的关系，矿化产于火山作用第二个喷发旋回间歇期凝灰岩与砂（板）岩之间（图 7-20），火山成矿物质以碳质板岩为隔挡层，进行物质交换，发生成矿作用，形成重晶石顶板，能见到明显的褐铁矿化（黄钾铁矾化）带－绿泥石化带－重晶石化带－矿体，分带性十分明显。因此，尕龙格玛矿区最重要的找矿标志是以重晶石为顶板。

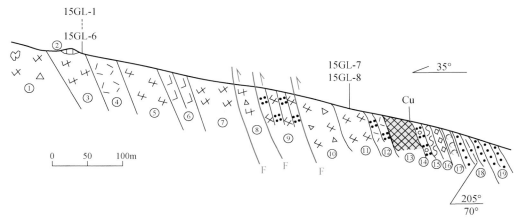

图 7-20　尕龙格玛铜矿区地质剖面图

①英安质集块角砾熔岩；②灰岩透镜体；③英安（斑）岩；④流纹（斑）岩；⑤英安（斑）岩；⑥片理化玄武岩；⑦英安（斑）岩；⑧碎裂英安质集块角砾岩；⑨片理化英安质凝灰岩；⑩英安质集块角砾岩，角砾约为 85%，包括流纹（斑）岩、英安（斑）岩、玄武岩等；⑪英安斑岩；⑫酸性凝灰岩；⑬铜多金属矿体；⑭褐铁矿（黄钾铁矾）化带；⑮绿泥石化带；⑯重晶石化带；⑰碳质板岩；⑱砂岩夹薄层泥质粉砂岩；⑲砂岩

3. 找矿标志

1）地质标志

从目前发现的矿体看，矿带分布于链状火山口构造的酸性火山穹窿外围，矿体主要赋存于英安质凝灰岩中，矿体产状与含矿岩层产状基本一致，具有明显的层控特点。因此，英安质集块角砾熔岩外围的英安质凝灰岩是矿区直接的找矿标志。岩石强烈蚀变地段便是成矿有利地段，矿体或矿化体出露地表，表生条件下氧化淋滤作用形成的蓝铜矿、孔雀石、水锌矿、铅矾、褐铁矿等的矿物组合是地表最为直接的找矿标志；而重晶石化、硅化为矿区最重要的找矿标志。

2）地球物理标志

块状硫化物矿床的矿石矿物主要为黄铁矿、黄铜矿、闪锌矿、方铅矿、磁黄铁矿等共伴生组合而成的硫化物系列矿物，其物性条件决定了其具有低电阻、高极化、强负自然电位、明显的 TEM 异常等相互叠合的异常体的存在，这也是块状硫化物矿床的地球物理找矿标志。

3）地球化学标志

块状硫化物矿床的成矿元素为 Cu、Pb、Zn、Ba、Sr、Ag，伴生元素为（Ag）、Au、Cd、Hg、As、Sb，指示元素为 Mo、Zr、Ti 等。矿床的垂直分带序列由上而下是 Sb → Hg → Ag → Zn → As → Cd → Au → Cu → Mo，其中 Sb、Hg、（As）为矿上晕，Ag、Pb、Zn、（As）、Cd、Au、Cu 为矿中晕，Mo、Zr、Ti、Y 为矿下晕。根据地表异常规模、强度强弱、组分简繁、矿上和矿下元素组合特征，可以推测矿体出露或埋藏深度。

4. 成因类型和成矿时代

从矿床特征上看，该矿床与日本的黑矿及我国甘肃白银厂的小铁山多金属矿床、四川呷村多金属矿床相似。尕龙格玛铜多金属矿矿石特征显示，具有典型火山喷流作用形成的纹层状构造（图7-21a、b），尽管有晚期成矿作用的脉状方铅矿穿入（图7-21c），且遭受后期构造作用发生了碎裂（图7-21d），但主体为火山作用成矿，块状铜多金属矿石（图7-21e）的顶板为重晶石层（图7-21f），也说明与火山喷发循环成矿有关。因此，其属海相火山岩型，是一处与酸性火山作用有关的块状硫化物矿床。

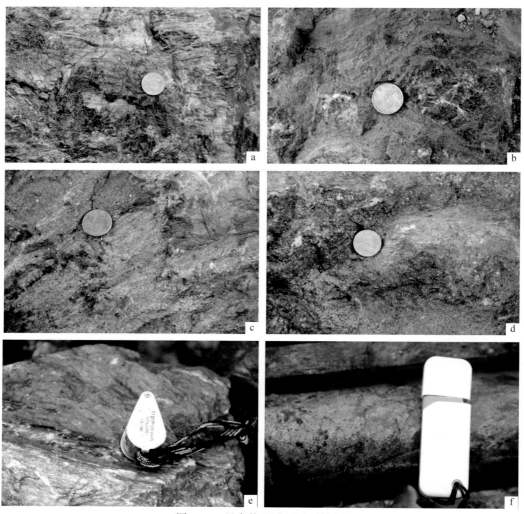

图 7-21　尕龙格玛矿区矿石特征

a. 纹层状黄铜矿矿石；b. 硅化重晶石化纹层状方铅矿黄铜矿矿石；c. 纹层状黄铜矿、脉状方铅矿矿石；d. 碎屑稠密浸染状方铅矿黄铜矿矿石；e. 块状铜多金属矿石及重晶石顶板；f. 尕龙格玛矿区块状铜矿岩心

本次研究获得尕龙格玛铜多金属矿区与矿化密切相关的英安斑岩（15GL-8）锆石 U-Pb 同位素年龄为（223±1.0）Ma（Points=26，MSWD =0.13）（表7-7、图7-22），相当于晚三叠世，与含矿围岩巴塘群形成时代一致，表明尕龙格玛铜多金属矿成矿时代为晚三叠世。

表 7-7　青海省多彩地区尕龙格玛铜多金属矿区英安斑岩（15GL-8）锆石 LA-ICP-MS U-Pb 同位素测年结果

| 样号 | 同位素比值 | | | | | | | | 同位素年龄/Ma | | | | | | | | 同位素含量/（μg/g） | | | Th/U | 谐和度/% |
| | $^{207}Pb/^{206}Pb$ | | $^{207}Pb/^{235}U$ | | $^{206}Pb/^{238}U$ | | $^{208}Pb/^{232}Th$ | | $^{207}Pb/^{206}Pb$ | | $^{207}Pb/^{235}U$ | | $^{206}Pb/^{238}U$ | | $^{208}Pb/^{232}Th$ | | Th | U | Pb* | | |
	比值	1δ	比值	1δ	比值	1δ	比值	1δ	年龄	1δ	年龄	1δ	年龄	1δ	年龄	1δ					
15GL-8-1	0.0507	0.0014	0.244	0.007	0.0350	0.0005	0.0097	0.0007	227.7	62.8	222.0	5.4	221.8	2.9	195.8	13.0	133.61	281.58	12.67	0.47	100
15GL-8-2	0.0499	0.0010	0.242	0.005	0.0353	0.0004	0.0109	0.0004	190.1	46.2	220.2	3.9	223.4	2.6	219.5	8.4	292.81	415.53	20.29	0.70	99
15GL-8-3	0.0503	0.0015	0.245	0.007	0.0354	0.0005	0.0107	0.0007	207.3	67.0	222.3	5.7	224.1	3.0	214.7	13.1	97.67	183.01	8.52	0.53	99
15GL-8-4	0.0506	0.0010	0.246	0.005	0.0353	0.0004	0.0104	0.0004	223.6	45.2	223.5	3.9	223.9	2.6	209.4	7.8	316.42	412.71	20.28	0.77	100
15GL-8-5	0.0504	0.0016	0.245	0.007	0.0354	0.0005	0.0126	0.0008	211.0	70.3	222.5	6.0	223.9	3.1	252.9	15.9	103.52	198.50	9.40	0.52	99
15GL-8-6	0.0510	0.0012	0.247	0.006	0.0352	0.0004	0.0106	0.0005	239.1	52.1	224.2	4.5	223.2	2.7	212.5	10.8	119.00	240.06	10.94	0.50	100
15GL-8-7	0.0506	0.0008	0.246	0.004	0.0353	0.0004	0.0105	0.0003	223.5	38.1	223.3	3.4	223.6	2.5	210.8	5.9	759.58	609.60	33.35	1.25	100
15GL-8-9	0.0504	0.0012	0.244	0.006	0.0352	0.0005	0.0118	0.0006	211.9	54.6	222.0	4.7	223.3	2.8	236.1	12.2	112.57	233.01	10.70	0.48	99
15GL-8-11	0.0508	0.0008	0.246	0.004	0.0351	0.0004	0.0107	0.0003	232.7	37.3	223.3	3.3	222.6	2.5	215.8	6.2	953.13	699.40	38.92	1.36	100
15GL-8-12	0.0502	0.0010	0.244	0.005	0.0352	0.0004	0.0102	0.0004	206.1	43.1	221.5	3.7	223.2	2.6	204.6	7.2	400.24	425.00	21.22	0.94	99
15GL-8-14	0.0503	0.0014	0.245	0.007	0.0354	0.0005	0.0111	0.0007	206.6	65.2	222.7	5.6	224.4	3.0	222.7	14.8	117.80	238.47	10.82	0.49	99
15GL-8-15	0.0505	0.0009	0.245	0.005	0.0352	0.0004	0.0109	0.0004	215.8	42.5	222.4	3.7	223.3	2.6	220.0	8.6	281.74	411.57	19.49	0.68	100
15GL-8-16	0.0507	0.0010	0.246	0.005	0.0353	0.0004	0.0108	0.0004	227.1	43.3	223.6	3.8	223.4	2.6	216.3	8.7	287.62	405.91	19.25	0.71	100
15GL-8-17	0.0520	0.0011	0.250	0.005	0.0349	0.0004	0.0107	0.0004	284.8	46.3	226.6	4.1	221.1	2.7	214.4	8.9	354.12	410.82	20.01	0.86	102
15GL-8-18	0.0517	0.0010	0.250	0.005	0.0351	0.0004	0.0109	0.0004	271.8	43.1	226.3	3.9	222.1	2.6	218.1	8.2	418.88	419.77	21.24	1.00	102
15GL-8-19	0.0504	0.0009	0.244	0.004	0.0352	0.0004	0.0107	0.0004	212.1	41.4	222.1	3.6	223.2	2.6	216.0	8.1	409.28	481.89	23.51	0.85	100
15GL-8-20	0.0513	0.0012	0.248	0.005	0.0351	0.0004	0.0117	0.0006	254.8	50.8	225.1	4.5	223.3	2.7	235.8	11.2	206.17	305.98	14.46	0.67	101
15GL-8-21	0.0520	0.0009	0.251	0.004	0.0350	0.0004	0.0108	0.0004	286.5	38.9	227.3	3.5	221.6	2.6	216.5	8.1	472.05	496.47	24.53	0.95	103
15GL-8-22	0.0505	0.0010	0.246	0.005	0.0353	0.0004	0.0113	0.0005	217.1	43.5	223.1	3.8	223.8	2.6	237.6	10.2	283.75	413.20	19.57	0.69	100
15GL-8-23	0.0502	0.0010	0.245	0.005	0.0353	0.0004	0.0116	0.0005	205.6	45.4	222.2	3.9	223.8	2.7	227.2	9.1	532.19	482.34	25.05	1.10	99
15GL-8-24	0.0512	0.0015	0.247	0.007	0.0350	0.0005	0.0107	0.0007	250.4	66.0	224.3	5.7	221.8	3.0	232.4	14.5	276.70	389.30	18.30	0.71	101
15GL-8-26	0.0515	0.0009	0.249	0.005	0.0350	0.0004	0.0120	0.0005	264.1	41.3	225.6	3.7	222.0	2.6	215.0	9.1	529.68	554.08	27.12	0.96	102
15GL-8-27	0.0506	0.0013	0.247	0.006	0.0354	0.0005	0.0112	0.0007	223.7	58.5	224.1	5.1	224.2	2.9	240.7	15.2	141.07	267.42	12.06	0.53	100
15GL-8-28	0.0521	0.0009	0.250	0.004	0.0349	0.0004	0.0127	0.0005	287.9	38.7	226.9	3.5	221.1	2.6	225.5	9.3	540.18	559.97	27.59	0.96	103
15GL-8-29	0.0506	0.0011	0.246	0.005	0.0353	0.0004	0.0112	0.0004	222.6	48.1	223.4	4.2	223.5	2.7	254.2	14.4	160.85	381.52	16.71	0.42	100
15GL-8-30	0.0518	0.0013	0.251	0.006	0.0352	0.0005	0.0113	0.0005	277.1	57.7	227.7	5.1	222.9	2.9	226.4	14.2	135.94	240.36	10.76	0.57	102

注：Pb*=0.241×^{206}Pb+0.221×^{207}Pb+0.524×^{208}Pb；谐和度=（$^{207}Pb/^{235}U$）/（$^{206}Pb/^{238}U$）×100。

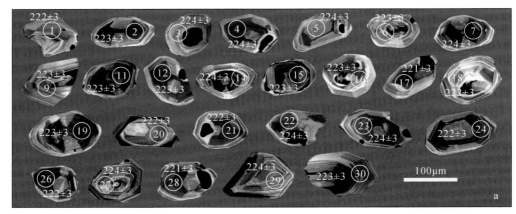

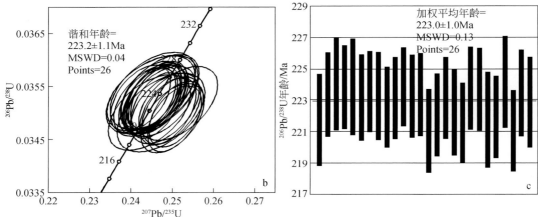

图 7-22　青海多彩地区尕龙格玛矿区英安斑岩（15GL-8）锆石 CL 图像（a）、锆石 U-Pb 谐和图（b）及
$^{206}Pb/^{238}U$ 年龄加权平均图（c）

二、查涌铜多金属矿床

查涌铜多金属矿床位于青海省治多县多彩地区，地理坐标：东经 95°20′21″，北纬 33°54′06″。

2014 年，在青海多彩铜多金属整装勘查区查涌铜多金属矿产普查区，通过钻探工作（ZK3401）在上三叠统巴塘群（T_3Bt）中发现了上、下两层铜多金属矿带，实现了继尕龙格玛铜多金属矿之后又一找矿突破，经过勘查评价，已达小型矿床。第一层为块状－稠密浸染状黄铜矿（图 7-23a），厚度大约为 2～3m，目估品位为 3%～5%；第二层为稀疏浸染状铜矿，厚度大约为 3～4m，目估品位为 0.5%～1%。矿区北部发现链状火山喷发中心，从火山口到矿区依次出露火山集块岩、英安岩、凝灰岩、凝灰质砂板岩。此外，经探槽揭露在普查区西部新发现厚度达 3m 的铜矿化带，可与钻探发现的铜矿带相连，该矿带东西延伸大约 1km。该成果为青海 2014 年度十大找矿成果之一。

图 7-23 查涌铜多金属矿床矿石特征

a. 查涌铜多金属矿第一层铜矿岩心（稠密浸染状黄铜矿、方铅矿）；b. 凝灰质砂岩中纹层状黄铜矿发生后期揉皱；c. 硅化碎裂状铜多金属矿；d. 硅化细脉浸染状辉钼矿

2015 年围绕 ZK3401 发现的铜矿线索，进行了后排钻孔 ZK3402 及向西延伸钻孔 ZK6801 的施工。2015 年本书作者进行野外工作对其进行了观察描述。

ZK3402 钻孔：该钻孔位于巴塘群（T_3Bt），岩性为砂岩、砂质板岩、凝灰质板岩及少量中酸凝灰岩。钻孔中见三层铜矿，铜矿层产于砂质板岩与凝灰质板岩过渡部位，铜矿顺层产出并发生揉皱（图 7-23b），围岩蚀变有绿泥石化、硅化、钠化，矿石矿物以黄铜矿、黄铁矿为主，含少量方铅矿、孔雀石、铜蓝。矿石构造有细脉状、细脉浸染状、稀疏浸染状，并且遭受后期角砾岩化构造作用（图 7-23c）。

ZK6801 钻孔：该钻孔位于巴塘群（T_3Bt），岩性为砂岩、砂质板岩、凝灰质板岩。硅化较强部位见到细脉浸染状辉钼矿、黄铜矿。

对查涌铜多金属矿的认识：查涌铜多金属矿从 2014 年钻孔发现金属矿带以来，青海省地质调查局、青海省有色地质矿产勘查局、中国地质大学（武汉）、吉林大学的同行对其进行了广泛的关注和研究，对其做了一定的岩石学和矿物学研究，并对其成因进行了一定的探索和讨论。现有两种认识：一种认识认为其矿化产于断裂带内，断裂构造对其成矿起了决定性作用，火山岩浆作用只是提供了物质来源；一种认识认为火山沉积作用对成矿起了决定性作用，断裂构造只是起了后期改造叠加作用。本书作者根据两年来对查涌铜多金属矿的观察研究认为，查涌铜矿的成因类型可能以火山喷流沉积型为主，具有后期断裂改造的特点，铜矿总体具有成层分布受岩性控制的特点，我们认为造成这样的特点是因为火山沉积过程中富集成矿，并具有成层性，后期断裂往往沿着能干性较弱的层位产生作用，因此造成了矿体受断裂带控制的假象。在矿区深部 300m 左右钻孔施工还发现硅化细脉浸染状辉钼矿化（图 7-23d），通过观察我们认为钼矿不排除斑岩型成因的可能，但是在矿区未见相应的斑岩体和青磐岩化。

三、撒纳龙哇铜多金属矿点

该矿点位于青海省治多县多彩地区，地理坐标：东经 95°55′51″，北纬 33°33′37″。

青海省地质勘查基金项目"青海省治多县撒纳龙哇地区铜多金属矿预查"项目周期为 1 年，2015 年开始施工，至 2016 年已施工 7 条探槽和 3 个钻孔（已有 2 个终孔但都未见矿），从地表和探槽看，见矿效果良好，项目预计提交铜铅锌资源量 23 万 t。

矿化主要分布于上三叠统巴塘群安山岩、凝灰岩中，矿石矿物有孔雀石、蓝铜矿、方铅矿、闪锌矿、黄铁矿、磁铁矿。该矿与物化探异常套合较好，延伸稳定。经工程控制，深部发现数条铜多金属矿（化）。

根据本书作者的研究认为：

（1）矿区的主要岩性为：①安山（玢）岩；②安山质凝灰岩夹安山岩、安山玢岩；③安山质凝灰岩；④铜多金属矿体；⑤安山质凝灰岩、英安质凝灰岩、英安质凝灰角砾岩；⑥中薄层灰岩夹安山质凝灰岩（图 7-24）。

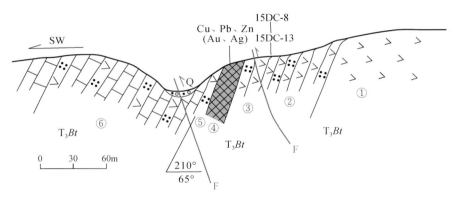

图 7-24 撒纳龙哇铜多金属矿调查区地质剖面

（2）撒纳龙哇矿区铜多金属矿体总体呈似层状、透镜状，产于安山质凝灰岩中，即安山（玢）岩（图 7-25a）与灰岩、中酸性凝灰岩（图 7-25b），出露宽度在 8 ～ 17m 之间，主要为黄铜矿、黄铁矿、孔雀石、铜蓝及少量方铅矿、磁铁矿化（图 7-25c、d）。矿体南北各发育一条自北东向南西的逆冲断层，南部为主断层，形成沟谷。矿体附近地层总体产状为 210° ∠ 65°，发育北东倾向的一条劈理，易与地层产状混淆。由于逆冲推覆构造的影响，矿体附近的地层和绿泥石化、绢云母褐铁矿化蚀变带（图 7-25f）产状呈波状弯曲，在地表及浅部由于重力滑脱，局部产状向北东，导致矿体倾向为北东的误判。

图 7-25 撒纳龙哇铜多金属矿点岩矿石特征

a. 撒纳龙哇铜多金属矿化点下盘安山岩；b. 撒纳龙哇铜多金属矿化点上盘灰岩、中酸性凝灰岩；c. 撒纳龙哇铜多金属矿化点孔雀石矿化、蓝铜矿化；d. 撒纳龙哇铜多金属矿化点磁铁矿；e. 撒纳龙哇铜多金属矿区安山玄武质集块角砾熔岩；f. 撒纳龙哇铜多金属矿区探槽中的绿泥石化带和褐铁矿化带

（3）因此，三个钻孔倾向均为南西，倾角 65°～80°，从岩性观察，钻孔均为安山质凝灰岩，未见矿。

（4）本次研究还对撒纳龙哇矿区附近的火山作用旋回进行了地质剖面测量与观察，发现矿区附近存在火山口，矿带分布于巴塘群第二火山旋回喷发间歇期，并且铜多金属矿体发育在安山（玢）岩和安山质凝灰岩、流纹岩的过渡部位（图 7-26）。

与尕龙格玛铜多金属矿床类似，撒纳龙哇铜多金属矿形成也与巴塘群火山岩关系密切，不同的是前者与中酸性火山岩系有关，而后者与中基性火山岩系有关。因此，撒纳龙哇铜多金属矿的成因类型属于海相火山岩型。

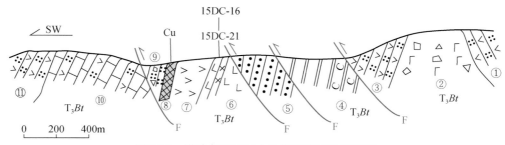

图 7-26 撒纳龙哇矿区火山作用旋回地质剖面

①安山质凝灰岩；②安山玄武质集块角砾岩（图 7-25e）；③安山质凝灰岩；④板岩、含碳板岩；⑤砂岩；⑥玄武岩，有辉长岩墙侵入；⑦安山（玢）岩；⑧铜多金属矿体；⑨安山质凝灰岩、流纹岩、凝灰角砾岩、薄层灰岩；⑩中层灰岩夹安山质凝灰岩；⑪安山质凝灰岩

四、当江铜多金属矿点

当江铜多金属矿点位于青海省治多县当江地区，地理坐标：东经 95°43′00″，北纬 33°40′00″。

在青海多彩铜多金属整装勘查区的多彩－当江地区铜多金属矿调查评价区，2014 年经探槽揭露在巴塘群（T_3Bt）逆冲断裂带（图 7-27a）中发现铁碳酸岩化铅锌矿化带（图 7-27b、c），矿化带厚度约 2m；2015 年实施钻孔工程，发现 1 条黄铜矿化带，呈细脉浸染状，重晶石化、硅化较强（图 7-27d、e），厚度约为 20cm，目估品位 Cu 0.2%～0.3%；发现 1 条铅锌矿化带，方铅矿呈稀疏浸染状（图 7-27f），厚度约为 30cm，目估品位 Pb 0.5%～1%。

图 7-27　多彩－当江矿区地质及矿化特征

a. 当江碎裂大理岩化灰岩中逆冲断裂带；b. 当江铅锌矿点探槽中铁碳酸岩化铅锌矿化带；c. 当江铁碳酸岩化铅锌矿石；
d. 当江硅化黄铜矿岩心；e. 当江重晶石化硅化黄铜矿岩心；f. 当江稀疏浸染状方铅矿岩心

区内分为南北两条铜多金属矿化带和一条铅锌矿化带，圈出多金属矿（化）体各一条。矿化体主要分布于上三叠统巴塘群第二岩组安山岩、凝灰岩与灰岩过渡部位。M1 号铜锌矿（化）体，长 200～300m，宽 2m，铜品位 2.07%，平均铜品位 0.83%，锌为 0.7%。M2 号铜矿（化）体长 450m，宽 5m，铜品位为 0.36%。铅锌矿化带：宽 0.2m，品位 Cu 1.34%、Pb 7.06%、Zn 19.35%、Ag 36.5×10^{-6}。

本次研究认为矿化成因与外围火山沉积作用有关，后期构造作用起了叠加改造的作用。铜多金属矿化产于巴塘群（T_3Bt）安山岩、安山质凝灰岩中，发育绿泥石化－重晶石化－硅化，受火山喷发间歇期的控制；铅锌矿化产于巴塘群（T_3Bt）流纹岩、酸性凝灰岩与灰岩之间的逆冲断裂带中，发育重晶石化－铁方解石化－硅化，受北东向南西逆冲断裂带控制（图 7-28）。

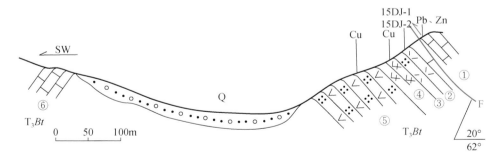

图 7-28　当江铜多金属预查区地质剖面

①大理岩化灰岩，断裂带中发育铅锌矿化；②流纹岩；③流纹质凝灰岩，发育铜矿化；④英安（斑）岩；⑤安山质凝灰岩；⑥中层灰岩

本次研究获得当江铜多金属矿区含矿围岩流纹岩（15DJ-2）LA-ICP-MS 锆石 U-Pb 同位素年龄为（227.5±1.0）Ma（MSWD=0.10，Pionts=14）（图 7-29、表 7-8），相当于晚三叠世早期，认为成矿时代为晚三叠世。

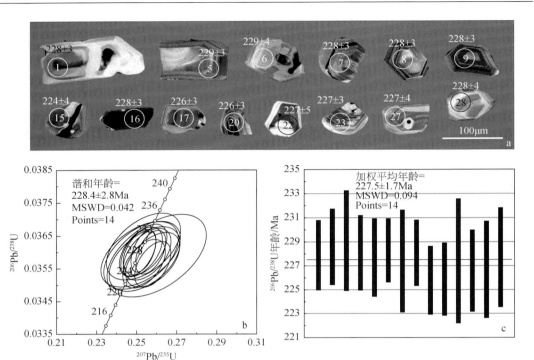

图 7-29　青海多彩地区当江铜多金属矿区流纹岩（15DJ-2）锆石 CL 图像（a）、锆石 U-Pb 谐和图（b）及 $^{206}Pb/^{238}U$ 年龄加权平均图（c）

五、米扎纳能铅锌矿点

米扎纳能铅锌矿点位于青海省治多县多彩地区，地理坐标：东经 95°43′00″，北纬 33°22′00″。

青海省地质勘查基金项目"青海省治多县米扎纳能地区铜多金属矿预查"周期为 1 年，2015 年开始施工，至 2016 年已施工 6 条探槽，见矿探槽 6 条，见矿率 100%。

利用探槽对 Ⅱ-1 号矿化带进行揭露控制，通过地质编录圈出两条含矿化重晶石脉，宽 3.59～9.13m，围岩为灰岩，测得灰岩及重晶石脉接触面产状为 135°∠35°，重晶石脉中可见团块状方铅矿化，且矿化较强，目估品位 Pb 10%～20%。

利用探槽对 Ⅱ-2 号矿化带进行揭露控制，通过地质编录圈出四层矿（化）体，产状为 200°∠35°。第一层铜矿化体水平厚度 1.39m，含矿性为薄层灰岩，灰岩可塑性较好，主要矿化为星点状黄铜化，目估品位 Cu 0.1%～0.2%。第二层铅矿（化）体，水平厚 13.79m，含矿性为中-厚层灰岩，主要矿化为方铅矿化，方铅矿晶体呈星点均匀分布，局部呈团块状分布，目估品位 Pb 0.3%～1.0%。第三层铅铜矿化体：水平厚 14.43m，含矿岩性为中-厚层灰岩，主要矿化为方铅矿化，呈星点状分布，矿化不连续，偶见星点状黄铜矿，目估品位 Pb 0.1%～0.5%，Cu 0.1%～0.2%。第四层铅矿化体水平厚 7.6m，主要矿化为方铅矿化，方铅矿晶形较好，呈星点状不均匀分布，目估品位 Pb 0.1%～0.3%。

表 7-8　青海省多彩地区当江铜多金属矿区流纹岩（15DJ-2）锆石 LA-ICP-MS U-Pb 同位素测年结果

样号	同位素比值								同位素年龄 /Ma								同位素含量 /（μg/g）			Th/U	谐和度 /%
	207Pb/206Pb		207Pb/235U		206Pb/238U		208Pb/232Th		207Pb/206Pb		207Pb/235U		206Pb/238U		208Pb/232Th		Th	U	Pb*		
	比值	1δ	比值	1δ	比值	1δ	比值	1δ	年龄	1δ	年龄	1δ	年龄	1δ	年龄	1δ					
15DJ-2-1	0.0506	0.0012	0.251	0.006	0.0360	0.0005	0.0122	0.0006	221.5	52.9	227.3	4.7	227.9	2.9	245.2	12.6	162.05	393.61	18.03	0.41	100
15DJ-2-5	0.0511	0.0015	0.254	0.007	0.0361	0.0005	0.0109	0.0007	245.5	65.5	230.0	5.8	228.6	3.2	218.8	14.8	163.25	373.29	17.05	0.44	101
15DJ-2-6	0.0508	0.0025	0.253	0.012	0.0362	0.0007	0.0101	0.0011	233.6	111.4	229.4	9.9	229.1	4.2	203.1	22.8	59.01	113.38	5.26	0.52	100
15DJ-2-7	0.0508	0.0015	0.252	0.007	0.0360	0.0005	0.0096	0.0006	231.6	65.0	228.3	5.7	228.1	3.1	192.2	12.7	132.23	262.19	11.98	0.50	100
15DJ-2-8	0.0515	0.0016	0.255	0.008	0.0360	0.0005	0.0108	0.0008	264.5	70.9	230.9	6.3	227.7	3.3	217.8	16.9	113.02	275.93	12.48	0.41	101
15DJ-2-9	0.0510	0.0008	0.253	0.004	0.0360	0.0004	0.0096	0.0004	241.7	36.3	229.4	3.3	228.3	2.6	192.2	7.3	283.54	615.87	27.88	0.46	100
15DJ-2-15	0.0510	0.0026	0.252	0.012	0.0359	0.0007	0.0104	0.0007	239.5	112.9	228.4	10.0	227.4	4.3	209.0	14.4	562.36	367.00	21.75	1.53	100
15DJ-2-16	0.0518	0.0010	0.257	0.005	0.0360	0.0004	0.0100	0.0004	276.2	43.9	232.2	4.0	228.1	2.7	200.8	7.7	968.21	1298.39	63.80	0.75	102
15DJ-2-17	0.0526	0.0012	0.258	0.006	0.0356	0.0005	0.0118	0.0005	309.3	52.4	233.1	4.8	225.8	2.9	236.4	10.9	258.81	400.47	19.61	0.65	103
15DJ-2-20	0.0516	0.0015	0.254	0.007	0.0357	0.0005	0.0115	0.0007	269.6	63.6	229.6	5.7	225.9	3.0	231.0	14.1	139.23	273.16	12.81	0.51	102
15DJ-2-22	0.0526	0.0035	0.260	0.016	0.0359	0.0008	0.0097	0.0009	310.7	142.6	234.7	13.2	227.4	5.2	195.9	18.8	371.64	254.57	14.60	1.46	103
15DJ-2-23	0.0524	0.0019	0.258	0.009	0.0358	0.0006	0.0108	0.0008	301.3	79.4	233.1	7.2	226.6	3.4	216.3	16.6	269.96	433.45	20.86	0.62	103
15DJ-2-27	0.0515	0.0025	0.254	0.012	0.0358	0.0007	0.0111	0.0012	264.2	106.3	229.8	9.5	226.7	4.0	222.3	24.2	79.30	158.88	7.44	0.50	101
15DJ-2-28	0.0509	0.0027	0.252	0.013	0.0360	0.0007	0.0083	0.0010	236.1	119.5	228.2	10.7	227.7	4.1	166.1	19.6	42.28	71.39	3.30	0.59	100

注：$Pb^*=0.241\times^{206}Pb+0.221\times^{207}Pb+0.524\times^{208}Pb$；谐和度$=(^{207}Pb/^{235}U)/(^{206}Pb/^{238}U)\times100$。

图 7-30 米扎纳能铅锌矿预查区地质特征

a. 米扎纳能矿区甲丕拉组中的平错断层；b. 米扎纳能矿区探槽中囊状重晶石化铅锌矿

根据本书作者的研究认为：

（1）铅锌矿化产于甲丕拉组（T_3jp）和波里拉组（T_3b）组成的复式背斜南翼，矿化总体具有一定的层位，产于甲丕拉组（T_3jp）上部中性凝灰质砂岩、砂岩与波里拉组（T_3b）灰岩过渡部位。矿区发育早晚两期断裂，早期为大致顺甲丕拉组（T_3jp）与波里拉组（T_3b）接触带发育由南西向北东的逆冲推覆断层，引起推覆部位形成拖曳褶皱和铅锌矿改造富集；晚期为近南北向左行平错断层（图 7-30a、图 7-31），使铅锌矿带错位，在早晚两期断层交汇复合部位使铅锌矿叠加富集形成膨大的囊状矿体（图 7-30b、图 7-31）。铅锌矿化体中重晶石化强烈，伴随弱孔雀石化。

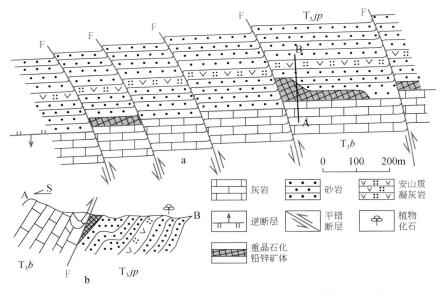

图 7-31 米扎纳能铅锌矿预查区地质平面（a）和剖面（b）图

（2）矿区存在一个较宽阔的背斜，通过前期工作已经在矿区南部即背斜南翼发现了多处矿化带，因此在背斜北翼寻找与南部相同的矿化带非常重要，另外矿区南部发育的小褶曲均发育矿化线索，也是今后找矿的一个重要标志。

（3）米扎纳能铅锌矿的形成可分为早中晚三期。早期在甲丕拉组上部碎屑岩、凝灰岩中顺层沉积铅锌矿化，可能与晚三叠世远程火山作用沉积作用有关，铅锌矿化较弱；中期由于逆冲推覆构造作用，形成背斜构造，并有深部成矿物质加入，使矿化带叠加富集，并发生硅化、重晶石化；晚期受左行走滑断裂的影响，使铅锌矿化带沿走向多处错断，同时在逆冲断裂和走滑断裂交汇部位进一步叠加富集，形成较为厚大的囊状矿体。因此，米扎纳能铅锌矿的成因类型总体属于热液改造型。

六、多彩地玛铅锌多金属矿点

多彩地玛铅锌多金属矿点位于治多县多彩地区，地理坐标：东经95°06′00″，北纬33°42′20″。

多彩地玛铅锌矿预查区主要地层为甲丕拉组（T_3jp）砂岩夹少量凝灰岩和波里拉组（T_3b）灰岩，在地质剖面上自北东向南西依次为波里拉组（T_3b）中厚层灰岩，含生物碎屑灰岩，甲丕拉组（T_3jp）紫红色砂岩夹中性凝灰岩、砂岩、灰岩及少量砾岩。整个剖面由一个向斜和一个背斜组成，向斜核部位于波里拉组（T_3b），背斜核部位于甲丕拉组（T_3jp）。剖面上发育三条自北东向南西的逆冲断层，一条位于甲丕拉组（T_3jp）背斜核部，一条位于甲丕拉组（T_3jp）与波里拉组（T_3b）接触部位，一条位于波里拉组（T_3b）内部（图7-32）。

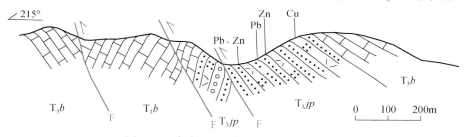

图7-32　多彩地玛铅锌矿预查区地质剖面

矿区的矿化包括铅锌矿化和孔雀石化，铅锌矿化以方铅矿为主，有两期成矿作用。早期产于甲丕拉组（T_3jp）凝灰质砂岩和角砾状灰岩中，方铅矿呈稀疏浸染状和细脉状，具有重晶石化和高岭土化的蚀变特征；晚期产于甲丕拉组背斜（T_3b）核部逆冲断裂带中，呈细脉状、团块状，伴生重晶石化蚀变特征（图7-33）。孔雀石化位于甲丕拉组（T_3jp）上部凝灰质砂岩夹层中，矿化微弱。

共圈出铅锌矿体2条，铅锌矿化体4条，铜矿化体1条；其中KTPbⅠ-1，推测长约500m，宽约24.33m；铅品位0.50%～4.91%，平均品位为4.32%，单工程中锌品位0.11%～3.39%，平均品位为0.9%。

多彩地玛铅锌多金属矿的成因与米扎纳能铅锌矿相似，属于多期矿化。早期在沿甲丕拉组上部碎屑岩、凝灰岩中顺层沉积铅锌矿化，可能与晚三叠世远程火山作用沉积作用有关，铅锌矿化较弱；晚期为逆冲推覆构造作用，形成背向斜构造，并有深部成矿物质加入，使矿化带叠加富集，并发生硅化、重晶石化；并遭受左行走滑断裂的影响，使铅锌矿化带沿走向多处错断。因此，多彩地玛铅锌多金属矿的成因类型总体属于热液改造型。

图 7-33　多彩地玛探槽中逆冲断裂带内重晶石化铅锌矿化（a）和碎裂铅锌矿岩心（b）

第三节　然者涌－莫海拉亨整装勘查区

一、东莫扎抓铅锌矿床

1. 概况

东莫扎抓铅锌矿床位于青海玉树藏族自治州杂多县境内，地理坐标：东经95°42′00″，北纬33°07′33″。发现于2001年。目前获得铅加锌资源量100万t以上，矿床规模为大型。

矿区自老至新出露下－中二叠统九十道班组、上二叠统那益雄组、上三叠统结扎群甲丕拉组和其上的波里拉组4套地层（图7-34）。九十道班组分布在矿区中南部，下部为厚层块状含䗴类微晶灰岩，严重破碎，上部为薄层生物碎屑灰岩夹硅质岩。那益雄组整合于九十道班组地层之上，出露在矿区南部东西两侧，为一套成熟度低的碎屑岩夹灰岩和中基性火山岩，在矿区西北部，为安山岩、安山质碎屑岩、玄武质安山岩和流纹岩（青海省地质调查院，2014），向上火山质含量减少，泥质、钙质成分增多；在矿区西南部则为厚层状含砾杂砂岩夹砾屑灰岩透镜体，砾屑多泥质、钙质，棱角状，灰岩透镜体中含䗴类化石。甲丕拉组不整合于二叠系之上，在矿区从南到北呈局限块状或窄条带状分布，为一套紫红色砾岩，砾石成分有石英细砂岩、灰岩，磨圆良好，分选性差，杂基支撑，局部见岩屑凝灰岩、流纹斑岩等中酸性火山岩。波里拉组分布在矿区中部和北部，整合于甲丕拉组之上，在矿区北部逆冲断层上盘，底部为砂屑成分高的灰－深灰色中－厚层灰岩，向上为纹层状灰岩，生物碎屑成分明显增多，含硅质条带、结核，见丰富的菊石类、腹足类和腕足类化石。

矿区褶皱和断裂构造发育，在二叠系中发育了前新生代北东—南西向和近东西向（至少）两期挤压形成的叠加褶皱，并切过二叠系和三叠系发育了北西—南东向、北北西—南南东和北东—南西向三组断裂。其中，北西—南东向是矿区的主体构造线方向，由矿区北部的F1、F2断层和矿区中部到南部的F3～F6断层组成。其中，F2断层规模最大，呈向北突出的弧形展布，断面倾向北，倾角40°～50°，为一条逆冲断层，发育宽3～5m的褐铁矿化破碎带，易于辨认，断层上盘为上三叠统甲丕拉组碎屑岩和波里拉组灰岩，下盘则包括矿区出露的所有岩性层。该条断层在区域上归属于一条逆冲活动晚于41.6Ma的走向300°左右的大型断裂带（张洪瑞，2010）。F3～F6发育在F2断层下盘，均为小规

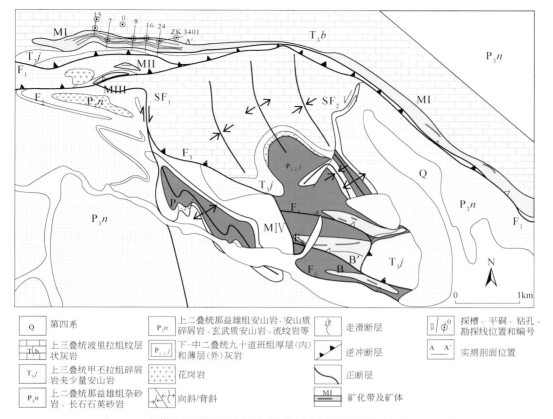

图 7-34 东莫扎抓铅锌银矿区地质图（据青海省地质调查院，2014）

模逆冲断层，断层发育对岩性无选择，在二叠系内部、三叠系内部、三叠系和二叠系之间都有分布。此外，在 F2 断层南侧还可识别出一条北北西向的右行走滑断裂（SF1）和一条北东向的左行走滑断裂（SF2），两条走滑断裂的共同作用导致了矿区中部波里拉组灰岩的向南挤出。

矿区西北部 F1 和 F2 断裂之间出露有年龄为 244Ma 的小型花岗岩侵入体（青海省地质调查院，2014），侵位于二叠系中。

2. 矿床主要特征

铅锌矿化赋存在上三叠统波里拉组灰岩和上二叠统那益雄组灰岩中，矿体以似层状或层控分别产在上三叠统内部逆冲推覆断层的下盘和上二叠统、上三叠统之间逆冲推覆断层上盘，产状严格受到逆冲断层的次级裂隙和溶蚀坍塌角砾发育程度的控制。

矿区共圈定了五条铅锌矿化带，其中铅锌矿体 12 条，地表发育褐铁矿化、绿泥石化及铁帽（图 7-35）。矿体总体呈北西 — 南东走向，倾向 345° ～ 10°，倾角 40° ～ 50°，近东西向展布，其中 MI 主矿带（表 7-9、图 7-36）长大于 8km，宽约 20 ～ 300m，矿化带倾向 10° ～ 25°，倾角 40° ～ 55°。矿体形态多呈似层状，条带状，铅锌矿体 12 条，长600 ～ 1800m，厚 2 ～ 20m。

表 7-9　东莫扎抓铅锌矿床 MⅠ矿化带矿体特征（据青海省地质调查院，2014）

矿体编号		规模		平均厚度/m	产状		矿体特征描述	平均品位/%	最高品位/%	控矿工程（自西向东）
		长/m	厚/m		倾向	倾角				
MⅠ-1	Zn	1790	1.07～21.76	9.22	345°～10°	40°～50°	呈似层状东西向展布，矿化较集中于TC16～TC801一线，矿体厚度变化不大；矿体自西向东逐渐变窄，矿化也逐渐减弱，有尖灭的可能。矿体以西尚待工程进一步控制，矿体向深部延伸较稳定	2.62	14.20	TC2901、5、16、701、13、801、3201、CM001、ZK1601、CM3401
	Pb	1170	1.78～8.37	4.25			呈狭窄条状、束状分散集中于锌矿体中，矿体范围自TC16～TC801一线，矿化向两侧逐渐减弱并尖灭	0.76	2.24	TC2901、16、701、13、801、1601
MⅠ-2	Zn	1820	1.48～26.51	9.32	340°～15°	40°～55°	呈狭窄条状东西向展布，矿体厚度变化较大，矿化富集于TC16～TC1601一线，向两侧锌矿化有所减弱，时高时低，品位不稳定，矿体向深部延伸较稳定	2.10	8.76	TC5、16、701、13、801、1601、2401、3201、18、CM001、ZK1601、ZK3401
	Pb	610	1.67～14.67	5.08			呈透镜状重叠于锌矿体中，西段矿体矿化分布不均匀，品位变化较大，向两侧逐渐尖灭；东段矿体厚度较小，品位自西向东有逐渐升高的趋势	1.49	13.50	TC13、801、1601、3201、18、CM3401
MⅠ-3	Zn	1730	1.93～57.96	17.45	345°～15°	45°～55°	呈长条带状近东西向展布，沿走向延伸较稳定，锌矿富集、厚大地段集中于TC16～TC801一线，尤其是在TC701处，矿体逐渐变宽形成膨大部位，矿体向深部延伸较稳定	2.56	29.10	TC5、16、701、13、801、1601、2401、3201、18、ZK1501、CM001、ZK1601、CM3401
	Pb	1550	0.74～17.73	8.11			铅矿体分两段重叠于锌矿体中，西段矿体厚度变化较大，呈束状分散集中，矿体向深部延伸较稳定	1.14	4.56	TC16、701、13、801、1601、2401、3201、18、ZK1501、CM001
MⅠ-4	Zn	200	5.3	5.3	356°	42°～55°	矿体呈透镜状东西向展布，单工程控制，品位较稳定，铅锌矿化呈正相关关系	1.6	2.10	TC13
	Pb		1.9	1.9				1.12	1.12	
MⅠ-5	Zn	600	2.3～23.46	8.68	0°～38°	5°～55°	呈条带状、似层状北西—南东向展布，矿体厚度稳定，铅锌品位变化较大，矿体向深部延伸较稳定	2.57	14.26	TC55、61、CM2
	Pb		2.4～7.9	4.44				3.98	43.64	

图 7-35 东莫扎抓铅锌矿区地表蚀变带（a）和铁帽（b）（据青海省地质调查院，2014）

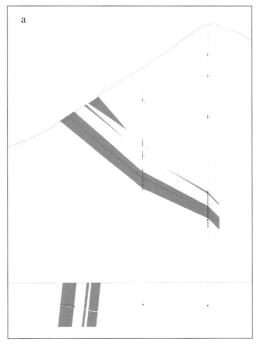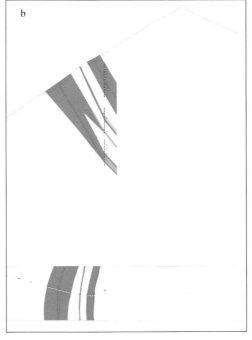

图 7-36 东莫扎抓铅锌矿区 M Ⅰ矿带 15（a）、7（b）勘探线剖面图（据青海省地质调查院，2012）

矿石类型可大致分为黄铁矿化闪锌矿方铅矿矿石、黄铁矿化方铅矿矿石、黄铁矿化闪锌矿矿石等几种主要类型。金属硫化矿物主要为黄铁矿、闪锌矿、方铅矿，有极少量的黄铜矿；后生金属氧化物为褐铁矿、菱锌矿、白铅矿、铅矾、水锌矿。矿石结构以半自形 - 他形晶粒状结构、交代假象结构、似斑状结构为主。矿石构造以脉状、稀疏浸染状、星点状为主，少数呈斑杂状、土状构造。矿物生成顺序为黄铁矿→方铅矿→闪锌矿→褐铁矿（白铅矿）。

矿体围岩蚀变强烈，蚀变的强度、规模与铅锌品位的高低及矿体规模成正比，矿化有黄铁矿化、方铅矿化、闪锌矿化，围岩蚀变主要为碎裂岩化、硅化、碳酸盐化等，表现为中 - 低温热液成矿蚀变类型。蚀变矿物组合以黄铁矿、褐铁矿、硅化、碳酸盐岩为主，次为重晶石。

3. 成矿时代和成因类型

利用单矿物闪锌矿和共生矿物组合黄铁矿与方铅矿 Rb-Sr 等时线方法以及共生矿物组

合闪锌矿与黄铁矿 Sm-Nd 等时线方法测定，东莫扎抓矿床的成矿时代为 34.7 ～ 35.7Ma，平均为 35Ma，成矿时代为喜马拉雅期（田世洪等，2009）。

刘英超等（2009）和田世洪等（2011b）通过矿床地质特征及成矿流体的 C、H、O、S、Pb、Sr-Nd 同位素组成研究，将东莫扎抓矿床归为发育在碰撞造山带中受逆冲推覆断裂构造控制的类 MVT 铅锌矿床。

本次研究根据矿床产出于二叠纪和三叠纪含火山岩较多的灰岩地层中，并且表现出层控矿床的特征，后期构造仅对其进行了叠加改造的作用，把东莫扎抓铅锌矿床归为火山喷流沉积－热液改造型矿床。

二、莫海拉亨铅锌矿床

1. 概况

莫海拉亨矿区位于青海省杂多县城东约 45km，距东莫扎抓矿床向南约 30km，地理坐标：东经 95°46′00″，北纬 32°53′00″。矿床规模为大型。位于青藏北特提斯成矿域、唐古拉成矿省、沱沱河－杂多海西期－喜马拉雅期铜钼铅锌银成矿带乌丽－囊谦海西期—喜马拉雅期铜钼铅锌银成矿亚带。

莫海拉亨矿区内出露下石炭统杂多群碳酸盐岩组和渐新统沱沱河组砾岩夹砂岩（图7-37）。杂多群地层大面积分布，据岩性不同分为碎屑岩组和灰岩组。碎屑岩组北西—

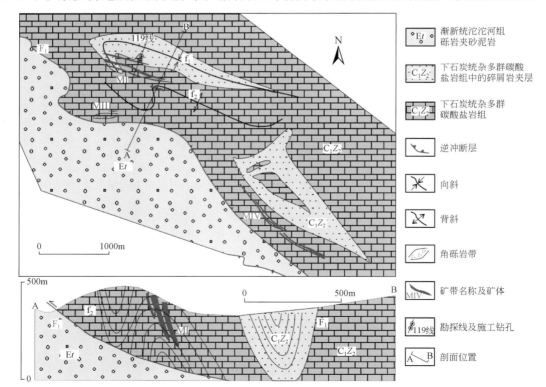

图 7-37　青海省杂多县莫海拉亨铅锌银矿床地质简图及 M Ⅰ矿带剖面图（据 2015 年青海省地质调查综合研究报告）

南东向展布，岩性主要为长石石英砂岩、石英砂岩、碳质页岩夹薄层－中厚层状灰岩、石膏、煤层及少量中酸性火山岩。灰岩组不规则状产出，同碎屑岩组整合接触，岩性主要为厚层－巨厚层灰岩夹少量碎屑岩、中酸性火山岩。矿化主要在碳酸盐岩组中的灰岩岩性段出现，碎屑岩组中的灰岩中也有少许矿化。沱沱河组，出露在矿区西南，砾石成分混杂，主要为近源堆积而成，包括紫红色、灰绿色砾岩、含砾砂岩，夹细砂岩、含砾泥岩、粉砂质页岩。

　　矿区发育北西向、北东向两组断层，前者为逆断层，倾向南西，倾角 40°～50°，对区内成矿作用影响较大，现有矿（化）体均分布于其两侧，明显受其控制；后者为走滑断层，将地层切割成断块状，表现为成岩－成矿后期的强烈破坏活动。矿区褶皱构造发育且保存良好，包括两期活动，在三叠纪之前，下石炭统薄层灰岩中发育一系列小的紧闭褶皱；三叠纪之后，上三叠统和下石炭统发生构造叠加，形成东西向宽缓背斜。

　　矿区岩浆活动微弱，喷出岩多呈透镜状夹层零星分布，主要岩性为中－酸性火山碎屑岩和火山岩，侵入岩仅有少量花岗岩脉出现。

2. 矿床主要特征

　　通过对异常进行查证，莫海拉亨矿区共圈定了铅锌矿化带 4 条，圈定了铅锌矿体 18 条（图 7-38、表 7-10），矿体长度 200～2600m，厚度 1.3～50m，锌矿体平均品位 0.88%～6.3%，

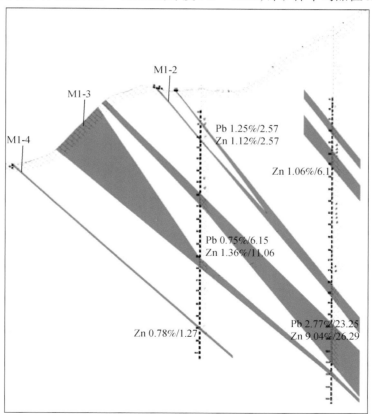

图 7-38　莫海拉亨铅锌矿 M I 矿化带 119 勘探线剖面图（据青海省地质调查院，2014）

Zn 0.78%/1.27 表示钻孔中见矿 Zn 品位为 0.78% 的长度为 1.27m

表 7-10 莫海拉亨铅锌矿床矿化带矿体特征（据青海省地质调查院，2014）

矿体编号	矿体规模 长/m	矿体规模 宽/m	矿石组构	含矿岩性	赋矿地质体	矿体产状	矿体走向延伸情况	金属含量 矿种(单位)	金属含量 平均
M I -1	1800	12.92	星点状、细脉状、团块状结构，浸染状、局部块状构造	主要为灰黑色中-薄层状灰岩夹碎裂岩	下石炭统杂多群碎屑岩夹灰岩组(C_1Z_1)	20°∠45°	127线到71线连续性较好、55、0线尖灭再现	Pb(10^{-2}) Zn(10^{-2})	0.85 1.75
M I -2	1900	8.91	星点状、细脉状结构，星散状、网状块状构造	主要为灰黑色中-薄层状碳质灰岩夹碎裂灰岩		30°∠53°	127线到95线连续性较好、79~71、55~47、尖灭再现	Pb(10^{-2}) Zn(10^{-2})	0.43 2.82
M I -3	2500	14.21	星点状、细脉状结构，块状、浸染、星散状构造	主要为灰黑色中-薄层状灰岩夹碎裂灰岩，方解石脉		35°∠45°	143线到79线连续性较好、63、47、0线尖灭再现	Pb(10^{-2}) Zn(10^{-2})	0.35 1.48
M I -4	1750	10.69	细脉状、团块状结构，块状构造	主要为灰黑色中-薄层状灰岩夹碎裂灰岩，方解石脉		40°∠55°	127线到87线连续性较好、63-47线尖灭再现	Pb(10^{-2}) Zn(10^{-2})	0.31 2.14
M I -9	600	19.34	细脉状、团块状结构，块状构造	主要为灰黑色碎裂灰岩		56°∠47°	119线到103线连续性较好	Pb(10^{-2}) Zn(10^{-2})	0.26 3.25
M II -3	200	3.92	星点状、细脉状结构，局部块状构造		下石炭统杂多群灰岩组(C_1Z_2)	20°∠40°		Pb(10^{-2}) Zn(10^{-2}) Ag(10^{-6})	0.36 0.6 5.24
M II -4	200	4.60	星点状、星散状构造	主要为灰白色灰岩夹碎裂灰岩		20°∠40°		Pb(10^{-2}) Zn(10^{-2}) Ag(10^{-6})	0.22 0.82 1.52
M II -5	200	6.44	星点状、细脉状结构，星散状构造			20°∠35°		Pb(10^{-2}) Zn(10^{-2}) Ag(10^{-6})	0.08 1.95 3.71
M II -6	200	1.38	粉末状、薄膜状结构，网脉状构造	主要为灰白色灰岩		40∠55°		Pb(10^{-2})	0.04

铅矿体平均品位 0.79% ~ 4.92%，通过钻探工程控制，M Ⅰ矿化带 47 ~ 191 勘探线间施工的钻探工程中均见到了相应的铅锌矿（化）体，矿体向深部延伸稳定，深部矿化以方铅矿、闪锌矿为主（图 7-39），初步对 M Ⅰ矿带进行资源量估算已达 110 余万吨。

图 7-39　莫海拉亨铅锌矿区铅锌矿化露头（a）和钻孔中铅锌矿石（b）（据青海省地质调查院，2012）

矿石类型主要为方铅矿（闪锌矿）褐铁矿矿石（图 7-39），次为黄铁矿褐铁矿矿石。方铅矿、闪锌矿多呈巨晶出现，矿石结构包括胶状结构（皮壳状结构、草莓状结构）、球形结构、他形粒状结构、自形－半自形粒状结构和重结晶结构，矿石构造包括浸染状、脉状、团块状和角砾状构造。矿石矿物主要有方铅矿、闪锌矿、黄铁矿、褐铁矿，脉石矿物主要为石英、方解石。围岩蚀变主要为硅化、碳酸盐化、白云岩化，局部发育萤石化及轻微重晶石化。

莫海拉亨矿床铅锌矿化赋存在下石炭统杂多群碳酸盐岩组灰岩中，矿体以层控产在下石炭统内部逆断层的上下两盘，产状严格受到逆断层、溶蚀坍塌角砾发育程度以及下石炭统内部褶皱发育的控制。地层、层间破碎带、断层破碎带及其派生的次一级构造破碎带，为矿床的主要控矿因素。找矿标志：①铅锌矿体在地表风化后所形成的褐黄色"铁帽"，其颜色与区内围岩易区分，是直接找矿标志。②区内化探异常呈长条带状展布，个别异常中已证实有矿（化）体存在的事实。因此化探异常是直接找矿标志。③结合矿床控矿特征及含矿岩性特征，区内北西向断裂与北东向断裂的交汇部位，以及岩溶发育地段是直接找矿标志。④地质及化探异常可得到物探工作的有力印证，因此物探激电工作所发现的异常地段是间接找矿标志。

3. 成矿时代和成因类型

利用单矿物闪锌矿和共生矿物组合闪锌矿与方铅矿 Rb-Sr 等时线方法，以及共生矿物组合萤石与方解石 Sm-Nd 等时线方法测定，莫海拉亨铅锌矿床过渡阶段的年龄为 34.0 ~ 34.6Ma，平均为 34.3Ma，与其成矿时代 33Ma 也非常接近（田世洪等，2009，2011a）。热液硫化物 δ^{34}S 值范围为 -30.0‰ ~ +7.40‰，反映硫来自沉积盆地；矿石矿物和脉石矿物的 Pb 同位素组成介于区域上地壳 Pb 组成范围内，Sr-Nd 同位素特征亦显示脉石矿物的物质来源来自上地壳岩石（田世洪等，2011b）。

田世洪等（2011b）通过莫海拉亨铅锌矿床成矿地质条件、主要矿化特征和控矿因素等分析，初步认为其成因类型与密西西比河谷型铅锌矿床（MVT）相似。

本次研究根据矿床矿体受区内火山作用影响，并且表现出层控矿床的特征，后期构造仅对其进行了叠加改造的作用，把莫海拉亨铅锌矿床归为火山喷流沉积 - 热液改造型矿床。

第四节 纳日贡玛 - 下拉秀（铜钼）找矿远景区

一、纳日贡玛铜钼矿床

1. 概况

纳日贡玛铜钼矿床位于青海省杂多县扎青乡，距杂多县城北西约 86km 处，地理坐标：东经 94°47′15″，北纬 33°30′46″。该矿床发现于 1965 年，目前探测铜金属量达 46.23 万 t，钼金属资源量达 24.46 万 t，为一大型铜钼矿床。

矿区地层为下 - 中二叠统尕迪考组紫红 - 灰绿色玄武岩。顶底为杂色玄武质凝灰集块岩、凝灰岩、玄武岩，局部相变为安山玄武岩、玄武安山岩。区内岩浆岩分布面积占基岩总面积的 99% 以上，侵入岩有浅成黑云母花岗斑岩和细粒花岗斑岩、石英闪长玢岩以及中基性、酸性岩脉类，属喜马拉雅早期的产物。喷出岩以玄武岩为主，为早二叠世形成。

矿区构造简单（图 7-40），下 - 中二叠统中基性火山岩总体呈走向北西，倾向南西的

图 7-40 纳日贡玛铜钼矿区地质图（据 2015 年青海省地质调查综合研究报告）

1. 第四系；2. 下 - 中二叠统尕迪考组（$P_{1-2}gd$）；3. 黑云母花岗斑岩（$\gamma\pi\beta$）；4. 浅色花岗斑岩（$\gamma\pi$）；5. 闪长玢岩脉（$\delta\mu$）；6. 石英闪长玢岩脉（$q\delta\mu$）；7. 安山岩；8. 玄武岩；9. 平移断层；10. 正断层；11. 矿体及编号；12. 铜钼矿化带；13. 采样位置

单斜层，小断层和裂隙十分发育。断裂构造按其走向展布方向分为四组，即北东向断层组、北北东向断层组、近南北向和近东西向断层组，其中北东向断裂及其北北东向断层组控制着矿区斑岩及闪长玢岩脉的分布，脉岩形成后该组断裂仍有活动的迹象，是区内的控岩、容矿构造。纳日贡玛铜钼矿床受喜马拉雅早期黑云母花岗斑岩控制，矿体赋存于岩体内部及与围岩的接触带。

2. 矿床主要特征

矿体赋存在岩体内部及与围岩的接触带，形态呈带状、厚板状、不规则状。根据矿体相对集中分布的特点及所处地质环境、构造部位的差异，共圈定4个矿带，自西向东编号为 MⅠ～MⅣ（图7-41）。4个矿化带内共圈出铜矿体13个，钼矿体14个，铜钼共生矿体2个（表7-11）。含矿岩石主要为硅化高岭土化黑云母花岗斑岩，黑云母化角岩化玄武岩、黄铁矿化青磐岩化玄武岩及角岩，次为角岩化玄武岩。

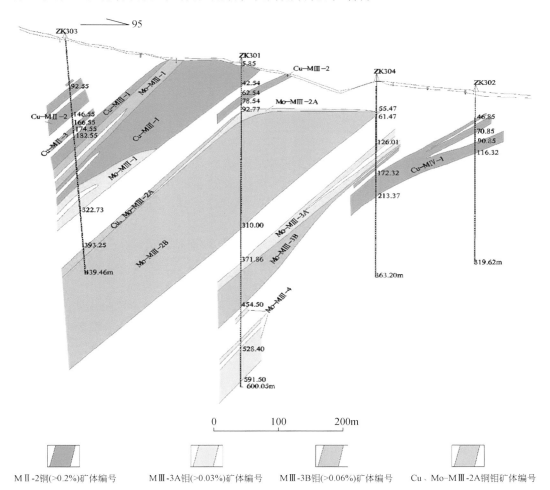

图 7-41 纳日贡玛铜钼矿区 3 勘探线剖面图（据 2015 年青海省地质调查综合研究报告）

表 7-11　纳日贡玛矿区铜、钼矿体特征

矿体编号	规模			平均品位/%	岩石类型	矿体编号	规模			平均品位/%	岩石类型
	长/m	厚/m	沿倾向深/m				长/m	厚/m	沿倾向深/m		
Cu-MⅠ-1	490	33.37	50	0.56	斑岩	Mo-MⅠ-1	450	21.95	50	0.037	斑岩
Cu-MⅠ-2	370	38.53	50	0.39	斑岩	Mo-MⅠ-2	320	17.41	50	0.048	斑岩
Cu-MⅡ-1	100	25.65	85	0.29	玄武岩	Mo-MⅡ-1	100	7.12	100	0.056	玄武岩
Cu-MⅡ-2	1000	36.42	170	0.39	玄武岩	Mo-MⅡ-2	600	5.10	65	0.034	斑岩
Cu-MⅡ-3	300	7.82	190	0.25	玄武岩	Mo-MⅢ-1	1200	34.57	270	0.057	混合矿石
Cu-MⅡ-4	100	4.98	100	0.35	玄武岩	Mo-MⅢ-2	950	50.94	390	0.092	斑岩
Cu-MⅢ-1	1200	21.41	460	0.30	斑岩	Mo-MⅢ-3	600	30.67	450	0.072	斑岩
Cu-MⅢ-2	100	12.64	145	0.50	斑岩	Mo-MⅢ-4	300	30.37	100	0.051	斑岩
Cu-MⅢ-3	100	59.40	80	0.30	玄武岩	Mo-MⅣ-1	100	6.96	135	0.050	玄武岩
Cu-MⅣ-1	600	23.02	240	0.32	玄武岩	Mo-MⅣ-3	300	5.44	180	0.052	玄武岩
Cu-MⅣ-2	300	11.66	180	0.28	玄武岩	Mo-MⅣ-4	300	9.54	380	0.043	玄武岩
Cu-MⅣ-3	300	11.65	180	0.24	玄武岩	Mo-MⅣ-5	100	10.5	175	0.038	玄武岩
Cu-MⅣ-4	100	7.11	100	0.34	玄武岩	Mo-MⅣ-6	300	3.07	100	0.041	玄武岩
Cu、Mo-MⅣ-1	300	4.74	250	0.04 / 0.26	玄武岩	Cu、Mo-MⅢ-2 混合矿体	700	39.65	490	0.041 / 0.330	斑岩

钼矿体产于斑岩体内的轻微蚀变的黑云母花岗斑岩、细粒花岗斑岩和强烈蚀变的绢云母化黑云母花岗斑岩中，玄武岩内钼矿体分布较零星且规模小。斑岩体中靠近接触带钼矿体厚度大，品位高；斑岩体中心钼矿化相对较弱，钼矿体厚度、品位变化均较大。

矿石自然类型属原生硫化矿石，矿石矿物主要为辉钼矿、黄铜矿及黄铁矿，其次有辉铜矿、铜蓝、孔雀石及褐铁矿等，偶见方铅矿、闪锌矿、磁铁矿、赤铁矿、黝铜矿、白钨矿、黑钨矿、钼华等，因矿石类型不同亦有所差异。矿石呈半自形-他形微细粒状、半自形-自形片状及鳞片状结构，以微细脉状、稀疏浸染状、星散浸染状构造为主。矿体主要成矿元素为 Cu、Mo，共生组分 S，伴生有益组分 W、Ag，Ag 品位一般 2×10^{-6}，最高 18×10^{-6}，品位变化大，未达到综合利用指标。

成矿控制因素：

（1）区域地质构造控制了成矿带，属于澜沧江深断裂带组成部分的北西西向大断裂的发育，以及北东向断裂与北西西向断裂的复合是控制本区斑岩成矿带的主要因素。纳日贡玛矿床即产于北东向的纳日贡玛沟断裂与北西西向的格龙涌大断裂交汇部位的北侧。

（2）中酸性浅成含矿斑岩侵入体是纳日贡玛矿床的内在控制因素。

（3）二叠纪地层，特别是其中的中基性火山岩是对成矿有利的围岩条件。除纳日贡玛矿床外，区域上已知重要的斑岩型矿化点，大多产于二叠纪地层的中基性火山岩中。这可能是由于这套火山岩岩性致密，形成"隔挡层"，阻滞了矿质的逸散。而裂隙发育，岩石偏碱性，则宜于含矿热液在一定范围的空间内运移和交代，利于矿质沉淀和富集。

（4）围岩蚀变－含矿斑岩体围岩中发育了较强烈和规模较大的面型或面－线型蚀变。纳日贡玛矿床具有规模和强度较大的面型蚀变。

（5）强烈发育的小型断裂－裂隙构造系统对于纳日贡玛矿床也是重要的成矿控制因素。它为热液和矿质活动、沉淀提供了有利的空间，为围岩蚀变和成矿作用提供了充分的发育条件。对于纳日贡玛矿床，北北东向小型断裂－裂隙构造是十分重要的容矿构造。

矿区围岩蚀变强烈，斑岩体内有高岭土化、石英－绢云母化、钾化，围岩中有角岩化和夕卡岩化，岩体北侧见少量电气石蚀变产物。蚀变总面积近 $10km^2$，呈圆形环状分布，内带以硅化－绢云母化、钾化为主，多沿北东向裂隙带发育。外带以青磐岩化、黄铁矿化、角岩化为主，呈面状展布。

找矿标志：①黑云母二长花岗斑岩小岩株、花岗斑岩脉群或规模较大的含矿花岗斑岩存在，是最直接的找矿标志。②在中基性火山岩中发育有广阔的、呈暗绿色的面型黄铁矿青磐岩化蚀变带，地表形成红褐色松散堆积物，是十分显眼的直观的间接标志。③含矿斑岩体内发育有"浅色"蚀变：黏土化和硅化绢云母化蚀变，具有一定的规模和强度。标志着有成矿的可能性。④以铜、钼组合为主，并伴有 W、Sn、Bi、Ag、Au 等的水系、土壤、岩石地球化学异常规模大，强度高。异常源极有可能是矿（化）体。

3. 成矿时代和成因类型

王召林等（2008）获得纳日贡玛铜钼矿床辉钼矿 Re-Os 等值线年龄为（40.86±0.85）Ma，属于古近纪。因此，纳日贡玛铜钼矿床被认为是玉龙斑岩铜矿带的北延（王召林等，2008；杨志明等，2008b）。杨志明等（2008b）获得纳日贡玛主含矿斑岩锆石 U-Pb 年龄为（43.3±0.5）Ma，宋忠宝等（2011）测得纳日贡玛花岗闪长斑岩锆石 U-Pb 年龄为（41.44±0.23）Ma，郝金华等（2012）获得纳日贡玛矿区 2 个黑云母花岗斑岩样品的锆石 $^{206}Pb/^{238}U$ 同位素加权平均年龄分别为（43.4±0.4）Ma 和（42.9±0.3）Ma，陈向阳等（2013）测得纳日贡玛斜长花岗斑岩的锆石 U-Pb 年龄为（41.0±0.18）Ma。综上所述，纳日贡玛铜钼矿形成年龄与成矿有关的斑岩体形成年龄基本一致，均为古近纪，相当于喜马拉雅早期。

前人一致将纳日贡玛铜钼矿的成因类型归为斑岩型，并认为可与玉龙斑岩铜矿对比。本次研究根据矿床特征及其与斑岩体密切伴生的关系及蚀变特征，仍将纳日贡玛铜钼矿床归为斑岩型铜钼矿床。

二、陆日格铜钼矿床

1. 概况

陆日格铜钼矿床位于青海省玉树州杂多县北西方向，距县城约 185km，地理坐标为东经 94°21′08″，北纬 33°29′13″。矿区地处青海省唐古拉山北坡，杂多县扎青乡托吉涌上游陆日格一带，位于纳日贡玛斑岩铜钼多金属矿床东南，约有 20km。

2. 矿带及矿体特征

陆日格矿区出露地层为二叠系碎屑岩及火山岩，断裂及节理裂隙发育，多被黄铁矿石英脉及黑云母花岗斑岩（面积0.28km²）充填。矿化主要为钼及铜，见于斑岩脉接触带及石英脉中。含矿斑岩体多呈小岩株、岩筒、岩枝状产出。其平面形态多表现为不规则的椭圆状－不规则状岩枝状，出露面积多在0.2km²。岩体产状普遍陡直，岩体与围岩为参差不齐的接触关系，且接触界线清楚。由于岩浆的多次侵位，伴随的含矿热液多次上升，使斑岩体的顶部及其近岩体围岩经受多次蚀变矿化叠加，从而在接触带位置附近形成矿体。

矿区内共圈出钼矿化带2条，以F4断裂为界，位于下盘的Mo Ⅰ矿带和上盘的Mo Ⅱ矿带，以间距100～200m处的矿化最好，矿体多呈透镜状和条带状，大多北东倾斜，矿体分布地段因裂隙发育，且金属硫化物易风化，在矿体分布地段则呈负地形。钼矿体产于斑岩体内、斑岩体外接触带的蚀变玄武岩中，铜矿体主要产于斑岩体及顶部与围岩接触带外侧的蚀变玄武岩中。

Mo Ⅰ矿带：矿带位于矿区西侧，走向12°～192°，控制长度613m，控制宽20m。平面上大致呈"S"形，该矿带赋存于下－中二叠统尕迪考组（$P_{1-2}gd$）地层中，出露岩性为硅化、碎裂岩化玄武岩、玄武安山岩、石英脉等。带内圈定矿体Mo Ⅰ-1、Mo Ⅰ-2、Mo Ⅰ-3、Mo Ⅰ-4等4条矿体，金属矿化为黄铁矿、辉钼矿、褐铁矿等，辉钼矿呈浸染状、细脉状产出，钼含量一般为0.02%～0.1%，最高达0.38%。从ZK1601孔在该带上进行的深部揭露来看，同地表矿化位置对应性较好。

Mo Ⅱ矿带：为矿区主矿带，位于矿区中部一带，走向160°～340°，控制长度1050m，控制宽3～46m。地表初步圈定钼矿体2条，通过该带上400m间距的钻探验证，深部矿体增加为4条，全孔内矿化明显富集，呈脉状密集的特征。该矿带赋存于下－中二叠统尕迪考组（$P_{1-2}gd$）地层中，岩性为硅化、碎裂岩化玄武岩、玄武安山岩、碎裂岩等，金属矿化为黄铁矿化、辉钼矿化、褐铁矿化等，辉钼呈浸染状、细脉状产出，钼含量一般为0.03%～0.15%。因此该矿带上具较大找矿前景。

矿区内初步圈定19个钼矿体（表7-12），矿体主要产于蚀变玄武岩、花岗斑岩与玄武岩的接触带上，花岗斑岩中钼矿体主要呈细脉浸染状产出，规模较大，但品位低，具典型斑岩矿床类型特征。在陆日格矿区圈定铜矿体3条（表7-13），含矿岩石为花岗斑岩。目前圈出铅矿化体一条，宽1.8m，赋矿岩性为碎裂岩化硅质岩，方铅矿呈星点状沿岩石碎裂面产出，局部富集成宽5mm的小脉分布，铅品位0.65%，锌0.33%。2008年经走向上追踪，两侧未见延伸。

表7-12 陆日格矿区钼矿体特征

矿带编号	矿体编号	控制工程	长度/m	平均厚度/m	最大厚度/m	产状	平均品位/%	最高品位/%	含矿岩性
Mo Ⅰ	1	TC1601、TC802、ZK1601	150	3.24	5.12	10° ∠ 51°	0.116	0.380	碎裂玄武岩、硅化玄武岩
	2	TC1601、TC802、ZK1601	150	6.07	9.53	15° ∠ 62°	0.038	0.067	
	3	TC1601、TC802、ZK1601	150	6.02	10.37	15° ∠ 62°	0.048	0.170	
	4	TC31、TC2404	226	6.66	6.89	10° ∠ 51°	0.083	0.220	
	5	ZK1601		19.56	19.56	15° ∠ 62°	0.031	0.110	

续表

矿带编号	矿体编号	控制工程	长度/m	平均厚度/m	最大厚度/m	产状	平均品位/%	最高品位/%	含矿岩性
Mo Ⅱ	1	TC1602、TC30、TC2401 ZK2402、TC2402	644	5.47	7.8	100°∠68°	0.061	0.160	硅化玄武岩、硅化花岗斑岩
	2	TC2402、ZK2401 TC801、TC001	677	22.8	50	100°∠68°	0.038	0.100	硅化玄武岩、硅化花岗斑岩
	3	ZK2401、ZK2402		4.76	7.33	60°∠34°	0.035	0.070	硅化玄武岩
	4	ZK2402		2.18	2.18	60°∠34°	0.035	0.035	碎裂岩化黄铁矿化玄武岩
	5	ZK2402		2.18	2.18	60°∠34°	0.098	0.120	绢云母化、高岭土化花岗斑岩
	6	TC26		7.48	7.48	60°∠34°	0.061	0.200	碎裂岩化玄武岩

表 7-13　陆日格矿区铜矿体特征一览表

矿体编号	矿体规模		产状	含矿岩性	平均品位/%	最高品位/%	控制工程
	长/m	宽/m					
Cu Ⅰ	100	2.9	220°∠60°	硅化高岭土化花岗斑岩	0.45	0.61	TC9
Cu Ⅱ	100	3.0	243°∠59°	灰白色花岗斑岩、硅化玄武岩	5.22	6.38	TC6、QJ5、CM01
Cu Ⅲ	100	4.5	236°∠67°	硅化玄武岩、玄武安山岩	1.19	3.08	TC1、QJ1

3. 矿石特征

1）矿石矿物特征及组成

陆日格斑岩铜钼矿含矿岩石主要为青磐岩化玄武岩及硅化细粒花岗斑岩、黑云母花岗斑岩等；造岩矿物主要为石英、钾长石、斜长石等；矿石矿物主要为黄铁矿、辉钼矿、黄铜矿、黝铜矿等。

2）矿石结构、构造

矿石的自然类型为硫化物矿石，矿石的工业类型主要为钼矿石。矿石为半自形-自形片状结构及鳞片粒状结构，微-细脉状、稀疏浸染构造。辉钼矿、黄铁矿、黄铜矿均有稀疏浸染状、微-细脉状及呈浸染状和微-细脉状产于石英脉中的等三种，以后两者为最重要，多沿压性裂隙发育。局部出现的黄铜矿以稀疏浸染状为主，少量呈微-细脉状，辉钼矿呈细小片状。辉钼矿、黄铜矿、黄铁矿均有两个生成阶段，岩浆晚期形成的以稀疏浸染状为主，硅化绢云母化蚀变期则主要形成了微细脉状的及含矿石英脉。

4. 蚀变特征及找矿标志

1）蚀变特征

陆日格地区地表岩石蚀变较强烈，以硅化、碎裂岩化为主，次为绢云母化、碳酸盐化、角岩化。深部斑岩体内具较强而普遍的硅化-绢云母化，围岩具环绕斑岩体分布的面型青磐岩化及局部角岩化蚀变。

2）找矿标志

（1）花岗斑岩小岩株、花岗斑岩脉群或规模较大的含矿花岗斑岩存在，是最直接的找矿标志。

（2）在火山岩中沿节理面侵入的细小石英脉往往有浸染状辉钼矿分布，因此沿节理面分布的细小石英脉是区内直接的找矿标志，同时也是指示深部存在热液活动的间接标志。

（3）花岗斑岩的侵入，地表各岩层中受烘烤程度较为强烈，形成较褐红色的烘烤边即俗称"火烧皮"现象，"火烧皮"的出现是寻找花岗斑岩型矿产的间接标志。

（4）以 Cu、Mo 组合为主，并伴有 W、Sn、Pb、Zn、Ag 等的水系、土壤地球化学异常规模大，强度高，异常源极有可能是具较大规模的斑岩型矿（化）体。

（5）地磁测量中圈定的负异常区是寻找花岗斑岩的有利区段，电法测量中的低阻高极化物探异常是寻找硫化物矿产的间接标志。

5. 成因类型

陆日格铜钼矿与纳日贡玛铜钼矿床成矿环境相似，成矿与喜马拉雅期黑云母花岗斑岩密切相关，属于斑岩型铜钼矿床。

三、众根涌铜铅锌矿点

1. 概况

众根涌铜铅锌矿点位于扎青乡迪庆村众根涌沟脑，距杂多县城北西约 78km 处，地理坐标：东经 94°58′50″，北纬 33°30′33″。工区交通极为不便，杂多县至扎青乡有简易公路 53km，扎青乡至拉美曲约 20km。该矿点 1967 年由青海省第九地质队在 1：20 万地质普查中发现，后青海省地质调查院 2001 年水系异常查证中初步进行了地表槽井探工程揭露，除对 M4 矿体按 200m 间距系统用槽探工程控制 1000m 外，其余矿体基本是单工程控制，工作程度极低。

矿区出露地层有下-中二叠统尕迪考组灰白色大理岩、安山岩等，上三叠统结扎群含砾安山质凝灰岩夹粉砂质页岩。在色的日岩体与下二叠统灰岩接触带常形成夕卡岩，是主要铜矿化地段。北东向压扭性断裂及北北东向张扭性断裂较发育。矿化出现在正接触带夕卡岩中及蚀变的黄铁矿化花岗闪长岩和蚀变斜长花岗斑岩中。

2. 矿体特征

目前矿区内发现了 5 条具一定规模的铜矿（化）体，主要出露在铜异常的外带。各矿（化）体特征如下。

M1：铜矿（化）体赋存于喜马拉雅早期色的日似斑状花岗岩南与二叠系大理岩接触带上，矿（化）带走向北东向，由 TC12 控制，宽 27m，长 270m，铜品位 1.5%～3.0%，平均品位 1.28%，为夕卡岩型铜矿体。

M2：铜矿（化）体赋存于喜马拉雅早期似斑状花岗岩脉与二叠系大理岩接触带上，矿（化）体走向 150°～330°，由 TC6 工程控制，宽 2～5m，长大于 100m，铜品位

0.28%～4.76%，平均品位 2.20%，为夕卡岩型铜矿体。

M3：铜矿（化）体赋存于喜马拉雅早期似斑状花岗岩（色的日岩体）与二叠系大理岩接触带上，矿（化）体走向北西向，由 TC7、TC10 控制，宽 4～15m，长度大于 300m，铜品位 0.36%～7.58%，平均品位 2.21%；其中 TC10 控制锌矿体宽 10.5m，锌品位 0.2%～6.74%，平均品位 1.69%；银矿体宽 6.0m，银品位 $37.0×10^{-6}$～$225×10^{-6}$，平均品位 $113×10^{-6}$，为夕卡岩型铜矿体。

M4：铜矿（化）体赋存于似斑状花岗岩（色的日岩体）与二叠系大理岩接触带上，矿（化）体走向北北东向，由 TC5、TC8、TC9 控制。宽 4～8m，长度大于 1000m，铜品位 0.36%～17.6%，平均品位 2.29%，为夕卡岩型铜矿体。

M5：铜矿（化）体赋存在绿泥石化、绢云母化斜长花岗斑岩中，走向 25°，长大于 100m，宽 12m，由 TC4 控制，斑岩体长约 1800m，铜品位 0.99%～1.48%，平均品位 1.27%，矿化岩石为碎裂花岗斑岩，具有斑岩型、热液型特征。

3. 矿石特征

1）矿石的矿物成分

矿石中主要有益组分为 Cu，次为 Pb、Zn、S、Mo。

金属矿物有闪锌矿、黄铜矿、磁黄铁矿、磁铁矿、脆硫锑铅矿、方铅矿、银黝铜矿、自然银、铜蓝、针铁矿等；非金属矿物有钙铁榴石、石英和方解石。

2）矿石的结构构造

细脉状构造：夕卡岩型铜多金属矿石中常见细脉状构造。不规则细脉状金属硫化物分布于石榴子石中，局部受石榴子石裂隙控制，或者分布于细粒石英集合体中，并引起硫化物边部的石英重结晶加大。

块状构造：夕卡岩型矿石中黄铜矿、方铅矿、闪锌矿等硫化物占 80%，组成致密块状构造，其中脉石矿物石榴子石常被硫化物交代。

浸染状构造：矿石矿物呈星散状分布，相对数量达 50% 者称稠密浸染状构造，占 20%～30% 者称稀疏浸染状构造。

半自形结构：矿石中可见呈半自形的闪锌矿。

环带结构：另外也见有由不同颜色（灰黑相间）石榴子石组成环带，这是由石榴子石结晶生长过程中溶液的铁离子浓度变化所致。

填隙结构：由充填于石榴子石粒间的硫化物、石英、方解石等矿物所构成。

交代残余结构：铜蓝交代黄铜矿，致使黄铜矿多半已变成铜蓝。有的铜蓝颗粒中间还剩有少量的黄铜矿残余。

交代细脉或树枝状结构：自然银呈树枝状穿切交代脆硫锑铅矿，黄铜矿沿闪锌矿微裂隙进行充填交代。

4. 控矿因素

色的日岩体岩性为角闪 - 黑云二长花岗岩。该岩体的控矿作用主要表现为：提供主要成矿物质的来源、热源、硫源和水源，岩体与围岩交代形成夕卡岩为成矿提供了先决条件。

夕卡岩带受岩体与围岩接触带构造的控制，接触带构造在平面上呈弧形带分布，在接触带与围岩层理斜交处，热传导性好，易形成夕卡岩，是有利的矿化部位。在接触带附近，围岩捕虏体以及切穿接触带的次级断裂裂隙，也是有利的富矿地段。

5. 成因类型

众根涌铜铅锌矿形成与色的日角闪－黑云二长花岗岩关系密切，成矿类型以夕卡岩型为主，具有斑岩型、热液型矿化特征。

第五节　新发现矿（化）线索

一、本项目新发现矿（化）线索

本项目 2014 年启动，本书作者在高海拔恶劣环境下经过近两年艰辛工作，与相关地勘单位密切合作，相继发现棕熊梁铜多金属矿化点、西确涌金多金属矿化点及格仁涌小支沟褐铁矿化线索。

1. 棕熊梁铜多金属矿化点

本项目在西藏安多县雁石坪地区碾廷曲一带进行 1∶5 万解剖专项地质填图期间，新发现一处铜多金属矿化点，命名为棕熊梁铜多金属矿化点，矿化包括棕熊梁铜矿化带、碾塔沟铅锌矿化带及碾廷曲镜铁矿化带（图 7-42）。

棕熊梁铜多金属矿化区出露的地层主要为雁石坪群雀莫错组（J_2q）、布曲组（J_2b）及第四系。雀莫错组（J_2q）分三个岩性段。一岩段主要为紫红色砂岩、粉砂岩，局部夹细粒泥砾岩，下部以中基性火山岩、中基性集块角砾熔岩及酸性凝灰岩为主；二岩性段主要为灰紫色砂岩、粉砂岩，夹泥晶灰岩；三岩性段主要为紫色砂岩、粉砂岩、泥质粉砂岩。布曲组（J_2b）分两个岩性段。一岩段主要为灰黑色生物碎屑灰岩与泥晶灰岩互层，局部夹薄层细砂岩；二岩段主要为灰黑色泥晶灰岩夹生物碎屑灰岩，局部夹细砂岩。通过在雁石坪地区碾廷曲一带 1∶5 万关键地段解剖地质填图，发现了两种不同的火山喷发类型。一为中心式火山喷发，与镜铁矿化有关；另一种为链状火山喷发，与铜多金属矿化有关，铅锌矿化产于火山岩外围碎屑岩和灰岩过渡部位的断裂带中。

区内火山岩仅有雀莫错组（J_2q）一岩段下部，以中基性火山岩、中基性集块角砾熔岩及酸性凝灰岩为主，中基性集块角砾熔岩分布于火山口附近，外围为中基性火山岩、中酸性火山岩及酸性凝灰岩组成火山韵律，二长花岗斑岩为火山颈相。

断裂较为发育，包括逆冲断裂、左行走滑断裂、环状断裂和放射状断裂。

1）棕熊梁铜矿化带

铜矿化产于火山喷发间歇期的酸性凝灰岩中，经吉林省第四地质调查所探槽揭露，含矿地层为雀莫错组（J_2q）一岩性段下部的酸性凝灰岩（图 7-43），沿近东西向延伸，含矿组合为黄铜矿－斑铜矿－磁黄铁矿－孔雀石－蓝铜矿（图 7-44），目估铜品位 0.3%～0.5%，矿化厚度为 0.8～1m，沿东西向延伸稳定，并伴有褐铁矿化、黄钾铁矾化，含矿层位可能为多层，深部及延伸方向具有一定找矿前景。

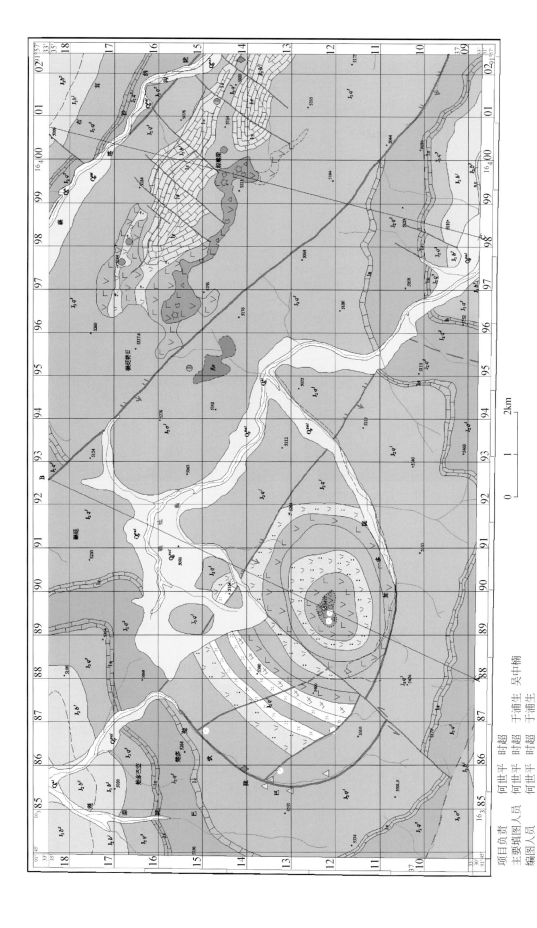

图 7-42 雁石坪地区碹廷曲 1:5 万地质矿产图

项目负责　　　何世平　时超
主要填图人员　何世平　时超　于浦生　吴中楠
编图人员　　　何世平　时超　于浦生

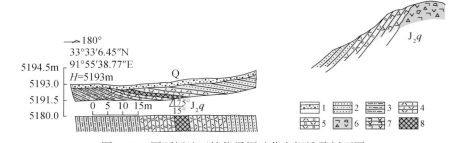

图 7-43 雁石坪地区棕熊梁铜矿化点探槽及剖面图

1. 第四系；2. 砂岩；3. 粉砂岩；4. 酸性凝灰质砂岩；5. 酸性凝灰岩；6. 安山玄武质集块角砾熔岩；
7. 安山玄武岩；8. 铜矿化体

图 7-44 雁石坪地区棕熊梁探槽中孔雀石化（a）和斑铜矿、沿磁黄铁矿裂隙充填的黄铜矿（b）

2）碾塔沟铅锌矿化带

经吉林省第四地质调查所和陕西省第二物探大队探槽揭露、钻探验证，在铜矿化带北发现铅锌矿化带，产于雀莫错组（J_2q）砂岩和布曲组（J_2b）泥晶灰岩接触部位的逆冲断裂带中，厚度为 20m，沿北西向延伸，被北东向左行走滑断裂多处错断。矿石矿物组合为方铅矿、闪锌矿、黄铁矿，少量毒砂、黄铜矿、孔雀石，脉石矿物有石英、方解石、重晶石。Pb 平均品位为 0.32%，Zn 平均品位为 0.17%，Ag 平均品位为 32.77g/t。

3）碾廷曲镜铁矿化带

镜铁矿化产出于三个部位。一为产于雀莫错组（J_2q）火山口及附近（图 7-45a、b），沿爆发相角砾状英安斑岩充填（图 7-45c），或呈较富的块状产出（图 7-45d）；二为沿环形断裂带产出（图 7-45e），多为块状镜铁矿（图 7-45f），含少量磁黄铁矿；三为沿放射状断裂或放射状断裂与环形断裂交汇部位产出（图 7-45g），多为片晶较大的块状镜铁矿（图 7-45h），共生有块状磁黄铁矿。镜铁矿较富，目估品位为 TFe 50% ～ 60%。

2. 西确涌金多金属矿化点

在多彩整装勘查区，四川省核工业地质调查院承担的"青海省治多县俄昌公仁地区 1∶5 万 I46E012020、I46E013020、I46E014020 三幅区域地质矿产调查"工作项目所圈定的 4 号化探异常内发现西确涌金多金属矿化点。

图 7-45　雁石坪地区碾廷曲火山口附近安山玄武质集块角砾熔岩（a）、火山口外围气孔状玄武岩（b）、火山口附近沿角砾状英安斑岩充填的镜铁矿（c）、火山口附近块状镜铁矿（d）、沿环形断裂产出的镜铁矿露头（e）、沿环形断裂产出的块状镜铁矿（f）、沿放射状断裂产出的磁黄铁矿、镜铁矿露头（g）和沿放射状断裂产出的块状镜铁矿（h）照片

　　金矿化产于上三叠统巴塘群（T_3Bt）酸性火山岩系的断裂破碎带。经四川省核工业地质调查院探槽揭露，构造破碎带有三条，均呈北西向展布。2 号探槽显示沿构造破碎带发育黄钾铁矾化、高岭土化，并在糜棱岩化硅化流纹斑岩中见到少量黄铁矿化和方铅矿化，在延伸方向见到黝铜矿、铜蓝和孔雀石（图 7-46）。3 号探槽揭露出一条断裂破碎带（图 7-47），见到少量星点状黄铜矿、黄铁矿、孔雀石，硅化较强，宽 1 ～ 2m。4 号探槽内自北向南发现三条断裂破碎带（图 7-48），倾向为北东，宽分别为 1.5m、17m、5m；其中北侧断裂带矿化最强，表现为黄铁矿沿构造角砾空隙充填，见少量黄铜矿，孔雀石化、硅化较发育（图 7-49），金品位最高 1.36g/t，银品位最高 320g/t；本项目采集捡块样分析结果显示金品位为 0.17 ～ 0.2g/t。金矿化成因类型属于构造蚀变岩型。

图 7-46　青海省治多县西确涌 2 号探槽中黄钾铁矾化、高岭土化（a）和延伸方向糜棱岩化流纹斑岩中的黝铜矿、孔雀石（b）照片

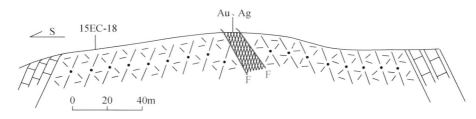

图 7-47　西确涌三号探槽地质剖面

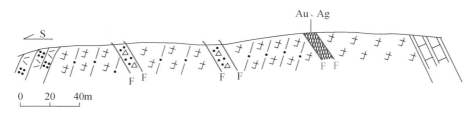

图 7-48　西确涌四号探槽地质剖面

图 7-49　西确涌四号探槽北侧断裂带矿化特征照片

a. 西确涌四号探槽北侧断裂带孔雀石化、硅化；b. 西确涌四号探槽北侧断裂带黄铁矿化、硅化

　　西确涌地区主要出露一套碳酸盐岩、热水沉积岩、火山岩组合；断裂构造发育，总体构造样式表现为以韧性剪切作用为特征。四川省核工业地质调查院通过 1：1 万土壤剖面测量，结果以 Pb、Zn、Au、Ag、As、Sn 元素异常为主，主成矿元素 Pb 峰值达 $9520×10^{-6}$，Zn 峰值为 $3004×10^{-6}$，Au 峰值达 $2148×10^{-9}$，Ag 峰值达 $54200×10^{-9}$。异常可分为南、北两个带，与南、北矿化带基本对应。南带 Pb、Zn、Au、Ag 元素套合较好，主要富集于糜棱岩化重晶石岩及含铁白云岩中；南带新发现的铅锌金银矿化（图 7-50）主要赋存于巴塘群酸性火山岩上部与结晶灰岩过渡部位，发育褐铁矿化、重晶石化及铁白云石化，属火山热液型。北带 Au、Ag、As、Sb 元素套合较好，主要富集于糜棱岩化黄铁矿化硅质岩中，显示与断裂构造有关；北带金银矿化赋存于受断层控制的糜棱岩化黄铁矿化硅质岩中，形成韧性剪切型金银矿，矿（化）带外围发育有黄钾铁矾化、黄铁绢英岩化、硅化、钠化、绢云母化、高岭土化、绿泥石化、绿帘石化、铅锌矿化、褐铁矿化、黄铁矿化、孔雀石化、黄铜矿化等围岩及矿化蚀变。

　　通过四川省核工业地质调查院进一步工作，在区内圈出两条矿化带，代表了两种成因类型成矿作用。北带宽 100m，长约 4.5km，主成矿元素以 Au、Ag 为主，成因类型为韧性剪切型，圈定 1 条银金矿体。南带宽 250m，长约 1km，主成矿元素以 Pb、Zn 为主，共生 Au、Ag，成因类型为热水沉积型；带内圈出多金属矿体 3 条，Ⅲ-2 铅锌金银矿体为主矿体。

　　北带银金矿体（Ⅰ-2）：由 TC03、TC04 两个探槽控制，厚 1.86～9.03m，推测长 500m，Ag 平均品位 80.84g/t，最高 195g/t，伴生 Au 品位 0.42～2.69g/t。矿化赋存于糜棱岩化硅质岩中。

　　南带铅锌金银矿体（Ⅲ-2）：由 TC01 探槽控制，厚 51.97m，推测长 500m，Pb 平均品位 2.03%，最高 11.48%，Zn 平均品位 1.39%，最高 7.39%，Au 平均品位 3.23g/t，最高 15.3g/t，Ag 平均品位 208.82g/t，最高 995.1g/t，其中铅金银矿化主要赋存于糜棱岩化重晶石岩中，锌矿化主要赋存于含铁白云岩及重晶石岩中。该矿体中有两层富矿段，第一层厚 5.6m，Pb 平均品位 8.49%，Au 平均品位 10.65g/t，Ag 平均品位 302.57g/t；第二层厚 3.44m，

图 7-50　西确涌铅锌矿化特征照片

a. 重晶石化方铅矿矿石；b. 角砾状铅锌矿矿石；c. 似层状铅锌矿矿石；d. 铁白云石化铅锌矿带

Pb 平均品位 10.43%，Au 平均品位 14.84g/t，Ag 平均品位 253.6g/t。

本次研究获得西确涌矿区糜棱岩化流纹斑岩（15EC-18）LA-ICP-MS 锆石 U-Pb 同位素年龄为（223.7±1.1）Ma（MSWD=0.29，Pionts=27）（图 7-51、表 7-14），相当于晚三叠世，表明矿区巴塘群的形成时代。

3. 格仁涌小支沟褐铁矿化线索

本次研究在青海省治多县多彩乡格仁涌的小支沟发现 1 处褐铁矿化线索，地理坐标：东经 95°21′15.05″，北纬 33°55′46.82″。共有两条褐铁矿化带，产于小型花岗闪长斑岩与巴塘群（T_3Bt）接触带（图 7-52）。其中一条褐铁矿化带呈铁锈红色（图 7-53），部分褐铁矿风化残块呈弱磁性，出露宽度约为 2m，延伸方向为 120°；另一条褐铁矿化带出露宽度约为 5cm。

据西安地质调查中心实验测试中心 X 衍射分析结果（表 7-15），褐铁矿化带的主要矿物为赤铁矿、方解石、方沸石及石英。

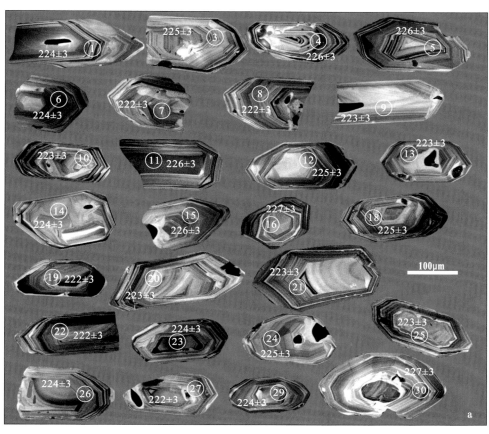

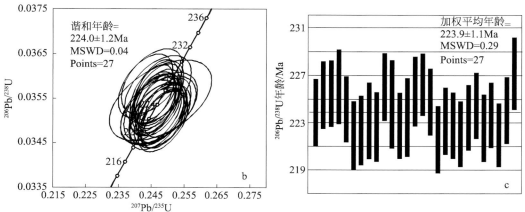

图 7-51　青海省多彩地区西确涌矿区糜棱岩化流纹斑岩（15EC-18）锆石 CL 图像（a）、锆石 U-Pb 谐和
图（b）及 ^{206}Pb/^{238}U 年龄加权平均图（c）

表 7-14　青海省多彩地区西俄涌矿区糜棱岩化流纹斑岩（15EC-18）锆石 LA-ICP-MS U-Pb 同位素测年结果

样号	同位素比值								同位素年龄/Ma								同位素含量/(μg/g)			Th/U	谐和度/%
	$^{207}Pb/^{206}Pb$		$^{207}Pb/^{235}U$		$^{206}Pb/^{238}U$		$^{208}Pb/^{232}Th$		$^{207}Pb/^{206}Pb$		$^{207}Pb/^{235}U$		$^{206}Pb/^{238}U$		$^{208}Pb/^{232}Th$		Th	U	Pb*		
	比值	1δ	比值	1δ	比值	1δ	比值	1δ	年龄	1δ	年龄	1δ	年龄	1δ	年龄	1δ					
15EC-18-1	0.0505	0.0009	0.246	0.005	0.0353	0.0005	0.0119	0.0004	216.6	41.9	223.0	3.8	223.9	2.8	239.3	8.1	409.80	499.58	24.34	0.82	100
15EC-18-3	0.0504	0.0010	0.247	0.005	0.0356	0.0005	0.0113	0.0005	213.7	44.1	224.1	4.0	225.4	2.8	226.2	10.4	180.17	428.72	18.80	0.42	99
15EC-18-4	0.0501	0.0008	0.246	0.004	0.0356	0.0004	0.0116	0.0004	199.7	37.2	222.9	3.4	225.5	2.8	232.6	7.5	410.57	610.41	28.73	0.67	99
15EC-18-5	0.0502	0.0014	0.247	0.007	0.0357	0.0005	0.0118	0.0009	206.2	62.2	224.1	5.5	226.1	3.1	236.6	18.3	61.99	195.46	8.39	0.32	99
15EC-18-6	0.0507	0.0008	0.247	0.004	0.0354	0.0004	0.0120	0.0005	228.7	37.9	224.3	3.5	224.2	2.8	240.1	9.1	240.22	562.38	24.82	0.43	100
15EC-18-7	0.0511	0.0011	0.247	0.005	0.0350	0.0005	0.0119	0.0005	245.4	49.8	223.8	4.4	222.0	2.9	240.0	10.1	288.76	395.49	18.86	0.73	101
15EC-18-8	0.0514	0.0012	0.248	0.006	0.0351	0.0005	0.0105	0.0006	257.7	51.3	225.2	4.6	222.4	2.9	210.2	12.7	124.97	350.14	14.84	0.36	101
15EC-18-9	0.0509	0.0016	0.247	0.008	0.0352	0.0005	0.0113	0.0010	237.5	70.5	224.2	6.2	223.2	3.2	226.8	19.2	57.87	168.65	7.20	0.34	100
15EC-18-10	0.0511	0.0012	0.247	0.006	0.0352	0.0005	0.0103	0.0005	242.9	53.1	224.2	4.7	222.7	2.9	206.4	9.3	305.67	389.71	18.40	0.78	101
15EC-18-11	0.0502	0.0009	0.247	0.004	0.0357	0.0005	0.0108	0.0003	202.3	39.4	223.7	3.6	226.0	2.8	216.3	6.2	563.97	495.03	26.08	1.14	99
15EC-18-12	0.0507	0.0022	0.248	0.010	0.0355	0.0006	0.0102	0.0010	229.1	95.6	224.7	8.4	224.6	3.7	204.3	19.8	182.50	357.71	15.92	0.51	100
15EC-18-13	0.0512	0.0009	0.248	0.005	0.0352	0.0004	0.0103	0.0005	249.7	41.2	225.0	3.7	222.8	2.8	206.2	9.2	220.67	525.53	22.71	0.42	101
15EC-18-14	0.0509	0.0016	0.247	0.008	0.0353	0.0005	0.0101	0.0008	236.3	71.9	224.4	6.3	223.5	3.3	202.1	16.7	94.71	224.36	9.71	0.42	100
15EC-18-15	0.0503	0.0011	0.247	0.005	0.0356	0.0005	0.0101	0.0006	207.2	49.6	223.9	4.4	225.7	2.9	202.4	12.2	108.12	323.81	13.80	0.33	99
15EC-18-16	0.0494	0.0011	0.243	0.005	0.0358	0.0005	0.0116	0.0006	165.0	51.7	221.0	4.5	226.6	2.9	232.7	12.0	99.00	247.70	10.96	0.40	98
15EC-18-18	0.0505	0.0009	0.247	0.005	0.0355	0.0004	0.0104	0.0005	219.9	41.5	224.2	3.7	224.8	2.8	209.3	9.0	215.97	455.29	20.21	0.47	100
15EC-18-19	0.0516	0.0010	0.248	0.005	0.0350	0.0004	0.0103	0.0005	266.9	45.5	225.3	4.1	221.6	2.7	206.2	10.9	126.44	354.81	15.02	0.36	102
15EC-18-20	0.0504	0.0011	0.244	0.005	0.0352	0.0005	0.0111	0.0006	211.6	47.9	222.0	4.2	223.2	2.8	223.4	12.0	98.59	299.19	12.75	0.33	99
15EC-18-21	0.0512	0.0010	0.248	0.005	0.0352	0.0005	0.0097	0.0006	250.7	45.2	225.0	4.1	222.8	2.8	195.1	11.2	130.74	357.21	15.17	0.37	101
15EC-18-22	0.0515	0.0010	0.249	0.005	0.0351	0.0004	0.0088	0.0004	264.3	42.6	225.6	3.9	222.1	2.8	176.5	7.2	468.70	731.83	32.86	0.64	102
15EC-18-23	0.0514	0.0010	0.250	0.005	0.0353	0.0004	0.0088	0.0005	259.0	42.2	226.4	3.8	223.5	2.8	177.6	9.1	193.32	522.99	22.11	0.37	101
15EC-18-24	0.0503	0.0009	0.246	0.004	0.0354	0.0004	0.0089	0.0004	210.9	40.4	223.1	3.6	224.5	2.7	178.8	7.6	235.40	503.72	21.92	0.47	99
15EC-18-25	0.0509	0.0011	0.246	0.005	0.0351	0.0005	0.0102	0.0005	234.2	48.2	223.4	4.3	222.6	2.8	205.3	10.7	120.67	315.80	13.55	0.38	100
15EC-18-26	0.0508	0.0009	0.247	0.004	0.0353	0.0004	0.0093	0.0004	231.4	41.7	224.2	3.7	223.7	2.7	186.5	8.4	208.92	472.35	20.49	0.44	100
15EC-18-27	0.0515	0.0009	0.249	0.004	0.0350	0.0004	0.0094	0.0004	263.9	39.1	225.4	3.6	222.0	2.7	188.9	7.4	295.71	536.14	23.84	0.55	102
15EC-18-29	0.0504	0.0010	0.246	0.005	0.0354	0.0005	0.0097	0.0005	215.2	45.7	223.1	4.0	224.1	2.8	194.3	10.4	141.54	358.93	15.46	0.39	100
15EC-18-30	0.0496	0.0013	0.245	0.006	0.0359	0.0006	0.0089	0.0006	177.0	58.3	222.6	5.0	227.2	3.0	179.0	11.0	148.72	301.74	13.38	0.49	98

注：$Pb^* = 0.241 \times ^{206}Pb + 0.221 \times ^{207}Pb + 0.524 \times ^{208}Pb$；谐和度 $= (^{207}Pb/^{235}U)/(^{206}Pb/^{238}U) \times 100$。

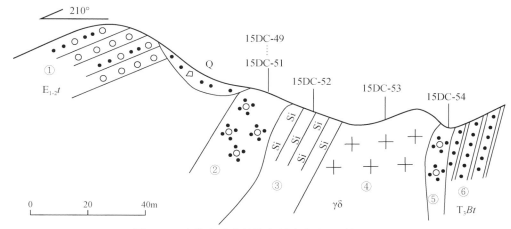

图 7-52　青海省治多县格仁涌小支沟地质剖面图

①沱沱河组（$E_{1-2}t$）砾岩、砂砾岩；②褐铁矿化带；③灰黑色硅化带；④花岗闪长斑岩；
⑤褐铁矿化带；⑥巴塘群（T_3Bt）砂板岩

表 7-15　青海省治多县格仁涌小支沟褐铁矿化带 X 衍射分析结果　　　　　　（单位：%）

样号	赤铁矿	方解石	方沸石	石英	蒙脱石	伊利石	高岭石	长石	菱铁矿
15DC-50	69	16	11	4					
15DC-51	74	16	9	1					
15DC-54	3		2	84	4	3	2	1	1

注：表中数字表示样品 X 衍射分析结果所含各种矿物的百分比，总和为100%。

图 7-53　青海省治多县格仁涌小支沟褐铁矿化带远景（a）、近景（b）照片

二、1∶5 万区调中止工作项目新发现矿化点和矿化线索

沱沱河地区 1∶5 万区调中止工作项目，在工作期间新发现较多矿化点和矿化线索
（表 7-16）。据不完全统计，共发现铜矿化点 2 处、铜钼矿化点 1 处、金矿化点 1 处、铜
矿化线索 13 处、铜多金属矿化线索 1 处、金矿化线索 2 处、锑矿化线索 1 处、铁帽 1 处
及褐铁矿化线索 1 处。

表 7-16 青海省沱沱河地区 1 ∶ 5 万区调中止工作项目新发现矿化点或矿化线索简表

序号	工作项目名称	承担单位	矿化点或矿化线索	分布位置	备注
1	青海省沱沱河地区 1 ∶ 5 万 I46E017012、I46E017013、I46E018012、I46E018013 四幅区调	河北省区域地质矿产调查研究所	在雀莫错组火山岩中发现铜矿化点 1 处,受北西向断裂控制,含 Cu 4.34%	I46E018013 腾曲河	
2	青海省沱沱河地区 1 ∶ 5 万 I46E018014、I46E018015、I46E019014、I46E019015 四幅区调	河北省区域地质矿产调查研究所	在雀莫错组火山岩中发现褐铁矿化线索 1 处	I46E019015 唐古拉山	
3	青海省沱沱河地区 1 ∶ 5 万 I46E008004、I46E008005、I46E009004、I46E009005 四幅区调	北京市地质研究所	在苟鲁三克错组中发现铜矿化线索 1 处	I46E008005	
4	青海省沱沱河地区 1 ∶ 5 万 I46E008006、I46E009006、I46E010005、I46E010006 四幅区调	北京市地质研究所	在雪山组发现铜矿化线索 2 处	I46E009006	
5	青海省沱沱河地区 1 ∶ 5 万 I46E009002、I46E010002、I46E010003、I46E010004 四幅区调	甘肃省核地质二一二队	在雪山组、布曲组中发现铜矿化线索 4 处	I46E010004 马料山	
6	青海省沱沱河地区 1 ∶ 5 万 I46E013003、I46E013004、I46E014003、I46E014004 四幅区调	西北有色地质勘查局勘查院	在雀莫错组底部发现铜锌矿化线索 1 处,含 Cu 4.07% ~ 8.37%,含 Pb 0.96% ~ 4.38%,含 Zn 0.34% ~ 0.51%,含 Ag 52×10^{-6} ~ 143×10^{-6}	I46E014003、I46E014004	
7	青海省沱沱河地区 1 ∶ 5 万 I46E016014、I46E016015、I46E017014、I46E017015 四幅区调	陕西省核工业地质调查院	在诺日巴尕日保组中发现铁帽 1 处	I46E016014、I46E017014	值得进一步工作
8	青海省沱沱河地区 1 ∶ 5 万 I46E017016、I46E017017、I46E018016、I46E018017 四幅区调	陕西地矿区研院有限公司	在尕迪考组中发现铜矿化点 1 处,发现(铜)钼矿化线索 1 处	I46E018017	铜矿化点有简易探槽揭露,可与 I46E016014、I46E017014 幅中发现的铁帽相连
9	青海省赛多浦岗日地区 1 ∶ 5 万 I46E015006、I46E015007、I46E016006、I46E016077 四幅区调	青海省第五地质勘查院	见到较多铜、铅锌转石	I46E015006、I46E015007	
10	青海省沱沱河地区 1 ∶ 5 万 I46E006005、I46E006006、I46E007005、I46E007006 四幅区调	四川省核工业地质局二八二队	发现铜矿化线索 2 处		

序号	工作项目名称	承担单位	矿化点或矿化线索	分布位置	备注
11	青海省沱沱河地区1：5万 I45E024024、I46E024001、I45E001024、I46E001001、I46E001002 五幅区调	四川省地矿局川西北地质队	在黑驼峰发现金矿化线索1处，在虎口岭发现锑矿化线索1处	I46E001002	
12	青海省沱沱河地区1：5万 I46E001003、I46E001004、I46E002003、I46E002004 四幅区调	成都理工大学地质调查研究院	在小太阳湖－太阳湖发现金矿化点1处，含Au $5×10^{-6} ～ 6×10^{-6}$	I46E001003、I46E001004	值得进一步工作
13	青海省沱沱河地区1：5万 I46E001005、I46E001006、I46E002005、I46E002006 四幅区调	成都理工大学地质调查研究院	在春进沟发现含金石英脉1处	I46E002005、I46E002006	
14	青海省沱沱河地区1：5万 I45E009024、I46E009001、I45E010024、I46E010001 四幅区调	江西省地质调查院	在雀莫错组中发现铜矿化线索4处，含Cu最高3%		

其中，成都理工大学地质调查研究院承担的"青海省沱沱河地区1：5万 I46E001003、I46E001004、I46E002003、I46E002004 四幅区调"工作项目，在小太阳湖－太阳湖发现的金矿化点，Au含量为 $5×10^{-6} ～ 6×10^{-6}$，值得进一步工作。

另外，陕西地矿区研院有限公司承担的"青海省沱沱河地区1：5万 I46E017016、I46E017017、I46E018016、I46E018017 四幅区调"工作项目，继宜昌地质矿产研究所（武汉地质调查中心）承担的1：25万直根尕卡幅（I46 C 003003）区调在晚二叠世辉长岩侵入早－中二叠世尕迪考组接触部位发现当郎赛铜矿（化）点之后，又在其西北方向早－中二叠世尕迪考组中基性火山岩中发现左支铜矿化点。该矿化点经陕西地矿区研院有限公司进行简易探槽揭露和追索，铜矿化较强（Cu含量最高达4.49%），出露较宽（1.5～3m），矿石矿物主要为黄铜矿、辉铜矿、孔雀石。铜矿化带沿北西向断续延伸，向南东可与旦荣小型铜矿床相连，向北西可与陕西省核工业地质调查院承担的"青海省沱沱河地区1：5万 I46E016014、I46E016015、I46E017014、I46E017015 四幅区调"工作项目新发现的铁帽相连。由于左支铜矿化点地处索加自然保护区，勘查评价工作程度较低，值得进一步工作。

第八章　成矿规律

第一节　主要成矿期

综合分析西南"三江"成矿带北段地质背景、成矿特征及典型矿床，可将区内主要成矿期分为：海西期、印支期、燕山期和喜马拉雅期（表8-1）。

表8-1　西南"三江"成矿带北段成矿期划分表

序号	成矿期	含矿地质体	成因类型	成矿组合	代表性矿床、矿（化）点
1	海西期	诺日巴尕日保组（P_2nr）中基性火山岩－火山碎屑岩－碎屑岩－碳酸盐岩和九十道班组（P_2j）火山碎屑岩－碎屑岩－碳酸盐岩	火山喷流沉积－热液改造型	Pb-Zn-Fe-Cu-Ag	多才玛铅锌矿、东莫扎抓铅锌矿、莫海拉亨铅锌矿、开心岭铁矿
		尕迪考组（$P_{1-2}gd$）中基性火山岩－火山碎屑岩	海相火山岩型	Cu-Pb-Zn-Ag	旦荣铜矿
2	印支期	巴塘群（T_3Bt）中基性火山岩－火山碎屑岩－碎屑岩	海相火山岩－热液改造型	Cu-Pb-Zn-Fe-Mo-Ag	当江铜多金属矿点、撒纳龙哇铜多金属矿点
		巴塘群（T_3Bt）中酸性火山岩－火山碎屑岩	海相火山岩型	Cu-Pb-Zn	尕龙格玛铜多金属矿床
		巴塘群（T_3Bt）中基性火山岩－火山碎屑岩－碎屑岩	火山喷流沉积－热液改造型	Cu-Pb-Zn-Ag	查涌铜多金属矿
3	燕山期	雀莫错组（J_2q）中基性火山岩－火山岩碎屑岩	海相火山岩－热液改造型	Cu-Pb-Zn-Fe-Ag	棕熊梁铜多金属矿化点
		雀莫错组（J_2q）中基性火山岩－火山岩碎屑岩	火山喷流沉积－热液改造型	Pb-Zn-Cu-Ag	楚多曲多金属矿
		燕山期中酸性侵入岩	接触交代型	Cu-Fe-Ag-Pb-Zn	乌丽铁矿床、小唐古拉山铁矿床、木乃铜银矿床
		燕山期逆冲断裂带	热液改造型	Pb-Zn-Ag	多彩地玛铅锌多金属矿点、米扎纳能铅锌矿点
4	喜马拉雅期	喜马拉雅期斑岩体	斑岩型（－接触交代型）	Cu-Mo-Pb-Zn-Ag	纳日贡玛铜钼矿、陆日格铜钼矿点、众根涌铜铅锌矿点、扎拉夏格涌铅锌矿点
		左行走滑断裂带与逆冲断裂带交汇部位	热液改造型	Pb-Zn-Ag	米扎纳能铅锌矿点

一、海西期

西南"三江"成矿带北段海西期成矿作用主要集中于沱沱河地区和然者涌－莫海拉亨地区，在空间上两者可以断续相连。成矿与早－中二叠世火山－沉积作用有关，成因类型包括火山喷流沉积－热液改造型和海相火山岩－热液改造型两类，含矿地质体为：①诺日巴尕日保组（P_2nr）中基性火山岩－火山碎屑岩－碎屑岩－碳酸盐岩和九十道班组（P_2j）火山碎屑岩－碎屑岩－碳酸盐岩，②尕迪考组（$P_{1-2}gd$）中基性火山岩－火山碎屑岩。

产于诺日巴尕日保组（P_2nr）中基性火山岩－火山碎屑岩－碎屑岩－碳酸盐岩和九十道班组（P_2j）火山碎屑岩－碎屑岩－碳酸盐岩中的成矿作用为火山喷流沉积－热液改造型Pb-Zn-Fe-Ag成矿组合，以多才玛铅锌矿、东莫扎抓铅锌矿、莫海拉亨铅锌矿、开心岭铁矿为代表。该类型矿化多遭受后期（燕山期）逆冲推覆构造作用改造，并对海西期成矿作用具有明显的叠加富集，矿（化）带受逆冲推覆断裂带控制。

产于尕迪考组（$P_{1-2}gd$）中基性火山岩－火山碎屑岩中的成矿作用为海相火山岩型Cu-Pb-Zn-Ag成矿组合，以旦荣铜矿为代表。此外，沱沱河地区1：5万区调中止工作项目在旦荣铜矿西北新发现的左支铜矿化点和铁帽也属于该期成矿作用。

二、印支期

印支期成矿作用主要集中于多彩地区，成矿与晚三叠世火山－沉积作用有关，成因类型为海相火山岩－热液改造型，含矿地质体为：①巴塘群（T_3Bt）中酸性火山岩－火山碎屑岩，②巴塘群（T_3Bt）中基性火山岩－火山碎屑岩－碎屑岩。

产于巴塘群（T_3Bt）中酸性火山岩－火山碎屑岩中的成矿作用为海相火山岩－热液改造型Cu-Pb-Zn成矿组合，以尕龙格玛铜多金属矿床为代表。

产于巴塘群（T_3Bt）中基性火山岩－火山碎屑岩－碎屑岩中的成矿作用为海相火山岩－热液改造型Cu-Pb-Zn-Fe-Ag成矿组合，以当江铜多金属矿点、撒纳龙哇铜多金属矿点为代表；以及火山喷流沉积－热液改造型Cu-Pb-Zn-Mo-Ag成矿组合，以查涌铜多金属矿为代表。该类型矿化多遭受后期（燕山期）逆冲推覆构造作用改造，并对海西期成矿作用具有明显的叠加富集，矿（化）带受逆冲推覆断裂带控制。钼矿化可能与隐伏斑岩体有关。

三、燕山期

燕山期成矿作用分布范围较广，含矿地质体和成因类型较多，包括以下三种情况。

1. 与中侏罗世火山作用有关的成矿

成矿作用主要集中于雁石坪地区，含矿地质体为雀莫错组（J_2q）中基性火山岩－火山碎屑岩，表现为海相火山岩－热液改造型 Cu-Pb-Zn-Fe-Ag 成矿组合，以棕熊梁铜多金属矿化点为代表；火山沉积－热液改造型 Pb-Zn-Cu-Ag 成矿组合，以楚多曲铅锌矿为代表。

2. 与燕山期中酸性侵入岩有关的成矿

成矿作用较分散，含矿地质体为白垩纪中酸性侵入岩，主要为接触交代型 Cu-Fe-Ag-Pb-Zn 成矿组合，以乌丽铁矿床、小唐古拉山铁矿床、木乃铜银矿床为代表。

3. 与燕山期逆冲推覆构造有关的成矿

成矿作用较分散，含矿地质体为燕山期逆冲断裂带，表现为热液改造型 Pb-Zn-Ag 成矿组合，以多彩地玛铅锌多金属矿点、米扎纳能铅锌矿点为代表。该类型成矿作用对海西期、印支期成矿具有改造和叠加富集作用。

四、喜马拉雅期

喜马拉雅期成矿作用主要表现在两个方面。一为与喜马拉雅期斑岩体有关的斑岩型（－接触交代型）Cu-Mo-Pb-Zn-Ag 成矿组合，主要分布于纳日贡玛地区及沱沱河地区，成矿斑岩体和矿化带往往位于喜马拉雅期左行走滑断裂带与早期逆冲断裂带交汇部位，以纳日贡玛铜钼矿、陆日格铜钼矿点、众根涌铜铅锌矿点、扎拉夏格涌铅锌矿点为代表。二为与喜马拉雅期左行走滑断裂带有关的热液改造型 Pb-Zn-Ag 成矿组合，主要表现为对早期矿化带的叠加富集作用，局部形成加大的囊状矿体，如米扎纳能铅锌矿点。

第二节　成矿构造环境分析

一、早－中二叠世与火山作用有关铜多金属成矿构造环境

早－中二叠世为一套火山－沉积岩系，发育辉长岩或辉长辉绿岩，显示扩张背景下的建造组合。选择开心岭和旦荣两个早－中二叠世火山岩系较为发育的矿区为典型代表，以基性火山岩岩石地球化学特征（表 8-2 ～表 8-5）进一步探讨成矿构造环境。

1. 岩石地球化学特征

开心岭矿区基性火山岩经去挥发分标准化后，SiO_2 含量为 46.22% ～ 50.70%，具有低钛（TiO_2=0.62% ～ 0.98%）、富镁（MgO=7.73% ～ 9.10%）、富铁（$TFeO$=15.16% ～ 20.34%）、低碱（Na_2O+K_2O=0.11% ～ 2.70%）的特征，Al_2O_3 含量为 14.52% ～ 17.76%，CaO 含量为 2.50% ～ 7.13%。在 Zr/TiO_2-Nb/Y 图解（图 8-1a）中，开心岭矿区基性火山岩样品点主要分布于亚碱性玄武岩区，个别分布于安山玄武岩区；在 $TFeO/MgO$-SiO_2 图解（图 8-1b）中，样品点均分布于拉斑系列范围。

表8-2 西南"三江"成矿带北段岩浆岩主量（×10⁻²）、稀土（×10⁻⁶）和微量元素（×10⁻⁶）分析结果1

样号	10KX-1	10KX-2	10KX-3	10KX-4	10KX-5	X-8h1	X-8h2	X-10h	X-15h	X-16h	X-17h2	X-21h1	X-22h	X-25h1	X-29h	X-32h	GR-25g	GR-26g
产地	开心岭铁矿"区诺日巴尔日保组（P_2nr）					日荣铜矿"区芒迪考组（$P_{1-2}gd$）												
SiO_2	33.42	47.12	47.24	43.31	45.63	49.02	49.02	50.24	49.74	50.56	51.30	51.32	48.98	49.98	48.78	50.92	45.06	46.82
TiO_2	0.58	0.80	0.90	0.92	0.73	1.20	1.52	1.66	1.61	1.61	1.26	1.62	1.79	1.58	1.67	1.62	1.45	1.45
Al_2O_3	11.72	14.18	16.55	16.43	13.64	15.76	17.02	17.19	18.09	16.62	16.85	18.25	16.76	18.01	17.27	16.79	18.01	18.45
Fe_2O_3	17.66	8.01	5.12	8.96	11.29	3.32	3.84	4.14	3.38	8.07	3.64	5.77	4.72	4.31	4.21	4.74	9.43	4.68
FeO	14.62	9.42	9.52	8.68	8.95	5.42	5.68	4.96	4.89	1.22	4.50	3.54	5.88	4.74	5.28	4.74	2.50	5.22
MnO	0.36	0.38	0.38	0.38	0.34	0.14	0.14	0.15	0.15	0.12	0.14	0.13	0.16	0.19	0.21	0.17	0.20	0.15
MgO	8.33	8.49	8.22	7.66	7.26	7.86	5.62	4.09	3.94	4.16	5.88	4.31	4.95	4.50	5.85	5.05	5.03	4.96
CaO	4.28	4.47	2.33	6.68	5.50	6.68	6.92	6.72	6.89	5.86	5.46	7.78	6.20	6.38	6.58	5.44	8.17	7.16
Na_2O	0.05	0.06	2.42	0.26	0.06	3.77	3.84	5.36	5.02	5.52	4.37	3.58	3.65	5.44	4.14	4.72	3.72	4.39
K_2O	0.09	0.06	0.10	0.04	0.04	0.63	1.44	1.16	1.97	1.70	1.24	1.00	1.73	1.32	1.26	2.36	1.60	0.83
P_2O_5	2.40	0.32	0.39	0.38	0.51	0.17	0.34	0.43	0.39	0.44	0.30	0.42	0.72	0.51	0.48	0.46	0.30	0.30
LOI	6.57	6.71	6.87	6.32	6.06	4.70	3.46	3.14	2.80	3.82	3.79	2.10	3.20	2.68	3.51	2.75	4.34	4.28
总量	100.07	100.02	100.04	100.02	100.01	98.68	98.84	99.24	98.87	99.70	98.73	99.82	98.74	99.64	99.24	99.76	99.81	98.68
La	47.90	21.00	17.30	41.40	21.70	10.40	19.20	27.00	38.20	28.70	20.70	34.50	46.40	41.20	31.20	30.00	15.90	19.60
Ce	116.00	44.00	43.30	101.00	50.20	19.80	36.30	51.80	63.80	52.80	38.30	58.70	82.20	73.60	57.60	56.70	26.70	31.80
Pr	15.40	5.75	5.95	12.30	6.72	2.87	4.43	5.95	7.43	6.19	4.25	7.08	9.92	8.84	6.47	6.56	3.67	4.14
Nd	62.00	22.90	23.80	44.30	27.00	12.80	22.60	29.20	33.70	29.60	21.10	33.70	44.60	39.90	31.30	30.40	17.30	18.60
Sm	10.50	4.10	4.07	5.90	4.48	2.94	4.37	5.88	6.96	5.77	4.66	7.01	10.00	8.12	6.17	5.92	4.47	4.70
Eu	1.74	1.00	1.03	1.55	1.13	1.11	1.43	1.77	2.00	1.69	1.35	2.01	2.76	2.23	1.78	1.76	1.53	1.55
Gd	7.92	3.29	3.05	4.08	3.61	3.44	4.26	5.27	5.65	5.04	3.85	5.63	7.96	6.55	5.79	5.70	4.79	4.92
Tb	0.97	0.43	0.41	0.54	0.46	0.59	0.71	0.87	0.91	0.85	0.57	0.80	1.32	0.98	1.01	0.83	0.85	0.85
Dy	4.80	2.40	2.30	2.84	2.48	3.32	4.03	4.81	5.43	4.45	3.35	5.26	7.04	6.51	5.33	5.10	5.43	5.50
Ho	0.89	0.50	0.48	0.57	0.49	0.64	0.70	0.87	0.94	0.76	0.61	1.05	1.18	1.20	0.96	0.91	1.03	1.04
Er	2.16	1.38	1.21	1.51	1.30	1.76	2.06	2.42	2.90	2.21	1.70	2.76	3.18	3.35	2.72	2.57	3.16	3.17

续表

样号	10KX-1	10KX-2	10KX-3	10KX-4	10KX-5	X-8h1	X-8h2	X-10h	X-15h	X-16h	X-17h2	X-21h1	X-22h	X-25h1	X-29h	X-32h	GR-25g	GR-26g
产地	开心岭铁矿区诺日尕尔日保组（P_2nr）					日荣铜矿区尕迪考组（$P_{1-2}gd$）												
Tm	0.26	0.18	0.18	0.20	0.18	0.26	0.30	0.36	0.37	0.32	0.24	0.39	0.44	0.47	0.37	0.36	0.42	0.43
Yb	1.62	1.20	1.20	1.33	1.05	1.52	1.72	2.14	2.27	1.90	1.43	2.23	2.35	2.77	2.33	2.20	2.58	2.63
Lu	0.22	0.21	0.19	0.19	0.18	0.20	0.24	0.29	0.30	0.25	0.19	0.28	0.29	0.34	0.31	0.29	0.32	0.34
∑REE	272.38	108.34	104.47	217.71	120.98	61.65	102.35	138.63	170.86	140.53	102.30	161.40	219.64	196.06	153.34	149.30	88.15	99.27
(La/Sm)$_N$	2.95	3.31	2.74	4.53	3.13	2.28	2.84	2.96	3.54	3.21	2.87	3.18	3.00	3.28	3.26	3.27	2.30	2.69
(La/Yb)$_N$	21.21	12.55	10.34	22.33	14.82	4.91	8.01	9.05	12.07	10.83	10.38	11.10	14.16	10.67	9.61	9.78	4.42	5.35
δEu	0.56	0.81	0.86	0.91	0.83	1.06	1.00	0.95	0.94	0.94	0.95	0.95	0.91	0.91	0.90	0.91	1.00	0.98
Ba	43.20	126.00	58.90	64.50	56.80	224.00	342.00	326.00	438.00	736.00	305.00	414.00	354.00	351.00	329.00	480.00	186.00	277.00
Rb	5.28	2.69	4.43	1.56	1.68	11.00	23.00	17.00	34.00	24.00	20.00	13.00	31.00	26.00	26.00	51.00	21.00	14.00
Sr	282.00	939.00	411.00	1500.00	1130.00	738.00	680.00	615.00	980.00	697.00	732.00	675.00	944.00	794.00	814.00	662.00	648.00	731.00
Co	76.20	78.80	71.80	60.60	57.00	44.00	36.00	28.00	23.00	27.00	29.00	25.00	30.00	26.00	33.00	32.00	36.00	33.00
V	280.00	218.00	175.00	192.00	249.00	350.00	270.00	266.00	265.00	213.00	228.00	273.00	219.00	252.00	276.00	272.00	372.00	402.00
Cr	20.20	26.20	25.70	26.90	20.30	488.00	141.00	21.00	21.00	116.00	97.00	25.00	50.00	32.00	53.00	76.00	4.00	4.70
Ni	173.00	144.00	110.00	139.00	131.00	212.00	81.00	14.00	15.00	48.00	57.00	15.00	38.00	19.00	32.00	39.00	1.40	1.70
Nb	4.17	4.46	4.82	5.43	3.76	6.90	12.00	17.00	18.00	16.00	11.00	16.00	27.00	22.00	20.00	19.00	7.90	9.70
Ta	1.06	0.77	0.86	0.88	0.73	1.20	1.30	1.30	1.60	2.10	1.90	0.70	2.00	2.10	1.90	2.00	1.20	1.60
Zr	42.60	68.10	76.80	77.80	61.60	105.00	127.00	184.00	176.00	199.00	117.00	170.00	247.00	260.00	215.00	211.00	87.00	86.00
Hf	1.12	1.83	2.07	2.03	1.60	4.00	4.40	6.60	6.10	6.70	4.20	5.80	8.10	9.00	7.30	7.30	3.40	3.20
Y	22.00	12.00	11.00	13.40	11.90	14.20	16.40	19.50	20.90	17.80	13.80	20.10	26.40	24.80	21.60	21.50	21.90	24.10
U						0.55	0.55	0.55	0.74	0.65	0.74	0.65	0.65	0.84	0.65	0.55	0.65	0.65
Th	3.42	1.73	2.11	1.86	1.68	11.20	11.20	13.80	13.50	11.40	9.32	14.80	13.80	14.30	16.90	10.00	5.26	36.00
Sc	13.60	18.80	19.10	21.50	18.30	36.00	30.00	26.00	25.00	26.00	24.00	27.00	20.00	26.00	28.00	28.00	32.00	31.00

注：10KX-1～10KX-5，X-8h2，X-10h，X-15h，X-16h，X-17h2～X-22h，X-29h，X-32h为玄武岩；X-8h1，X-15h，X-25h1，GR-25g，GR-26g为安山玄武岩。

表 8-3　西南"三江"成矿带北段岩浆岩主量（$\times 10^{-2}$）、稀土（$\times 10^{-6}$）和微量元素（$\times 10^{-6}$）分析结果 2

样号	15DC-9	15DC-10	15DC-11	15DC-12	15DC-13	15DC-17	15DC-18	15DC-19	15DC-20	15DC-21	15GL-2	15GL-3	15GL-4	15GL-5	15GL-6
产地	撒纳龙哇巴塘群（T_3Bt）										贡龙格玛巴塘群（T_3Bt）				
SiO_2	50.51	49.69	50.00	54.44	54.98	54.66	53.72	56.80	53.97	52.11	52.55	52.73	54.79	54.68	51.26
TiO_2	1.01	1.10	1.06	1.00	1.06	1.02	1.01	1.04	0.94	1.19	1.19	1.13	1.09	1.06	1.20
Al_2O_3	15.64	17.67	17.78	16.74	17.83	16.87	16.96	16.31	16.35	18.61	18.64	18.83	18.25	18.02	19.58
Fe_2O_3	5.26	7.48	7.58	6.11	4.57	4.80	4.47	5.07	4.88	4.22	3.22	3.02	2.95	2.93	2.91
FeO	4.01	4.02	3.89	3.36	2.19	3.16	3.75	3.29	3.03	5.37	5.45	5.62	5.05	5.39	5.88
MnO	0.27	0.20	0.24	0.14	0.09	0.16	0.18	0.15	0.18	0.19	0.18	0.19	0.18	0.19	0.20
MgO	4.39	5.05	4.64	3.32	2.75	1.92	2.15	1.97	1.83	3.24	4.62	4.84	4.16	4.18	4.47
CaO	6.29	5.48	6.03	5.53	5.58	6.95	6.91	5.45	7.89	5.86	4.05	3.51	3.84	3.83	3.98
Na_2O	3.53	2.47	2.33	3.64	6.06	5.94	6.00	6.10	5.74	5.30	3.91	4.02	4.22	3.89	4.18
K_2O	1.70	1.87	1.58	1.14	0.58	0.11	0.07	0.09	0.05	0.04	1.62	1.69	1.39	1.50	1.73
P_2O_5	0.29	0.16	0.14	0.23	0.35	0.33	0.33	0.34	0.32	0.40	0.17	0.18	0.17	0.16	0.18
LOI	6.98	4.71	4.65	4.27	3.88	3.97	4.37	3.30	4.74	3.37	4.28	4.17	3.83	4.10	4.35
总量	99.88	99.90	99.92	99.92	99.92	99.89	99.92	99.91	99.92	99.90	99.88	99.93	99.92	99.93	99.92
La	20.00	16.80	13.20	20.90	23.90	19.60	16.10	20.20	16.40	18.10	29.00	29.00	29.10	33.40	31.40
Ce	44.20	36.80	29.50	47.30	56.20	45.60	38.80	44.60	39.20	45.30	60.50	63.10	62.80	77.00	67.20
Pr	5.35	4.46	3.75	6.14	7.21	5.32	4.66	5.38	4.86	5.42	7.56	7.65	7.54	9.07	7.98
Nd	21.40	17.60	14.30	23.50	28.90	20.40	18.30	20.40	18.20	21.20	29.20	29.00	28.60	34.00	31.00
Sm	4.87	3.94	3.28	5.56	7.18	4.85	4.47	4.72	4.74	5.59	6.12	6.07	5.92	6.59	6.59
Eu	1.27	1.37	1.14	1.58	1.88	1.38	1.30	1.38	1.36	1.62	1.44	1.33	1.29	1.42	1.48
Gd	5.05	4.12	3.32	5.74	7.77	5.08	4.64	4.62	4.62	5.61	5.54	5.64	5.42	6.14	5.93
Tb	0.83	0.70	0.59	0.96	1.28	0.85	0.76	0.76	0.78	0.92	0.85	0.89	0.82	0.94	0.93
Dy	5.34	4.43	3.77	6.18	8.05	5.46	4.91	4.85	4.95	5.90	4.92	5.24	4.56	5.34	5.36
Ho	1.14	0.92	0.80	1.28	1.65	1.18	1.05	1.02	1.06	1.21	0.94	1.02	0.87	1.02	1.02

续表

样号	15DC-9	15DC-10	15DC-11	15DC-12	15DC-13	15DC-17	15DC-18	15DC-19	15DC-20	15DC-21	15GL-2	15GL-3	15GL-4	15GL-5	15GL-6
产地	撒纳龙哇巴塘群（T_3Bt）										歪龙格玛巴塘群（T_3Bt）				
Er	3.20	2.59	2.21	3.68	4.56	3.28	3.02	2.90	2.95	3.36	2.41	2.62	2.22	2.63	2.63
Tm	0.48	0.38	0.34	0.54	0.67	0.48	0.45	0.44	0.45	0.51	0.33	0.36	0.32	0.37	0.37
Yb	3.13	2.48	2.21	3.61	4.22	3.25	2.95	2.85	3.01	3.42	2.06	2.22	2.02	2.30	2.26
Lu	0.47	0.37	0.34	0.54	0.61	0.46	0.44	0.42	0.43	0.50	0.30	0.31	0.30	0.34	0.33
∑REE	116.73	96.96	78.75	127.51	154.08	117.19	101.85	114.54	103.01	118.66	151.17	154.45	151.78	180.56	164.48
$(La/Sm)_N$	2.65	2.75	2.60	2.43	2.15	2.61	2.33	2.76	2.23	2.09	3.06	3.08	3.17	3.27	3.08
$(La/Yb)_N$	4.58	4.86	4.28	4.15	4.06	4.33	3.91	5.08	3.91	3.80	10.10	9.37	10.33	10.42	9.97
δEu	0.78	1.03	1.05	0.85	0.77	0.84	0.87	0.89	0.88	0.88	0.74	0.68	0.68	0.67	0.71
Ba	257.00	325.00	233.00	242.00	200.00	54.70	42.00	81.10	84.30	33.00	252.00	254.00	205.00	210.00	254.00
Rb	26.10	34.70	23.40	19.00	9.00	2.01	1.09	1.17	0.71	0.39	45.80	50.30	39.20	45.60	51.30
Sr	115.00	300.00	338.00	292.00	301.00	142.00	147.00	151.00	171.00	175.00	283.00	244.00	236.00	241.00	240.00
Co	21.50	24.80	21.00	22.00	11.30	13.20	13.80	15.10	10.60	12.80	21.70	18.20	17.00	16.40	18.90
V	226.00	254.00	244.00	264.00	130.00	207.00	194.00	195.00	181.00	192.00	141.00	130.00	117.00	124.00	135.00
Cr	21.70	26.60	7.90	7.26	1.99	2.42	12.20	3.70	1.95	1.50	63.90	56.80	33.80	18.30	21.40
Ni	13.90	13.50	6.90	8.06	3.97	3.32	3.35	3.77	2.62	1.82	44.50	44.20	18.20	9.64	10.70
Nb	5.26	5.58	4.86	4.86	7.12	6.77	6.53	6.63	5.93	7.48	12.10	13.30	12.10	14.00	14.00
Ta	0.39	0.44	0.38	0.35	0.48	0.50	0.46	0.48	0.34	0.56	0.92	0.88	0.86	0.94	0.94
Zr	77.20	86.00	77.50	74.10	99.90	99.40	93.50	97.30	86.40	109.00	214.00	230.00	218.00	222.00	238.00
Hf	2.14	2.32	2.10	2.07	2.76	2.69	2.55	2.69	2.36	3.10	5.60	5.72	5.63	5.52	6.03
Y	27.40	23.50	18.80	30.20	43.60	29.40	25.20	24.80	25.90	28.20	20.00	20.50	19.10	20.60	22.00
U	0.60	0.64	0.46	0.50	0.58	1.47	1.44	1.51	1.47	1.77	0.28	0.27	0.23	0.26	0.30
Th	4.65	6.14	4.80	4.68	5.24	5.43	4.54	5.89	4.23	5.21	9.56	9.82	10.10	9.62	10.90
Sc	26.10	35.00	23.10	25.20	22.20	22.00	17.40	22.60	20.50	20.70	29.60	27.80	29.60	26.50	31.40

注：15DC-9～15DC-13为安山玄武岩；15DC-17～15DC-21为玄武岩；15GL-2～15GL-6为武岩；15GL-6为片理化玄武岩。

表 8-4　西南"三江"成矿带北段岩浆岩主量($\times 10^{-2}$)、稀土($\times 10^{-6}$)和微量元素($\times 10^{-6}$)分析结果 3

样号	15EC-4	15EC-5	15EC-6	15EC-7	15EC-8	15EC-10	15EC-11	15EC-12	15EC-13	15EC-14	15DC-23	15DC-24	15DC-25	15DC-26	15DC-27	15DC-28
产地	采吾米扎荣－日阿日曲巴塘群（T_3Bt）										格仁涌巴塘群（T_3Bt）					
SiO_2	42.79	43.11	48.38	47.82	47.46	47.17	45.76	42.84	48.43	43.95	46.87	46.28	46.63	44.19	43.01	47.09
TiO_2	1.27	1.42	1.25	1.33	1.02	2.21	2.36	3.03	2.54	2.36	0.76	0.86	0.89	1.10	0.84	0.90
Al_2O_3	15.45	15.77	16.23	16.41	15.86	13.55	14.26	17.61	14.67	14.49	9.64	11.60	11.89	13.92	11.14	12.18
Fe_2O_3	11.20	4.74	2.71	3.43	2.71	4.99	6.70	4.24	4.04	6.01	2.05	2.11	2.13	2.39	2.49	1.99
FeO	1.75	5.51	5.48	5.62	5.69	3.13	4.26	5.68	3.85	3.73	7.81	8.44	8.12	8.65	8.94	7.88
MnO	0.06	0.15	0.15	0.14	0.14	0.07	0.08	0.11	0.10	0.09	0.15	0.14	0.16	0.17	0.17	0.14
MgO	1.98	7.23	7.36	8.28	9.22	2.09	2.45	3.91	2.35	2.87	17.36	15.47	14.63	10.32	17.22	13.92
CaO	9.53	8.47	8.04	6.76	9.32	10.54	8.75	7.58	8.93	10.13	8.98	7.76	8.65	11.79	9.49	8.58
Na_2O	5.18	3.46	3.49	3.26	3.50	3.28	3.29	3.35	3.48	3.25	1.30	2.27	2.31	2.89	1.23	2.39
K_2O	1.44	0.30	1.73	2.02	0.47	2.70	2.81	2.57	2.67	2.72	0.36	0.42	0.55	0.26	0.33	1.34
P_2O_5	0.14	0.14	0.21	0.24	0.18	0.42	0.44	0.50	0.46	0.44	0.08	0.09	0.09	0.10	0.09	0.09
LOI	9.02	9.58	4.83	4.52	4.29	9.73	8.72	8.48	8.35	9.85	4.27	4.23	3.63	4.03	4.70	3.19
总量	99.81	99.88	99.86	99.83	99.86	99.88	99.88	99.90	99.87	99.89	99.63	99.67	99.68	99.81	99.65	99.69
La	6.61	3.68	8.13	8.81	6.31	16.40	17.10	20.30	19.60	13.10	2.99	3.07	3.03	3.34	2.51	2.23
Ce	16.10	11.10	20.90	23.00	16.50	38.60	39.80	48.10	44.60	32.50	7.78	8.00	8.36	9.31	6.85	7.27
Pr	2.33	1.81	3.15	3.54	2.48	5.21	5.17	6.42	5.86	4.50	1.16	1.22	1.27	1.45	1.06	1.24
Nd	11.00	9.11	14.60	16.10	11.40	22.10	21.90	25.90	23.10	19.60	5.61	5.88	6.24	7.36	5.31	6.17
Sm	3.43	2.81	4.10	4.50	3.13	5.23	5.40	6.52	5.87	4.77	1.66	1.82	1.93	2.31	1.68	1.95
Eu	1.19	1.10	1.34	1.39	1.07	1.76	1.85	2.06	1.86	1.72	0.77	0.70	0.80	0.90	0.71	0.76
Gd	4.29	3.44	4.52	4.55	3.26	5.21	5.40	5.81	5.35	4.89	2.17	2.27	2.41	2.88	2.25	2.46
Tb	0.73	0.63	0.74	0.76	0.58	0.83	0.87	0.94	0.87	0.77	0.38	0.42	0.46	0.52	0.42	0.46
Dy	4.65	4.01	4.68	4.90	3.65	5.02	5.16	5.38	5.11	4.60	2.52	2.90	2.90	3.31	2.71	3.05
Ho	0.98	0.84	0.99	1.04	0.76	0.99	0.98	1.02	0.93	0.91	0.53	0.62	0.62	0.69	0.58	0.65
Er	2.76	2.35	2.74	2.86	2.06	2.65	2.50	2.51	2.34	2.32	1.42	1.72	1.75	1.85	1.61	1.78

续表

样号	15EC-4	15EC-5	15EC-6	15EC-7	15EC-8	15EC-10	15EC-11	15EC-12	15EC-13	15EC-14	15DC-23	15DC-24	15DC-25	15DC-26	15DC-27	15DC-28
产地	采吾米扎荣-日阿日曲巴塘群（T_3Bt）										格仁涌巴塘群（T_3Bt）					
Tm	0.42	0.35	0.41	0.42	0.30	0.36	0.35	0.34	0.32	0.32	0.22	0.26	0.26	0.27	0.24	0.26
Yb	2.58	2.22	2.63	2.68	1.95	2.37	2.26	2.20	2.04	2.12	1.36	1.62	1.62	1.74	1.52	1.63
Lu	0.39	0.33	0.40	0.40	0.28	0.31	0.31	0.29	0.26	0.27	0.20	0.24	0.25	0.24	0.22	0.23
∑REE	57.46	43.78	69.33	74.95	53.73	107.04	109.05	127.79	118.11	92.39	28.77	30.74	31.90	36.17	27.67	30.14
（La/Sm）$_N$	1.24	0.85	1.28	1.26	1.30	2.02	2.04	2.01	2.16	1.77	1.16	1.09	1.01	0.93	0.96	0.74
（La/Yb）$_N$	1.84	1.19	2.22	2.36	2.32	4.96	5.43	6.62	6.89	4.43	1.58	1.36	1.34	1.38	1.18	0.98
δEu	0.95	1.08	0.95	0.93	1.02	1.02	1.04	1.00	1.00	1.08	1.24	1.05	1.13	1.07	1.12	1.06
Ba	95.20	59.30	326.00	296.00	117.00	205.00	201.00	276.00	243.00	222.00	62.80	56.80	61.40	54.40	30.30	116.00
Rb	27.60	5.44	39.80	69.00	19.50	47.00	37.50	25.20	30.50	22.20	13.50	21.60	32.50	13.50	19.40	78.60
Sr	233.00	236.00	275.00	250.00	274.00	337.00	316.00	435.00	368.00	353.00	119.00	64.20	337.00	527.00	53.30	309.00
Co	26.90	45.80	39.80	36.80	42.70	12.10	16.30	49.80	19.40	19.00	70.10	76.20	66.80	55.00	77.20	62.70
V	269.00	261.00	247.00	248.00	222.00	191.00	229.00	289.00	238.00	229.00	211.00	246.00	259.00	304.00	258.00	266.00
Cr	194.00	234.00	248.00	241.00	333.00	31.00	19.00	22.80	23.10	44.70	1510.00	1460.00	1300.00	509.00	1440.00	1080.00
Ni	85.40	120.00	70.50	55.60	98.50	15.40	16.10	28.60	15.90	28.60	730.00	719.00	574.00	265.00	694.00	446.00
Nb	3.91	3.94	5.85	6.08	4.96	17.30	18.50	22.10	17.90	16.70	2.16	2.02	2.20	2.11	2.06	1.90
Ta	0.32	0.32	0.46	0.36	0.37	1.30	1.33	1.50	1.28	1.13	0.20	0.16	0.20	0.16	0.16	0.14
Zr	77.00	78.80	102.00	116.00	83.50	174.00	197.00	230.00	168.00	182.00	42.10	47.10	49.60	60.10	46.40	49.90
Hf	1.96	1.96	2.54	3.03	2.20	4.26	4.44	5.28	3.98	4.26	1.16	1.34	1.40	1.69	1.30	1.41
Y	21.60	19.40	25.10	25.40	18.50	24.30	24.20	22.80	22.90	20.40	13.70	14.80	15.60	16.50	14.50	15.40
U	0.45	0.20	1.87	1.74	1.17	0.62	0.65	0.71	0.63	0.45	0.11	0.11	0.11	0.12	0.07	0.14
Th	0.84	0.53	5.20	6.06	4.39	2.91	2.72	2.94	2.51	1.72	0.48	0.29	0.34	0.24	0.22	0.30
Sc	31.80	34.90	36.60	38.80	35.30	19.50	19.60	21.90	20.30	16.20	26.50	29.20	30.60	32.80	29.50	30.70

注：15EC-4～15EC-8 为变玄武（玢）岩；15EC-10～15EC-14 为变玄武岩；15DC-23～15DC-28 为枕状玄武岩。

表 8-5　西南"三江"成矿带北段岩浆岩主量($\times 10^{-2}$)、稀土($\times 10^{-6}$)和微量元素($\times 10^{-6}$)分析结果 4

样号	15DC-44	15DC-45	15DC-46	15DC-47	15DC-48	14YS-14	14YS-15	14YS-16	14YS-17	14YS-18	14ZL-4	14ZL-5	14ZL-6	14ZL-7	14ZL-8	14ZL-9
产地	格仁涌巴塘群（T_3Bt）					棕熊梁铜多金属矿区雀莫错组（J_2q）					扎拉夏各涌钾长花岗斑岩					
SiO_2	43.63	45.28	44.11	45.73	43.70	54.36	50.80	44.61	47.72	47.85	65.46	65.70	66.34	62.99	63.08	65.47
TiO_2	1.54	2.08	2.09	2.29	2.17	0.88	1.13	1.22	1.29	1.26	0.41	0.41	0.42	0.45	0.45	0.49
Al_2O_3	15.10	17.88	17.91	18.86	18.48	12.30	15.27	15.99	17.42	17.97	15.47	15.52	15.54	14.93	15.46	16.06
Fe_2O_3	5.18	4.11	3.44	4.36	3.92	7.82	8.42	9.57	9.00	6.13	4.67	5.08	4.45	1.60	1.57	1.03
FeO	5.66	6.24	7.93	6.14	8.40	4.03	4.25	3.26	4.51	3.48	0.44	0.00	0.00	3.66	3.52	2.38
MnO	0.08	0.07	0.11	0.07	0.10	0.10	0.10	0.11	0.09	0.08	0.46	0.69	0.59	0.12	0.13	0.17
MgO	7.10	5.73	7.07	5.05	6.71	7.07	7.18	7.50	7.63	8.09	0.54	0.48	0.59	1.06	0.99	0.67
CaO	7.08	5.85	5.84	5.19	5.20	3.92	2.05	4.84	0.94	2.52	0.68	0.62	0.67	0.68	0.69	0.78
Na_2O	3.45	2.97	3.31	2.80	2.63	3.74	5.18	5.56	5.73	6.23	0.73	0.77	0.81	1.54	1.61	1.54
K_2O	2.21	2.74	1.36	3.21	1.98	0.20	0.14	0.15	0.14	0.12	7.48	7.66	7.60	7.50	6.93	6.79
P_2O_5	0.17	0.23	0.11	0.14	0.14	0.11	0.14	0.15	0.15	0.15	0.29	0.30	0.30	0.31	0.32	0.34
LOI	8.53	6.63	6.55	6.01	6.38	5.38	5.27	6.95	5.10	6.06	3.25	2.68	2.61	5.03	5.08	4.15
总量	99.73	99.81	99.83	99.85	99.81	99.91	99.93	99.91	99.72	99.94	99.88	99.91	99.92	99.87	99.83	99.87
La	6.82	10.80	7.55	10.10	9.70	11.30	7.04	10.30	7.56	7.54	9.52	65.00	69.70	64.80	65.00	69.70
Ce	17.50	26.40	19.10	25.10	24.40	25.80	17.10	24.10	18.00	17.60	16.80	123.00	130.00	123.00	122.00	133.00
Pr	2.51	3.74	2.75	3.56	3.46	3.40	2.42	3.43	2.55	2.35	2.49	13.40	14.00	13.30	13.40	13.90
Nd	11.30	16.60	12.90	16.50	15.40	15.00	11.00	14.70	11.60	10.50	9.77	49.70	49.20	46.50	47.00	49.90
Sm	3.16	4.78	3.43	4.44	4.08	3.94	3.12	4.24	3.25	2.94	1.65	7.77	8.07	6.97	7.37	7.61
Eu	1.02	1.69	1.31	1.70	1.68	1.29	1.08	1.47	1.22	0.99	0.86	2.50	2.51	2.56	2.50	2.80
Gd	3.49	5.07	3.54	4.80	4.54	3.82	3.24	4.65	3.56	3.46	1.22	5.32	5.48	4.79	4.77	4.96
Tb	0.58	0.89	0.62	0.80	0.77	0.64	0.57	0.77	0.65	0.57	0.18	0.74	0.76	0.61	0.67	0.68
Dy	3.54	5.40	3.77	4.88	4.66	3.66	3.27	4.39	3.94	3.63	0.89	3.04	2.87	2.34	2.35	2.51
Ho	0.72	1.10	0.76	0.99	0.95	0.74	0.64	0.86	0.79	0.78	0.16	0.51	0.47	0.39	0.37	0.43
Er	1.96	2.89	2.02	2.61	2.51	2.02	1.67	2.26	2.13	2.22	0.42	1.30	1.18	0.92	0.92	1.02
Tm	0.29	0.41	0.30	0.38	0.36	0.30	0.24	0.32	0.32	0.34	0.06	0.18	0.16	0.12	0.11	0.14

续表

样号	15DC-44	15DC-45	15DC-46	15DC-47	15DC-48	14YS-14	14YS-15	14YS-16	14YS-17	14YS-18	14ZL-4	14ZL-5	14ZL-6	14ZL-7	14ZL-8	14ZL-9
产地	格仁涌巴塘群（T_3Bt)					棕能梁铜多金属矿区雀莫错组（J_2q)					扎拉夏各涌钾长花岗斑岩					
Yb	1.77	2.50	1.86	2.34	2.23	1.92	1.43	2.04	2.03	2.20	0.39	1.11	1.03	0.75	0.68	0.87
Lu	0.26	0.36	0.27	0.36	0.33	0.29	0.21	0.29	0.30	0.33	0.06	0.17	0.15	0.11	0.10	0.12
∑REE	54.92	82.63	60.18	78.56	75.07	74.12	53.03	73.82	57.90	55.45	44.47	273.74	285.58	267.16	267.24	287.64
$(La/Sm)_N$	1.39	1.46	1.42	1.47	1.53	1.85	1.46	1.57	1.50	1.66	3.72	5.40	5.58	6.00	5.69	5.91
$(La/Yb)_N$	2.76	3.10	2.91	3.10	3.12	4.22	3.53	3.62	2.67	2.46	17.51	42.00	48.54	61.97	68.57	57.47
δEu	0.93	1.04	1.14	1.12	1.19	1.00	1.03	1.01	1.09	0.95	1.77	1.12	1.09	1.28	1.21	1.31
Ba	205.00	239.00	176.00	295.00	228.00	148.00	86.30	110.00	118.00	224.00	2780.00	3490.00	3410.00	3630.00	4250.00	4980.00
Rb	45.40	46.80	25.80	55.00	32.50	9.95	6.37	6.20	6.17	5.07	229.00	378.00	386.00	314.00	303.00	299.00
Sr	176.00	333.00	174.00	399.00	462.00	93.30	97.60	188.00	152.00	122.00	184.00	656.00	681.00	715.00	792.00	860.00
Co	47.10	40.30	51.00	41.50	49.20	42.70	38.60	45.60	34.60	54.20	5.87	6.18	6.04	5.06	8.33	6.05
V	228.00	294.00	312.00	322.00	307.00	208.00	298.00	298.00	302.00	254.00	46.30	46.60	47.80	48.70	49.40	50.90
Cr	540.00	263.00	262.00	205.00	204.00	423.00	504.00	508.00	602.00	410.00	17.70	12.30	18.00	20.80	22.20	23.80
Ni	282.00	124.00	142.00	71.70	98.80	157.00	219.00	193.00	228.00	180.00	15.60	13.40	14.40	19.30	20.50	20.40
Nb	10.40	13.70	13.80	15.40	15.00	2.95	3.50	3.64	4.11	3.72	9.38	9.69	9.55	9.25	9.17	10.30
Ta	0.79	0.96	0.93	0.98	0.95	0.24	0.26	0.28	0.31	0.30	0.66	0.71	0.72	0.71	0.71	0.78
Zr	91.10	116.00	119.00	132.00	126.00	67.30	46.60	54.90	77.80	94.70	119.00	188.00	85.40	63.40	71.30	76.60
Hf	2.46	3.19	3.26	3.49	3.32	1.94	1.43	1.66	2.14	2.59	4.11	5.80	3.47	2.78	3.00	3.35
Ga											19.20	21.30	21.80	19.20	20.60	21.10
Y	16.50	24.40	16.00	20.80	20.60	17.70	14.30	20.10	18.00	16.80	3.48	12.30	11.70	8.96	9.19	10.00
U	0.21	0.25	0.23	0.26	0.19	1.16	1.29	1.26	1.66	1.01	2.02	4.37	4.30	6.02	5.50	6.09
Th	0.90	1.04	1.18	1.28	1.19	1.67	1.15	1.39	1.40	1.22	3.33	18.40	19.60	19.50	19.90	20.90
Sc	27.20	28.50	33.50	34.50	33.80	22.10	15.60	22.10	19.50	13.80	2.59	5.80	5.56	4.13	4.82	5.32

注：15DC-44～15DC-48为片理化玄武岩；14YS-14～14YS-18为玄武岩；14ZL-4～14ZL-9为钾长花岗斑岩。

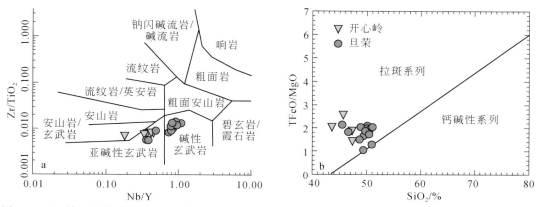

图 8-1　开心岭和旦荣矿区基性火山岩 Zr/TiO_2-Nb/Y（a. 据 Winchester and Floyd，1977）和 $TFeO/MgO$-SiO_2
（b. 据 Miyashiro，1975）图解（旦荣矿区变基性火山岩数据引自 1 ∶ 25 万直根尕卡幅区调）

旦荣矿区基性火山岩经去挥发分标准化后，SiO_2 含量为 47.20% ～ 54.03%，具有高钛
（TiO_2=1.28% ～ 1.87%）、富镁（MgO=4.10% ～ 8.36%）、富铁（TFeO=8.19% ～ 11.51%）、
钠质高碱（Na_2O+K_2O=4.68% ～ 7.30%）的特征，Al_2O_3 含量为 16.77% ～ 19.54%，CaO
含量为 5.61% ～ 8.56%。在 Zr/TiO_2-Nb/Y 图解（图 8-1a）中，样品点主要分布于碱性玄武
岩区，少数分布于亚碱性玄武岩区；在 $TFeO/MgO$-SiO_2 图解（图 8-1b）中，样品点均分
布于拉斑系列范围。

综合分析，认为开心岭矿区和旦荣矿区基性火山岩主体属于碱性玄武岩和拉斑玄武岩
系列。

开心岭矿区和旦荣矿区基性火山岩的稀土总量偏高（$\sum REE$=61.65×10^{-6} ～ 272.38×10^{-6}），
经球粒陨石标准化后稀土元素分配型式总体呈轻稀土（LREE）富集的右倾型曲线（图 8-2a），
（La/Sm）$_N$ 为 2.28 ～ 4.53，（La/Yb）$_N$ 为 4.91 ～ 14.82，Eu 异常不明显（δEu=0.81 ～ 1.06），
与 OIB（洋岛玄武岩）的稀土元素分配模式相近。

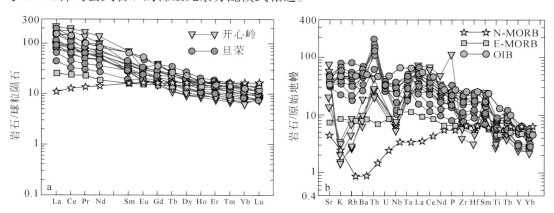

图 8-2　开心岭矿区和旦荣矿区早 - 中二叠世基性火山岩稀土元素球粒陨石标准化分布模式（a）和微量
元素原始地幔标准化分布模式（b）（标准化值据 Sun and McDonongh，1989）

基性火山岩经原始地幔标准化后，微量元素分布模式总体为强不相容大离子亲石元

素（LILE）和部分高场强元素（HFSE）富集的隆起型曲线（图 8-2b），表现为强不相容大离子亲石元素（如 Sr、K、Rb、Th 和 U）和部分高场强元素（La、Ce、Nd、Zr、Hf）相对富集，高场强元素（HFSE）中 Nb、Ta 相对亏损，出现 Nb-Ta 槽，与 OIB 的微量元素分布模式相似。Zr/Nb 值较低（为 8.87～16.38，平均 12.04），接近 E-MORB［N-MORB 为31.76，E-MORB 为 8.80，洋岛玄武岩为 5.83（Sun et al., 1989）］；Cr（14.00×10⁻⁶～212.00×10⁻⁶，平均 79.19×10⁻⁶）、Ni（20.20×10⁻⁶～488.00×10⁻⁶，平均 77.46×10⁻⁶）含量较高。

2. 构造环境讨论

在 Zr/Y-Zr 判别图（图 8-3a）中，开心岭矿区和旦荣矿区基性火山岩样点绝大多数落入板内玄武岩区（WPB）。在 2Nb-Zr/4-Y 判别图（图 8-3b）中，基性火山岩样点落入板内碱性玄武岩区和板内拉斑玄武岩区。在 Hf/3-Th-Ta 判别图（图 8-3c）中，基性火山岩

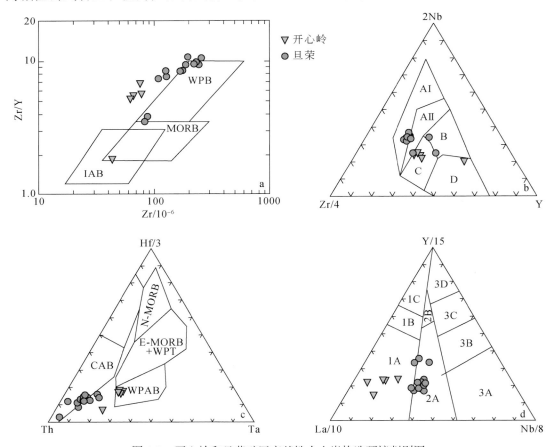

图 8-3　开心岭和旦荣矿区变基性火山岩构造环境判别图

a.Zr/Y-Zr 图解（据 Pearce and Cann, 1973）；b.2Nb-Zr/4-Y 图解（Meschede, 1986）；

c.Hf/3-Th-Ta 图解（据 Wood, 1980）；d.Y/15-La/10-Nb/8 图解（据 Rollinson, 1993）

a 图解：WPB. 板内玄武岩，MORB. 洋中脊玄武岩，IAB. 岛弧玄武岩。b 图解：A1. 板内碱性玄武岩区，A2. 板内碱性玄武岩区和板内拉斑玄武岩区，B. E 型 MORB，C. 板内拉斑玄武岩和火山弧玄武岩，D. N 型 MORB 和火山弧玄武岩。c 图解：CAB. 岛弧玄武岩，WPT. 板内拉斑玄武岩，WPAB. 板内碱性玄武岩，E-MORB. E 型洋中脊玄武岩，N-MORB. N 型洋中脊玄武岩。d 图解：1A. 钙碱性玄武岩，2A. 大陆玄武岩，3A. 大陆裂谷碱性玄武岩，1B. 1A 和 1C 重叠区，2B. 弧后盆地玄武岩，3B 和 3C. E-MORB（3B 为富集，3C 为弱富集），1C. 火山弧玄武岩，3D. N-MORB

样点主要落入岛弧玄武岩区（CAB）和板内碱性玄武岩区（WPAB）。在 Y/15-La/10-Nb/8 判别图（图 8-3d）中，基性火山岩样点分别落入钙碱性玄武岩区和大陆玄武岩区。

综合判断认为，开心岭矿区和旦荣矿区基性火山岩主体属于大陆碱性玄武岩和大陆拉斑玄武岩系列，成矿环境为陆缘裂谷。

二、晚三叠世海相火山岩型铜多金属成矿构造环境

晚三叠世含矿地层主要为巴塘群，为一套火山－沉积建造组合。选择典型尕龙格玛、撒纳龙哇、采吾米扎荣、日阿日曲和格仁涌地区巴塘群基性火山岩的岩石地球化学特征（表 8-2）探讨成矿构造环境。

1. 岩石地球化学特征

1）尕龙格玛矿区

尕龙格玛矿区晚三叠世巴塘群中基性火山岩经去挥发分标准化后，SiO_2 含量为 53.64%～57.06%，具有高钛（TiO_2=1.11%～1.26%）、低镁（MgO=4.33%～5.05%）、低铁（TFeO=8.02%～8.89%）、钠质高碱（NaO_2+KO_2=5.62%～6.18%）的特征，Al_2O_3 含量为 18.80%～20.49%，CaO 含量为 3.67%～4.24%。在 Zr/TiO_2-Nb/Y 图解（图 8-4a）中，尕龙格玛矿区中基性火山岩样品点主要分布于碱性玄武岩区和粗面安山岩区；在 TFeO/MgO-SiO_2 图解（图 8-4b）中，样品点均分布于拉斑系列范围。综合分析，认为尕龙格玛矿区中基性火山岩属于碱性玄武岩系列。

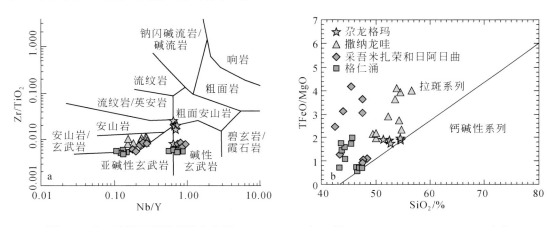

图 8-4　晚三叠世巴塘群基性火山岩 Zr/TiO_2-Nb/Y（a，据 Winchester and Floyd，1977）和 TFeO/MgO-SiO_2（b，据 Miyashiro，1975）图解

尕龙格玛矿区中基性火山岩的稀土总量偏高（$\sum REE$=151.17×10^{-6}～180.56×10^{-6}），经球粒陨石标准化后稀土元素分配型式总体呈轻稀土（LREE）富集的右倾型曲线（图 8-5a），$(La/Sm)_N$ 为 3.06～3.27，$(La/Yb)_N$ 为 9.37～10.42，具有弱负 Eu 异常（δEu=0.67～0.74），与 OIB（洋岛玄武岩）的稀土元素分配模式相近。

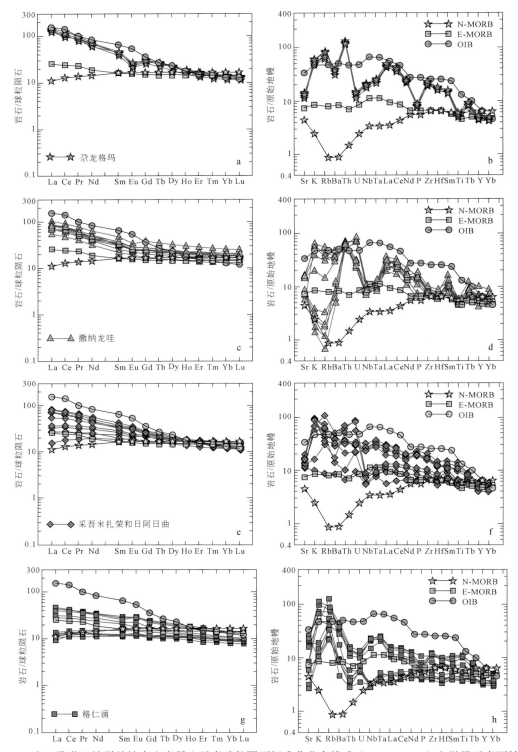

图 8-5　晚三叠世巴塘群基性火山岩稀土元素球粒陨石标准化分布模式（a、c、e、g）和微量元素原始地幔标准化分布模式（b、d、f、h）（标准化值据 Sun et al.，1989）

　　中基性火山岩经原始地幔标准化后，微量元素分布模式总体为强不相容大离子亲石元素（LILE）和部分高场强元素（HFSE）富集的隆起型曲线（图 8-5b）。表现为强不相容大离子亲石元素（如 Sr、K、Rb 和 Th）和部分高场强元素（La、Ce、Nd、Zr、Hf、Sm）相对富集，U、P 相对亏损；高场强元素（HFSE）中 Nb、Ta 相对亏损，出现 Nb-Ta 槽，与 OIB 的微量元素分布模式相似。Zr/Nb 值较低（15.86～18.02，平均 17.17），接近 E-MORB［N-MORB 为 31.76，E-MORB 为 8.80，洋岛玄武岩为 5.83（Sun et al.，1989）］；Cr（18.30×10^{-6}～63.90×10^{-6}）、Ni（10.70×10^{-6}～44.30×10^{-6}）含量较低。

　　2）撒纳龙哇矿区

　　撒纳龙哇矿区晚三叠世巴塘群基性火山岩经去挥发分标准化后，SiO_2 含量为 52.20%～58.79%，具有高钛（TiO_2=0.99%～1.23%）、低镁（MgO=1.92%～5.31%）、低铁（TFeO=6.56%～11.30%）、钠质高碱（NaO_2+KO_2=4.10%～6.91%）的特征，Al_2O_3 含量为 16.84%～19.28%，CaO 含量为 5.64%～8.29%。在 Zr/TiO_2-Nb/Y 图解（图 8-4a）中，撒纳龙哇矿区基性火山岩样品点主要分布于安山玄武岩区；在 TFeO/MgO-SiO_2 图解（图 8-4b）中，样品点均分布于拉斑系列范围。综合分析，认为撒纳龙哇矿区基性火山岩属于拉斑玄武岩系列。

　　撒纳龙哇矿区基性火山岩的稀土总量偏高（$\sum$REE=78.75×10^{-6}～154.08×10^{-6}），经球粒陨石标准化后稀土元素分配型式总体呈轻稀土（LREE）富集的右倾型曲线（图 8-5c），（La/Sm）$_N$ 为 2.09～2.76，（La/Yb）$_N$ 为 3.80～5.08，Eu 异常不明显（δEu=0.77～1.05），与 OIB（洋岛玄武岩）的稀土元素分配模式相近。

　　基性火山岩经原始地幔标准化后，微量元素分布模式总体为强不相容大离子亲石元素（LILE）和部分高场强元素（HFSE）富集的隆起型曲线（图 8-5d）。表现为强不相容大离子亲石元素（如 Sr、部分 K、部分 Rb、部分 Ba、Th 和 U）和部分高场强元素（La、Ce、Nd、Sm）相对富集，Zr、Hf 相对亏损；高场强元素（HFSE）中 Nb、Ta 相对亏损，出现 Nb-Ta 槽，与 OIB 的微量元素分布模式相似。Zr/Nb 值较低（14.03～15.96，平均 14.81），接近 E-MORB［N-MORB 为 31.76，E-MORB 为 8.80，洋岛玄武岩为 5.83（Sun et al.，1989）］；Cr（1.50×10^{-6}～26.60×10^{-6}）、Ni（1.82×10^{-6}～13.90×10^{-6}）含量较低。

　　3）采吾米扎荣和日阿日曲地区

　　采吾米扎荣和日阿日曲地区晚三叠世巴塘群基性火山岩经去挥发分标准化后，SiO_2 含量为 46.86%～52.92%，具有高钛（TiO_2=1.07%～3.31%）、低镁（MgO=2.18%～9.65%）、低铁（TFeO=8.18%～13.03%）、钠质高碱（Na_2O+K_2O=4.15～7.29%）的特征，Al_2O_3 含量为 15.03%～19.26%，CaO 含量为 7.09%～11.69%。在 Zr/TiO_2-Nb/Y 图解（图 8-4a）中，采吾米扎荣和日阿日曲地区基性火山岩样品点主要分布于安山玄武岩和碱性玄武岩区；在 TFeO/MgO-SiO_2 图解（图 8-4b）中，样品点均分布于拉斑系列范围。综合分析，认为采吾米扎荣和日阿日曲地区基性火山岩属于拉斑玄武岩和碱性玄武岩系列。

　　采吾米扎荣和日阿日曲地区基性火山岩的稀土总量偏高（$\sum$REE=43.78×10^{-6}～127.79×10^{-6}），经球粒陨石标准化后稀土元素分配型式总体呈轻稀土（LREE）富集的右倾型曲线（图 8-5e），个别为平坦型曲线，（La/Sm）$_N$ 为 0.85～2.16，（La/Yb）$_N$ 为

1.19 ～ 6.89，Eu 异常不明显（δEu=0.93 ～ 1.08），总体与 OIB（洋岛玄武岩）的稀土元素分配模式相近。

基性火山岩经原始地幔标准化后，微量元素分布模式总体为强不相容大离子亲石元素（LILE）和部分高场强元素（HFSE）富集的隆起型曲线（图 8-5f），个别为平坦型曲线。总体表现为强不相容大离子亲石元素（如 K、Rb、Ba、Th 和 U）和部分高场强元素（La、Ce、Nd）相对富集；高场强元素（HFSE）中部分样品 Nb、Ta 相对亏损，总体与 OIB 的微量元素分布模式相似。Zr/Nb 值较低（9.39 ～ 20.00，平均 14.44），接近 E-MORB［N-MORB 为 31.76，E-MORB 为 8.80，洋岛玄武岩为 5.83（Sun et al., 1989）］；Cr（19.00×10^{-6} ～ 333.00×10^{-6}）、Ni（15.40×10^{-6} ～ 85.40×10^{-6}）含量变化较大。

4）格仁涌地区

格仁涌地区晚三叠世巴塘群基性火山岩经去挥发分标准化后，SiO_2 含量为 46.14% ～ 49.15%，具有高钛（TiO_2=0.80% ～ 2.44%）、低镁（MgO=5.38% ～ 18.20%）、低铁（TFeO=10.02% ～ 12.77%）、钠质高碱（NaO_2+KO_2=1.64% ～ 6.21%）的特征，Al_2O_3 含量为 10.11% ～ 19.78%，CaO 含量为 5.53% ～ 12.31%。在 Zr/TiO_2-Nb/Y 图解（图 8-4a）中，格仁涌地区基性火山岩样品点主要分布于安山玄武岩和碱性玄武岩区；在 TFeO/MgO-SiO_2 图解（图 8-4b）中，样品点均分布于拉斑系列范围。综合分析，认为格仁涌地区基性火山岩属于拉斑玄武岩和碱性玄武岩系列。

格仁涌地区基性火山岩的稀土总量不高（$\sum$REE=27.67×10^{-6} ～ 82.63×10^{-6}），经球粒陨石标准化后稀土元素分配型式总体呈轻稀土（LREE）略微富集的右倾型曲线（图 8-5g），部分为平坦型曲线，（La/Sm）$_N$ 为 0.74 ～ 1.53，（La/Yb）$_N$ 为 1.34 ～ 3.12，Eu 异常不明显（δEu=0.93 ～ 1.24），总体与 E-MORB（富集型洋中脊玄武岩）的稀土元素分配模式相近。

基性火山岩经原始地幔标准化后，微量元素分布模式总体为部分强不相容大离子亲石元素（LILE）富集的隆起型曲线（图 8-5h）。总体表现为部分强不相容大离子亲石元素（如 Sr、K、Rb、Ba）相对富集；Th、U 和高场强元素接近平坦型，其兼具 OIB 与 E-MORB 的微量元素分布模式。Zr/Nb 值较低（8.40 ～ 28.48，平均 16.86），接近 E-MORB［N-MORB 为 31.76，E-MORB 为 8.80，洋岛玄武岩为 5.83（Sun et al., 1989）］；Cr（204×10^{-6} ～ 1510×10^{-6}）、Ni（71.7×10^{-6} ～ 730×10^{-6}）含量较高。

2. 构造环境讨论

在 Zr/Y-Zr 判别图（图 8-6a）中，除了撒纳龙哇矿区个别基性火山岩样点落入洋中脊玄武岩区（WPB）外，晚三叠世主要含矿地层巴塘群基性火山岩样点主体落入板内玄武岩区（WPB）。

在 2Nb-Zr/4-Y 判别图（图 8-6b）中，尕龙格玛矿区基性火山岩样点落入板内碱性玄武岩区；撒纳龙哇矿区绝大多数基性火山岩样点落入板内拉斑玄武岩和火山弧玄武岩 -N 型 MORB 公共区；采吾米扎荣和日阿日曲地区基性火山岩样点落入板内玄武岩区和火山弧玄武岩区；格仁涌地区基性火山岩样点也落入板内玄武岩区和火山弧玄武岩区。

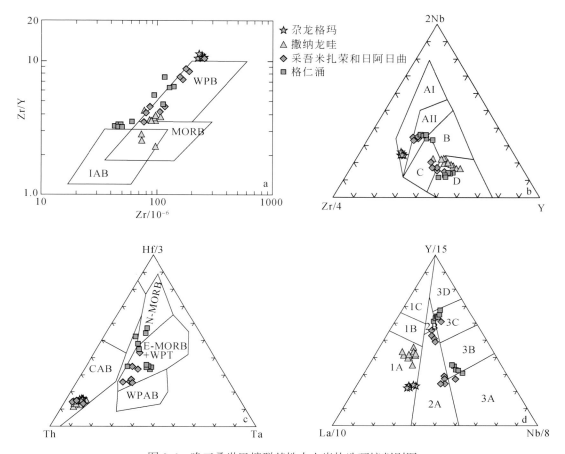

图 8-6 晚三叠世巴塘群基性火山岩构造环境判别图

a. Zr/Y-Zr 图解（据 Pearce et al. ，1973）；b. 2Nb-Zr/4-Y 图解（Meschede，1986）；c. Hf/3-Th-Ta 图解（据 Wood，1980）；d. Y/15-La/10-Nb/8 图解（据 Rollinson，1993）

a 图解：WPB. 板内玄武岩，MORB. 洋中脊玄武岩，IAB. 岛弧玄武岩。b 图解：A1. 板内碱性玄武岩区，A2. 板内碱性玄武岩区和板内拉斑玄武岩区，B. E 型 MORB，C. 板内拉斑玄武岩和火山弧玄武岩，D. N 型 MORB 和火山弧玄武岩。c 图解：CAB. 岛弧玄武岩，WPT. 板内拉斑玄武岩，WPAB. 板内碱性玄武岩，E-MORB. E 型洋中脊玄武岩，N-MORB. N 型洋中脊玄武岩。d 图解：1A. 钙碱性玄武岩，2A. 大陆玄武岩，3A. 大陆裂谷碱性玄武岩，1B. 1A 和 1C 重叠区，2B. 弧后盆地玄武岩，3B 和 3C. E-MORB（3B 为富集，3C 为弱富集），1C. 火山弧玄武岩，3D. N-MORB

在 Hf/3-Th-Ta 判别图（图 8-6c）中，尕龙格玛矿区和撒纳龙哇矿区基性火山岩样点落入岛弧玄武岩区（CAB）；采吾米扎荣－日阿日曲和格仁涌地区基性火山岩样点落入板内拉斑玄武岩（WPT）和富集型洋中脊玄武岩（E-MORB）公共区。

在 Y/15-La/10-Nb/8 判别图（图 8-6d）中，尕龙格玛矿区和撒纳龙哇矿区基性火山岩样点分别落入钙碱性玄武岩区；采吾米扎荣－日阿日曲地区基性火山岩样点绝大多数落入大陆玄武岩区；格仁涌地区基性火山岩样点落入富集型洋中脊玄武岩（E-MORB）区。

综合判断认为，晚三叠世巴塘群基性火山岩主体属于大陆碱性玄武岩和大陆拉斑玄武岩系列，成矿环境为陆缘裂谷。

三、中侏罗世海相火山岩型铜多金属成矿构造环境

中侏罗世含矿地层主要为雀莫错组，为一套火山-沉积建造组合。选择雁石坪地区棕熊梁矿区雀莫错组基性火山岩岩石地球化学特征（表8-2）探讨成矿构造环境。

1. 岩石地球化学特征

雁石坪地区棕熊梁矿区雀莫错组基性火山岩经去挥发分标准化后，SiO_2 含量为 47.99% ~ 57.51%，具有高钛（TiO_2=0.93% ~ 1.36%）、富镁（MgO=7.48% ~ 8.62%）、富铁（$TFeO$=9.58% ~ 13.33%）、钠质高碱（NaO_2+KO_2=4.17% ~ 6.76%）的特征，Al_2O_3 含量为 13.01% ~ 19.14%，CaO 含量为 0.99% ~ 5.21%。在 Zr/TiO_2-Nb/Y 图解（图 8-7a）中，棕熊梁矿区雀莫错组基性火山岩样品点主要分布于亚碱性玄武岩区，个别分布于安山玄武岩区；在 $TFeO/MgO$-SiO_2 图解（图 8-7b）中，样品点主体分布于拉斑系列范围，个别落入钙碱性系列范围。

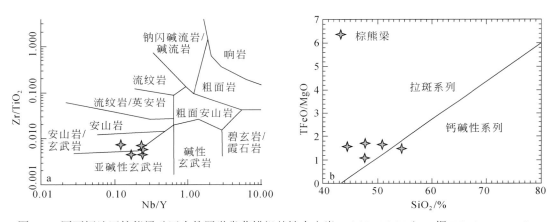

图 8-7　雁石坪地区棕熊梁矿区中侏罗世雀莫错组基性火山岩 Zr/TiO_2-Nb/Y（a，据 Winchester et al., 1977）和 $TFeO/MgO$-SiO_2（b，据 Miyashiro，1975）图解

综合分析，认为棕熊梁矿区雀莫错组基性火山岩主体属于拉斑玄武岩系列。

棕熊梁矿区雀莫错组基性火山岩的稀土总量中等（$\sum REE$=53.03×10^{-6} ~ 74.12×10^{-6}），经球粒陨石标准化后稀土元素分配型式总体呈轻稀土（LREE）略微富集的右倾型曲线（图 8-8a），（La/Sm）$_N$ 为 1.46 ~ 1.85，（La/Yb）$_N$ 为 2.46 ~ 4.22，Eu 异常不明显（δEu=0.95 ~ 1.09），与 E-MORB（富集型洋中脊玄武岩）的稀土元素分配模式相近。

基性火山岩经原始地幔标准化后，微量元素分布模式总体为强不相容大离子亲石元素（LILE）富集的隆起型曲线（图 8-8b），表现为强不相容大离子亲石元素（如 Rb、Ba、Th 和 U）相对富集，高场强元素（HFSE）近于平坦，其中 Nb、Ta 相对亏损，出现 Nb-Ta 槽。其兼有 E-MORB 和 OIB 的微量元素分布模式的特征。Zr/Nb 值较低（13.31 ~ 25.46，平均 19.12），介于 E-MORB 和 N-MORB 之间〔N-MORB 为 31.76，E-MORB 为 8.80，洋岛玄

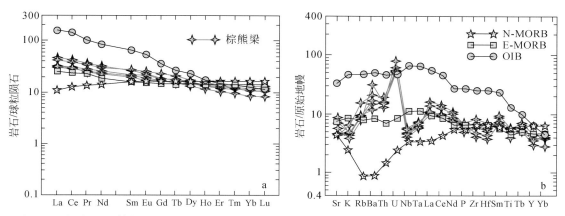

图 8-8 雁石坪地区棕熊梁矿区中侏罗世雀莫错组基性火山岩稀土元素球粒陨石标准化分布模式（a）和微量元素原始地幔标准化分布模式（b）（标准化值据 Sun et al.，1989）

武岩为 5.83（Sun et al.，1989）］；Cr（$410×10^{-6}$ ~ $602×10^{-6}$，平均 $489.4×10^{-6}$）、Ni（$157×10^{-6}$ ~ $228×10^{-6}$，平均 $195.4×10^{-6}$）含量较高。

2. 构造环境讨论

在 Zr/Y-Zr 判别图（图 8-9a）中，棕熊梁矿区雀莫错组基性火山岩样点绝大多数落入板内玄武岩区（WPB）。在 2Nb-Zr/4-Y 判别图（图 8-9b）中，基性火山岩样点落入板内碱性玄武岩区和板内拉斑玄武岩区。在 Hf/3-Th-Ta 判别图（图 8-9c）中，基性火山岩样点主要落入岛弧玄武岩区（CAB）。在 Y/15-La/10-Nb/8 判别图（图 8-9d）中，基性火山岩样点分别落入钙碱性玄武岩区和大陆玄武岩区。

综合判断认为，棕熊梁矿区雀莫错组基性火山岩主体属于大陆拉斑玄武岩系列，成矿环境为陆缘裂谷。

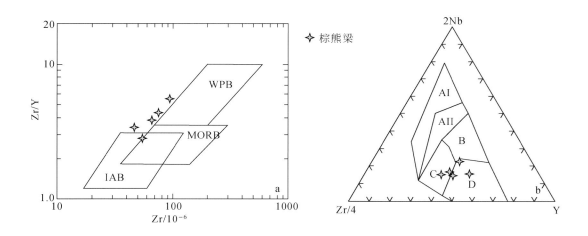

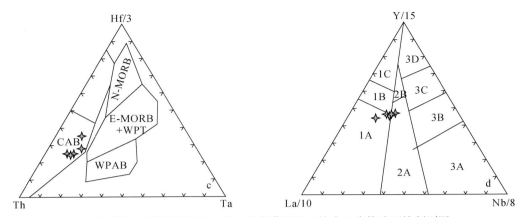

图 8-9　雁石坪地区棕熊梁矿区中侏罗世雀莫错组基性火山岩构造环境判别图

a. Zr/Y-Zr 图解（据 Pearce et al.，1973）；b. 2Nb-Zr/4-Y 图解（Meschede，1986）；c. Hf/3-Th-Ta 图解（据 Wood，1980）；d. Y/15-La/10-Nb/8 图解（据 Rollinson，1993）

a 图解：WPB. 板内玄武岩，MORB. 洋中脊玄武岩，IAB. 岛弧玄武岩。b 图解：A1. 板内碱性玄武岩区，A2. 板内碱性玄武岩区和板内拉斑玄武岩区，B. E 型 MORB，C. 板内拉斑玄武岩和火山弧玄武岩，D. N 型 MORB 和火山弧玄武岩。c 图解：CAB. 岛弧玄武岩，WPT. 板内拉斑玄武岩，WPAB. 板内碱性玄武岩，E-MORB. E 型洋中脊玄武岩，N-MORB. N 型洋中脊玄武岩。d 图解：1A. 钙碱性玄武岩，2A. 大陆玄武岩，3A. 大陆裂谷碱性玄武岩，1B. 1A 和 1C 重叠区，2B. 弧后盆地玄武岩，3B 和 3C. E-MORB（3B 为富集，3C 为弱富集），1C. 火山弧玄武岩，3D. N-MORB

四、古近纪斑岩型铜钼矿成矿构造环境

以沱沱河地区与古近纪斑岩成矿有关的扎拉夏格涌钾长花岗斑岩为代表，结合与纳日贡玛铜钼矿有关的黑云母花岗斑岩岩石地球化学特征，探讨古近纪斑岩型铜钼矿成矿构造环境。

1. 岩石地球化学特征

扎拉夏格涌钾长花岗斑岩（表 8-2）经去挥发分标准化后，SiO_2 含量为 66.42% ~ 68.40%，具有高铝（Al_2O_3=15.74% ~ 16.78%）、高钾（K_2O=7.09% ~ 7.91%）、低铁（TFeO=3.45% ~ 5.38%）、低镁（MgO=0.49% ~ 1.12%）、低钛（TiO_2=0.42% ~ 0.51%）的特征。在 TAS 岩石分类图解（图 8-10a）中样品均落入碱性系列的碱性花岗岩区。在 QAP 分类图解（图 8-10b）中样品均落入碱性长石花岗岩区。在 K_2O-Na_2O 图解（图 8-10c）中样品投入过钾质系列区。铝饱和指数 A/CNK 为 1.54 ~ 1.76，平均 1.69，在 A/NK-A/CNK 指数图解（图 8-10d）中样品投入过铝质区。综上所述，该岩体为过铝质过钾质碱性系列花岗岩。

扎拉夏格涌钾长花岗斑岩的稀土总量较高（$\sum REE$=44.47×10^{-6} ~ 287.46×10^{-6}，平均 237.64×10^{-6}），经球粒陨石标准化后稀土元素分配型式总体呈轻稀土（LREE）略微富集的向右陡倾型曲线（图 8-11a），$(La/Sm)_N$ 为 3.72 ~ 6.00（平均 5.38），$(La/Yb)_N$ 为 17.51 ~ 68.57（平均 49.34），具有弱 Eu 正异常（δEu=1.09 ~ 1.77，平均 1.30）。

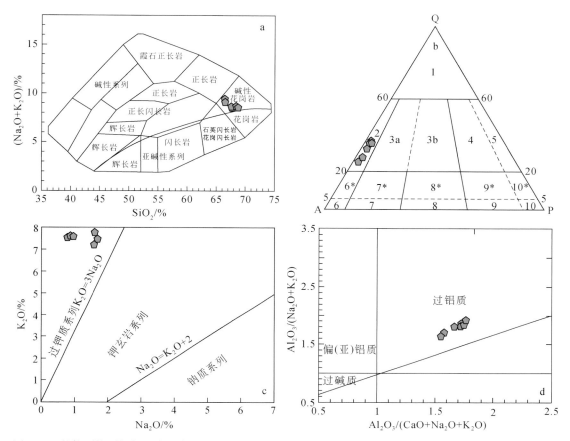

图 8-10　扎拉夏格涌钾长花岗斑岩 TAS 岩石分类图解（a，底图据 Wilson，1989）、QAP 分类图解（b）、
　　　K$_2$O-Na$_2$O 图解（c，底图据 Rapp and Watson，1995）和 A/NK-A/CNK 指数图解（d，底图据 Richwood，1989）

QAP 分类图解（b）：Q. 石英；A. 碱性长石；P. 斜长石。1. 富石英花岗岩；2. 碱性长石花岗岩；3. 花岗岩；3a. 正长
花岗岩或普通花岗岩；3b. 二长花岗岩；4. 花岗闪长岩；5. 斜长花岗岩（英云闪长岩）；6*. 石英碱性长石正长岩；
7*. 石英正长岩；8*. 石英二长岩；9*. 石英二长闪长岩／石英二长辉长岩；10*. 石英闪长岩／石英辉长岩；6. 碱性长石正
长岩；7. 正长岩；8. 二长岩；9. 二长闪长岩；10. 闪长岩／辉长岩／斜长岩

　　扎拉夏格涌钾长花岗斑岩经原始地幔标准化后，微量元素分布模式总体为强不相容大
离子亲石元素（LILE）和大多数高场强元素（HFSE）富集的隆起型曲线（图 8-11b），表
现为强不相容大离子亲石元素（如 Sr、K、Rb、Ba、Th 和 U）和高场强元素（La、Ce、Nd 等）
相对富集，其中 Nb、Ta、Zr 偏高。

　　扎拉夏格涌钾长花岗斑岩 TFeO/MgO 为 4.81 ～ 8.60，平均 6.61，高于一般 I 型、M
型花岗岩（Whalen et al.，1987）。在 A 型花岗岩判别图解（图 8-12a、b、c、d、e、f）中，
样点均落入 A 型花岗岩区，显示扎拉夏格涌钾长花岗斑岩属于 A 型花岗岩。利用 Eby（1992）
提出的 A 型花岗岩岩石学亚类判别图解（图 8-12g、h）进一步判别，样点基本均投影在
A1 和 A2 两区交界部位，表明扎拉夏格涌钾长花岗斑岩可能源自壳幔混合源区。

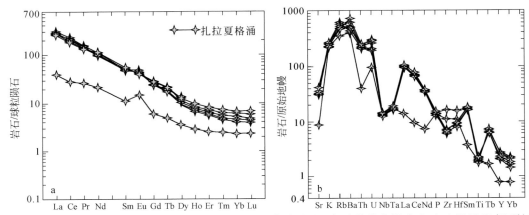

图 8-11　沱沱河地区扎拉夏格涌钾长花岗斑岩稀土元素球粒陨石标准化分布模式（a）和微量元素原始地
幔标准化分布模式（b）（标准化值据 Sun and McDonough，1989）

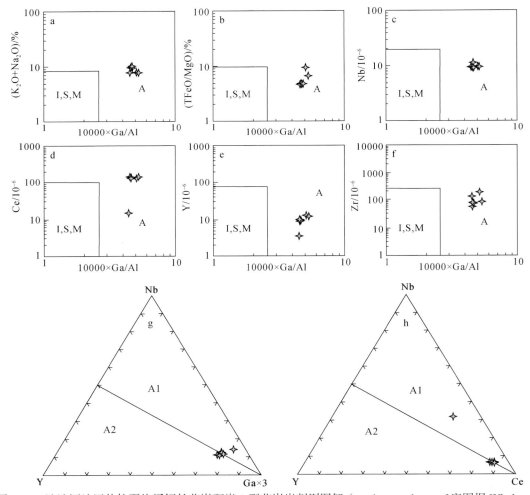

图 8-12　沱沱河地区扎拉夏格涌钾长花岗斑岩 A 型花岗岩判别图解（a、b、c、d、e、f 底图据 Whalen et
al.，1987；g、h 底图据 Eby，1992）
A、I、S、M 分别代表 A 型、I 型、S 型、M 型花岗岩

2. 构造环境讨论

在花岗岩构造环境判别图中，扎拉夏格涌钾长花岗斑岩样点落入同碰撞花岗岩区（图 8-13a、c）、火山弧花岗岩区（图 8-13b）及板内花岗岩区（图 8-13d）。利用 R1-R2 判别图进一步判别，样点多数落入同碰撞花岗岩区（图 8-13e）。在（La/Yb）$_N$-δEu 判别图（图 8-13f）中，样点均投入壳幔源区。

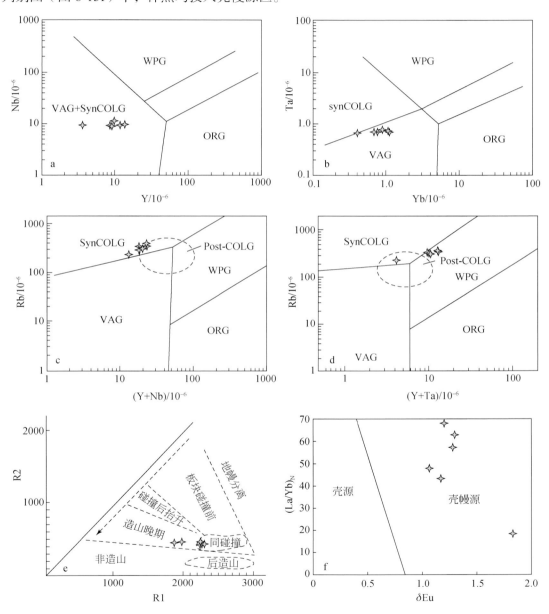

图 8-13　沱沱河地区扎拉夏格涌钾长花岗斑岩构造环境判别图

VAG. 火山弧花岗岩；ORG. 大洋脊花岗岩；WPG. 板内花岗岩；SynCOLG. 同碰撞花岗岩；Post-COLG. 后碰撞花岗岩

综合判断认为，扎拉夏格涌钾长花岗斑岩属于过铝质过钾质碱性系列 A 型花岗岩，源自壳幔混合源区，形成于同碰撞构造环境。

结合与纳日贡玛铜钼矿有成生联系的黑云母花岗斑岩源自壳幔过渡带的部分熔融（邓万明等，1998a，b，2001；侯增谦等，2004；杨志明等，2008b），或来源于青藏高原加厚的下部地壳熔融，具有幔源成分的混染（郝金华等，2010；栗亚芝等，2015），形成于印度板块与亚洲板块在古近纪的陆－陆碰撞构造环境（杨志明等，2008b；宋忠宝等，2011，栗亚芝等，2015），认为西南"三江"成矿带北段古近纪斑岩型铜钼矿成矿构造环境为印度板块与亚洲板块的陆－陆碰撞，代表青藏高原快速隆升，成矿岩浆源自壳幔过渡带的部分熔融，属于过铝质过钾质碱性－高钾钙碱性系列 A 型 -I 型花岗岩。在区域上，西南"三江"成矿带北段古近纪斑岩型铜钼矿与玉龙铜钼矿相连。

第三节　控矿因素及找矿标志

一、控矿因素

1. 海相火山岩（－热液改造）型铜多金属、铜（铁）和火山喷流沉积（－热液改造）型铅锌矿的控矿因素

西南"三江"成矿带北段海相火山岩（－热液改造）型铜（铁）、铅－锌－银矿和火山喷流沉积（－热液改造）型铅锌矿主要形成于早－中二叠世、晚三叠世及中侏罗世三个地质演化阶段，具有大致相似的控矿因素。

　1）链状火山机构

早－中二叠世、晚三叠世及中侏罗世期间，西南"三江"成矿带北段处于三个较强烈的伸展扩张地质背景，以形成北西向或近东西向陆缘裂谷系为特征，沿裂谷系断续发育链状火山机构，对铜（铁）、铅－锌－银成矿具有明显的控制作用，矿化沿链状火山机构呈串珠状分布。

例如：①沱沱河地区，郭仓乐玛铅锌矿点－日夏力底改铁矿点－宗陇巴锌矿点－开心岭铁矿床－扎日根铁矿点－九十一道班铁矿化点，多才玛铅锌矿的孔莫陇－多才玛－茶曲帕查矿段－巴斯湖铅锌矿点(图 6-1)；然者涌－莫海拉亨地区，然者涌铅锌矿－吉那铜矿点－东莫扎抓铅锌矿－东矛陇铜矿点，下吉沟铅锌矿－东脚涌多金属矿点－莫海拉亨铅锌矿－莫海先卡铅矿点（图 6-1），沿早－中二叠世链状火山机构呈串珠状分布。②多彩地区，拉迪欧玛铜多金属矿点－尕龙格玛铜多金属矿－玛考才格铜矿点－多日茸铜多金属矿点－米扎纳能铅锌矿点，查涌铜多金属矿－加及科多金属矿化点－当江铜多金属矿点－当江东段铁铜矿点－撒纳龙哇铜多金属矿点（图 6-1），沿晚三叠世链状火山机构呈串珠状分布。③楚多曲－雁石坪地区，楚多曲多金属矿－错多隆铅锌矿化点－棕熊梁铜多金属矿化点－扎西达尔当铜银矿化点（图 6-1），沿中侏罗世链状火山机构呈串珠状分布。

2）海相火山－沉积岩系岩石组合

海相火山岩－热液改造型铜（铁）、铅－锌－银矿和火山喷流沉积－热液改造型铅锌矿成矿具有较明显的分带特征，分带受火山－沉积岩系岩石组合的控制，构成不同的成矿组合类型。

以火山集块角砾熔岩为代表的火山口相（图 7-19、图 7-45a），向外依次为火山岩－火山碎屑岩、火山碎屑岩－碎屑岩、碎屑岩－碳酸盐岩。已发现的火山集块角砾熔岩含矿较少，主要为铁矿，近火山口的角砾熔岩主要为镜铁矿（图 7-45a）或磁铁矿（图 7-9b），向外围在火山斜坡的中基性火山岩－凝灰岩所含矿主要为磁铁矿－镜铁矿（以磁铁矿为主）组合，再向外围的火山沉积洼地的凝灰岩－碎屑岩所含矿主要为镜铁矿－磁铁矿（以镜铁矿为主）组合。

铜矿－铜铁矿－铜多金属矿往往产于火山口外围的火山斜坡地带，似层状－透镜状矿体形成于火山喷发间歇期的火山岩与凝灰岩的过渡部位。此外，岩性对成矿也具有一定控制作用，中酸性火山岩与凝灰岩－碎屑岩的过渡部位成矿以铜为主，且往往形成具纹层结构的块状矿石，含矿较富，如尕龙格玛铜多金属矿（图 7-21）；中基性火山岩与凝灰岩－碎屑岩的过渡部位成矿以铜铁矿－铜多金属矿为主，往往形成具浸染状结构的矿石，含矿相对较贫，如多彩地区的查涌铜多金属矿（图 7-23）、当江东段铁铜矿点及撒纳龙哇铜多金属矿点（图 7-25c）。

铅锌矿产于远离火山口的洼地中，矿化形成于凝灰岩－碎屑岩和灰岩的过渡部位，如沱沱河地区的多才玛铅锌矿，然者涌－莫海拉亨地区的莫海拉亨铅锌矿、东莫扎抓铅锌矿，多彩地区的米扎纳能铅锌矿点（图 7-31）。

3）北西向和北东向断裂构造

前已述及，火山喷流沉积（－热液改造）型铅锌矿形成于凝灰岩－碎屑岩和灰岩的过渡部位，矿上、下盘岩性的不同造成能干性差异较大，在后期自北东向南西逆冲推覆构造作用下，往往沿两种干性差异较大的岩性之间形成北西或近东西走向的断裂构造，并导致矿体发生破碎和沿北西或近东西走向的逆冲断裂带再就位，表现出铅锌矿带受北西或近东西走向逆冲断裂控制；同时，逆冲推覆构造作用过程中有新的成矿物质和热液加入，使得铅锌矿改造富集。

再后的北东向走滑构造形成一系列平错断裂，将矿带多处错断，破坏了矿带的连续性和完整性。从这个意义上讲，北东向走滑断裂构造对矿带也具有一定的控制作用。

2. 斑岩型铜钼矿的控矿因素

1）喜马拉雅期斑岩体

区内斑岩型铜钼矿均与喜马拉雅期过铝质过钾质碱性－高钾钙碱性系列 A 型 -I 型花岗斑岩体有关，成矿岩浆来源较深，源自壳幔过渡带的部分熔融。铜钼矿产于斑岩体边部和外围，严格受斑岩体的控制。

2）晚期北东向断裂与早期北东向断裂的交汇部位

铜钼矿成矿构造环境为印度板块与亚洲板块的陆陆碰撞，由于强烈的汇聚作用，形成了相间排列的北东向走滑断裂，与成矿有关的花岗斑岩体沿北东向断裂与早期北东向断裂的交汇部位侵入。因此，晚期北东向断裂与早期北东向断裂的交汇部位对花岗斑岩体和铜钼矿化均有明显的控制作用。

3. 热液改造型铅锌矿的控矿因素

1）北西或近东西走向逆冲推覆断裂和北东向走滑断裂

北西或近东西走向逆冲推覆断裂除了对已形成的铅锌矿成矿带具有改造富集外，由于新的成矿物质随热液加入，并使原来的成矿物质再活化，对矿化较弱未构成一定规模的矿化带进一步叠加富集，形成矿体。因此，逆冲推覆断裂对一些热液改造型铅锌矿具有控制作用。

此外，后期的北东向走滑断裂与近东西走向逆冲推覆断裂叠合部位具有一定空间，使原来的矿化带改造叠加和再活化，在此形成较为厚大的囊状矿体，如米扎纳能铅锌矿点（图7-31）。

2）背斜构造

在强烈的逆冲推覆构造作用下，原来的矿化带连同含矿地层一起发生褶皱，往往在背斜核部或靠近核部的两翼部位形成一定容矿空间，矿化在此叠加富集。部分背斜构造在转折端发生断裂，也有利于成矿富集，如多彩地玛铅锌多金属矿点（图7-32）。因此，逆冲推覆构造形成的背斜构造对一些铅锌矿具有一定的控制作用。

二、找矿标志

1. 集块角砾熔岩

尽管西南 "三江" 成矿带北段曾遭受了较强烈的构造作用改造，但集块角砾熔岩大致指示链状火山口的位置，也指示成矿物质运移的主要通道。因而，集块角砾熔岩可作为寻找海相火山岩–热液改造型铜（铁）多金属矿和火山喷流沉积–热液改造型铅锌矿较为明显的宏观标志之一。

研究区集块角砾熔岩大致可分为中酸性和中基性两类，前者为寻找尕龙格玛式铜多金属矿的主要标志（图7-19），后者是寻找查涌、撒纳龙哇（图7-25e）及棕熊梁（图7-45a）等铜多金属矿的主要标志。

2. 火山岩与凝灰岩–碎屑岩过渡带

以集块角砾熔岩为代表的链状火山口外围，往往由火山熔岩与凝灰岩–碎屑岩构成多个火山喷发旋回，铜多金属矿化产于火山喷发间歇期的火山岩与凝灰岩–碎屑岩过渡带。因此，链状火山口外围火山岩与凝灰岩–碎屑岩过渡带是海相火山岩–热液改造型铜（铁）多金属矿较为直接的标志。

依据西南 "三江" 成矿带北段典型矿床特征，与成矿有关的火山喷发旋回大致可分为两种类型。一为中基性火山岩与凝灰岩–碎屑岩构成的火山旋回，如查涌、撒纳龙哇（图7-26）及棕熊梁（图7-43）；二为中酸性火山岩与凝灰岩–碎屑岩构成的火山旋回，如尕龙格玛（图7-20），中酸性火山岩往往构成中酸性火山穹窿。含矿的有利部位主要在第二和第三个次级火山旋回。

3. 凝灰岩–碎屑岩与灰岩过渡带

火山喷发旋回外围，为灰岩构成的洼地或斜坡带，这些负地形成为迁移能力较强铅锌矿的有利聚集部位。因此，凝灰岩－碎屑岩与灰岩的过渡带是寻找火山喷流沉积－热液改造型铅锌矿较为直接的标志。如多才玛、莫海拉亨、东莫扎抓及米扎纳能（图7-31）等。

4. 喜马拉雅期斑岩体

分布于北东向走滑断裂和北西向逆冲推覆断裂交汇部位的喜马拉雅期过铝质过钾质碱性－高钾钙碱性系列A型-I型花岗斑岩体是寻找斑岩型铜钼矿的重要标志。与成矿有关的喜马拉雅期花岗斑岩源自较深壳幔混合源的小型斑体或岩枝，发育斑状或似斑状结构（图7-14），个别斑晶较为巨大。

5. 蚀变组合

矿化蚀变组合是地质找矿行之有效的重要标志，西南"三江"成矿带北段与成矿有关的组合主要有：

（1）绢云母化－绿泥石化－褐铁矿化（黄钾铁矾化）－重晶石化－方解石化－硅化组合，是寻找海相火山岩－热液改造型铜（铁）多金属矿和火山喷流沉积（－热液改造）型铜多金属矿的标志，往往构成灰绿色、红褐色、黄色、白色等不同颜色的蚀变分带（图7-26），重晶石化、硅化为最重要的找矿标志。

（2）泥化－铁方解石化－褐铁矿化－重晶石化－硅化组合，是寻找火山喷流沉积（－热液改造）型铅锌矿的标志，往往呈现红褐色或铁锈色蚀变带及褐黄色"铁帽"，俗称"火烧皮"。

（3）高岭土化－硅化－黄铁绢云母化－钾化－青磐岩化组合，是寻找斑岩型铜钼矿的标志，往往形成暗绿色、红褐色、灰白色等醒目的蚀变分带。

6. 化探综合异常

具有一定规模、强度、浓度梯度和浓集中心的Sb-Hg（-As）-Ag-Pb-Zn-Cd-Au-Cu-Mo水系沉积物异常，是寻找铜多金属矿的地球化学异常标志。

具有一定规模、强度、浓度梯度铅锌为主的Pb-Zn-Ag-Cd-As-Hg水系沉积物异常，是寻找铅锌矿的地球化学异常标志。

规模大，强度高，以铜、钼组合为主的Cu-Mo-W-Sn-Bi-Ag-Au等水系沉积物异常，是寻找铜钼矿的地球化学异常标志。

7. 物探异常

低电阻、高极化、强负自然电位、明显的TEM异常等相互叠合的异常体的存在，是寻找铜多金属矿的地球物理找矿标志。

低（中）阻、高极化异常等相互叠合的异常体的存在，是寻找铜多金属矿的地球物理找矿标志。

8. 矿化转石

由于西南"三江"成矿带北段地处高海拔地区，冻土、草皮、冰川、坡残积物等覆盖严重，基岩出露欠佳，具有孔雀石化、蓝铜矿化、褐铁矿化或铅锌矿化的转石是找矿的良好标志。此外，老鼠洞、旱獭洞等里被挖掘出的矿化碎屑物可成为间接的找矿标志。

第四节　成矿区带划分

根据含矿建造、矿产分布、成矿期次、矿化成因类型等，结合邻区成矿特征，研究区属于特提斯成矿域东部，西南"三江"成矿带北段，并进一步划分为四个成矿亚带（表 8-6、图 8-14、图 8-15）。

表 8-6　成矿带划分表

成矿域		成矿带		成矿亚带	
编号	名称	编号	名称	编号	名称
I	特提斯成矿域（东部）	I_1	西南"三江"成矿带（北段）	I_1^1	沱沱河‐杂多海西期、喜马拉雅期铅、锌、铁、铜（银、金）成矿亚带
				I_1^2	尼阿希错‐多彩印支期、燕山期铜、铅、锌、铁、银、金成矿亚带
				I_1^3	楚多曲‐雁石坪燕山期铅、锌、铁、铜、银成矿亚带
				I_1^4	纳日贡玛喜马拉雅期铜、钼、铅、锌（铁）成矿亚带

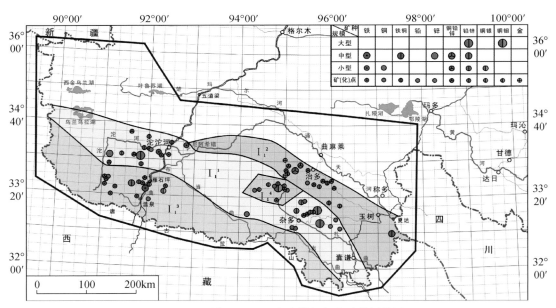

图 8-14　西南"三江"成矿带北段成矿带划分图

一、沱沱河‐杂多海西期、喜马拉雅期铅、锌、铁、铜（银、金）成矿亚带

该成矿亚带西起乌兰乌拉湖，向东南经沱沱河镇、杂多县、囊谦县，延入藏东北。

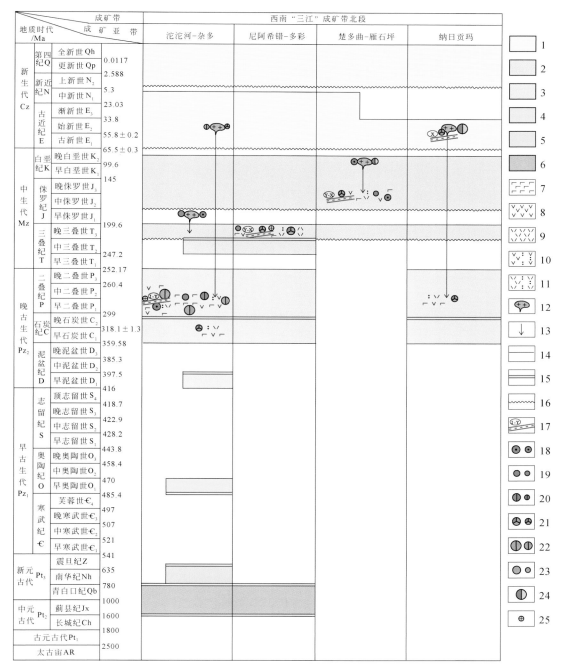

图 8-15 西南"三江"成矿带北段各成矿亚带含矿建造与成矿关系

1. 新生界；2. 中生界；3. 上古生界；4. 下古生界；5. 新元古界；6. 中－新元古界；7. 基性火山岩；8. 中性火山岩；9. 酸性火山岩；10. 中性凝灰岩；11. 酸性凝灰岩；12. 酸性侵入岩；13. 下限示侵入层位/上限示侵入时代；14. 未接触；15. 断层接触；16. 不整合接触；17. 控矿断裂带及活动期（I. 印支期，Y. 燕山期，X. 喜马拉雅期）；18. 中/小型铁矿；19. 中/小型铜矿；20. 中/小型铁铜矿；21. 中/小型铜铅锌矿；22. 大/中型铅锌矿；23. 中/小型锌矿；24. 大型铜钼矿；25. 小型金矿/金矿化点在工作区内呈北西—南东向延伸，长约 800km，宽 70～120km，向西有收敛的趋势。该成矿亚带内出露地层主要为：下石炭统杂多群（C_1Z）、上石炭统加麦弄群（C_1J）、上石炭-下二叠统扎日根组（C_2P_1z）、下-中二叠统尕迪考组（$P_{1-2}gd$）、中二叠统诺日巴尕日保组（P_2nr）、中二叠统九十道班组（P_2j）、上二叠统那益雄组（P_3n）、上二叠统拉卜查日组（P_3l）、上三叠统甲丕拉组（T_3jp）、上三叠统波里拉组（T_3b）、上三叠统巴贡组（T_3bg）、中-上侏罗统雁石坪群（$J_{2-3}Y$）及白垩系风火山群（KF）等地层。火山活动主要集中在早-中二叠世，含火山岩的地层主要为下-中二叠统尕迪考组、中二叠统诺日巴尕日保组，下石炭统杂多群夹少量火山岩。岩浆侵入活动较弱，表现为晚二叠世-三叠纪辉长辉绿岩脉，侏罗纪、白垩纪小型中酸性岩体和古近纪小型斑岩体，主要分布在沱沱河一带。

矿产主要有铅、锌、铜、铁、银等，已发现矿床（点）30 余处。达到矿床规模为海西期火山喷流沉积-热液改造型铅锌矿，如多才玛、莫海拉亨、东莫扎抓、开心岭；次为海相火山岩-热液改造型铜多金属，如旦荣；侏罗纪接触交代型铁（铜）矿，如赵卡隆。此外，喜马拉雅期斑岩型铜钼、铜铅锌矿具有一定成矿潜力。

二、尼阿希错-多彩印支期、燕山期铜、铅、锌、铁、银、金成矿亚带

该成矿亚带西起沱沱河镇西的尼阿希错，向东南经治多县、玉树县，延入藏东北和川西北。在工作区内呈北西—南东向延伸，长约 400km，宽 50～120km，西端在尖灭。该成矿亚带内出露地层主要为：中-新元古界宁多岩群（$Pt_{2-3}N.$）、新元古界草曲群（Pt_3C）、下奥陶统青泥洞组（O_1q）、下泥盆统依吉组（D_1yj）、上三叠统巴塘群（T_3Bt）、上三叠统甲丕拉组（T_3jp）、上三叠统波里拉组（T_3b）及白垩系风火山群（KF）等地层。火山活动主要集中在晚三叠世，含火山岩的地层主要为上三叠统巴塘群（T_3Bt），上三叠统甲丕拉组（T_3jp）夹少量火山岩。岩浆侵入活动集中于晚三叠世、白垩纪和古近纪。晚三叠世侵入岩为小型中酸性岩体，主要分布于多彩—玉树一带；白垩纪和古近纪侵入岩为小型斑岩体或岩枝，主要分布在玉树以南。

矿产主要有铜、铅、锌、铁、金等，已发现矿床（点）约 18 处。达到矿床规模为印支期海相火山岩型-热液改造型铜（铁）多金属矿和火山喷流沉积-热液改造型铜多金属矿，如尕龙格玛、查涌、赵卡隆。此外，燕山期构造蚀变岩型金矿具有一定成矿潜力。

三、楚多曲-雁石坪燕山期铅、锌、铁、铜、银成矿亚带

该成矿亚带西起青藏省界，向东南经雁石坪和温泉，延入藏东北。在工作区内呈北西—南东向延伸，长约 600km，宽 40～120km，向西和向东均延入西藏。该成矿亚带内出露地层为：下石炭统杂多群（C_1Z）、上三叠统甲丕拉组（T_3jp）、上三叠统波里拉组（T_3b）、上三叠统巴贡组（T_3bg）、中-上侏罗统雁石坪群（$J_{2-3}Y$）及白垩系风火山群（KF）等地层，其中中-上侏罗统雁石坪群（$J_{2-3}Y$）分布最广。火山活动主要集中在中侏罗世，含火

山岩的地层为雁石坪群的下部雀莫错组（J$_2$q）。岩浆侵入活动集中于白垩纪，表现为小型中酸性岩体沿唐古拉山分布；三叠纪和新近纪有零星小型中酸性岩体或岩枝侵入。

矿产主要有铅、锌、铁、铜、银等，已发现矿床（点）约16处，集中分布于楚多曲—雁石坪一带，由于地处高寒地区，其余地段发现的矿床（点）稀少。达到矿床规模为燕山期火山喷流沉积-热液改造型多金属矿和接触交代型铁、铜银矿，如楚多曲、小唐古拉山、木乃。此外，燕山期海相火山岩型-热液改造型铜（铁）多金属矿具有一定成矿潜力。

四、纳日贡玛喜马拉雅期铜、钼、铅、锌（铁）成矿亚带

该成矿亚带位于杂多县纳日贡玛一带，东西长约90km，南北宽60km。该成矿亚带内出露地层为：下石炭统杂多群（C$_1$Z）、下-中二叠统尕迪考组（P$_{1-2}$gd）、中二叠统诺日巴尕日保组（P$_2$nr）、中二叠统九十道班组（P$_2$j）、上三叠统甲丕拉组（T$_3$jp）、上三叠统波里拉组（T$_3$b）及白垩系风火山群（KF）等地层，其中下-中二叠统分布最广。火山活动主要集中在早-中二叠世，含火山岩的地层为下-中二叠统尕迪考组（P$_{1-2}$gd）、中二叠统诺日巴尕日保组（P$_2$nr）。岩浆侵入活动集中于古近纪，表现为小型中酸性斑岩体或岩枝侵入。

矿产主要有铜、钼、铅、锌、铁等，已发现矿床（点）约10处，集中分布于纳日贡玛一带。达到矿床规模为喜马拉雅期斑岩型铜钼矿，如纳日贡玛。

第九章 找矿模型及找矿方向

第一节 找 矿 模 型

一、早-中二叠世火山喷流沉积-热液改造型、海相火山岩-热液改造型铜多金属矿找矿模型

西南"三江"成矿带北段，早-中二叠世期间处于伸展背景下的陆缘裂谷系发育时期，形成了一系列链状分布的火山-沉积岩系，包括尕迪考组（$P_{1-2}gd$）、诺日巴尕日保组（P_2nr）、九十道班组（P_2j）。成矿作用主要为：产于火山口附近的铁矿、产于中基性火山岩中的铜矿、产于火山岩上部火山碎屑岩与碎屑岩-灰岩过渡部位的铅锌矿以及产于古近纪斑岩外围铅锌矿（图9-1）。

1. 产于火山口附近的铁矿找矿模型

含矿建造为早-中二叠世中基性火山集块角砾熔岩-中基性火山岩-火山碎屑岩组合（图9-1b），发育辉长辉绿岩墙。铁矿体主要产于火山口附近的中基性火山集块角砾熔岩内、火山斜坡中基性火山岩过渡部位和火山洼地凝灰岩中三个层位。找矿主要标志包括中基性火山集块角砾熔岩、集中产出的辉长辉绿岩墙及绿泥石化-绿帘石化蚀变组合，如开心岭铁矿、扎日根铁矿等。

2. 产于基性火山岩中的铜矿找矿模型

含矿建造为早-中二叠世中基性火山熔岩（图9-1d），发育辉长辉绿岩墙。铜矿体产于玄武岩或安山玄武岩内。找矿主要标志包括中基性火山熔岩、集中产出的辉长辉绿岩墙、绿泥石化-绿帘石化-硅化-碳酸盐化-褐铁矿化蚀变组合及铁帽，如旦荣铜矿及沱沱河地区1：5万区调中止工作项目发现的左支铜矿化点等。

3. 产于火山碎屑岩与碎屑岩-灰岩过渡部位的铅锌矿找矿模型

含矿建造为早-中二叠世中基性火山熔岩上部的火山碎屑岩-碎屑岩与灰岩（图9-1a、e），往往发育逆冲断裂带。铅锌矿体产于火山碎屑岩-碎屑岩与灰岩过渡部位及断裂带中，遭受后期断裂构造活动叠加富集。找矿主要标志包括中基性火山熔岩上部的火山碎屑岩-碎屑岩与灰岩过渡部位、碎裂岩化逆冲断裂带及硅化-碳酸盐化-重晶石化-黏土化-黄铁矿化-褐铁矿化蚀变组合，如多才玛铅锌矿及东莫扎抓铅锌矿等。

4. 产于古近纪斑岩外围铅锌矿找矿模型

该成矿类型与纳日贡玛铜钼矿类似，由于侵入早-中二叠世地层，两者成矿组合又有

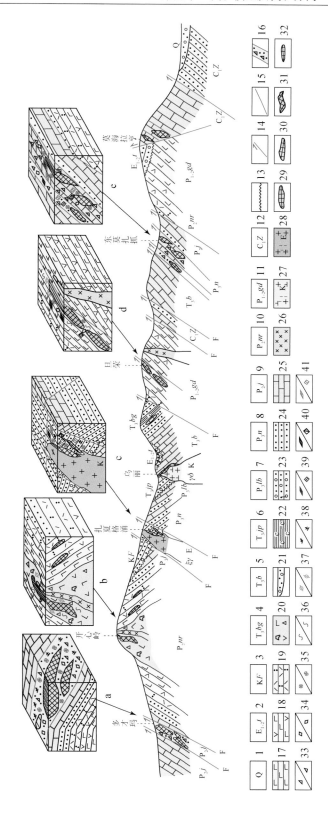

图9-1 早-中二叠世火山喷流沉积-热液改造型、海相火山岩-热液改造型铜多金属矿找矿模型

1.第四系；2.古新-始新统沱沱河组；3.白垩系风火山群；4.上三叠统巴贡组；5.上三叠统波里拉组；6.上三叠统甲丕拉组；7.上二叠统拉卜查日组；8.上二叠统那益雄组；9.中二叠统九十道班组；10.中二叠统诺日巴尕日保组；11.下-中二叠统尕迪考群；12.下石炭统杂多群；13.不整合接触界线；14.逆冲断层；15.次级断层；16.断裂破碎带；17.玄武岩；18.安山玄武岩；19.中酸性凝灰岩；20.安山质凝集块角砾熔岩；21.第四系覆盖；22.碳质页岩；23.砂砾岩；24.砂岩；25.灰岩；26.辉长辉绿岩；27.白垩纪花岗闪长岩；28.古近纪钾长花岗斑岩；29.铅锌矿斑点；30.铜矿矿体；31.磁铁矿矿体；32.磁铁矿~磁铁矿体；33.碎裂岩化（平面/剖面）；34.碳酸盐化（平面/剖面）；35.硅化（平面/剖面）；36.绿泥石化（平面/剖面）；37.绿帘石化（平面/剖面）；38.黏土化（平面/剖面）；39.重晶石化（平面/剖面）；40.褐铁矿化（平面/剖面）；41.黄铁矿化（平面/剖面）

较大差异，因此放在此处叙述。

含矿建造为古近纪钾长花岗斑岩（图9-1c），钾长花岗斑岩侵入部位为晚期走滑断裂与早期逆冲断裂交汇部位。铅锌矿体产于古近纪钾长花岗斑岩边部和外围。找矿主要标志包括走滑断裂与逆冲断裂交汇部位产出的古近纪小型钾长花岗斑岩体及硅化－黏土化－黄铁矿化－褐铁矿化蚀变组合。该成矿类型对进一步寻找斑岩型铜钼矿具有较大潜力，如扎拉夏格涌铅锌矿点。

二、晚三叠世火山喷流沉积－热液改造型、海相火山岩－热液改造型铜多金属矿找矿模型

西南"三江"成矿带北段，晚三叠世期间处于又一次伸展背景下的陆缘裂谷系发育时期，形成了一系列链状分布的火山－沉积岩系，包括巴塘群（T_3Bt）、甲丕拉组（T_3jp）、波里拉组（T_3b）。成矿作用主要为：产于火山口附近的铜多金属矿、产于火山岩上部火山碎屑岩与碎屑岩－灰岩过渡部位的铅锌矿以及产于韧脆性断裂带的金矿化（图9-2）。

1. 产于火山口附近的铜多金属矿找矿模型

含矿建造为晚三叠世火山岩－火山碎屑岩－碎屑岩（图9-2a、c、e、g），依据含矿火山岩组合类型不同，分为两种找矿模型。一为中酸性火山岩－碎屑岩组合，铜多金属矿体产于以英安质集块角砾熔岩为标志的火山口外围附近的中酸性火山岩与碎屑岩之间（图9-2e），找矿标志主要为中酸性集块角砾熔岩－英安岩－流纹岩－流纹质凝灰岩组合的中酸性火山穹窿、黏土化－重晶石化－硅化－绿泥石化－褐铁矿化蚀变组合，如孕龙格玛铜多金属矿；或产于中酸性火山碎屑岩内，找矿标志为中酸性火山岩－凝灰岩部位特征的褐铁矿化－硅化－绿泥石化蚀变组合，如多日茸铜多金属矿点。二为中基性火山岩－碎屑岩组合，铜多金属矿体产于安山玄武质集块角砾熔岩为标志的火山口外围附近的中基性火山岩与碎屑岩－灰岩之间（图9-2a、b、c），找矿标志主要为中基性集块角砾熔岩－安山玄武岩－安山岩组成的火山机构附近的重晶石化－硅化－绿泥石化－绿帘石化－褐铁矿化蚀变组合，如查涌铜多金属矿、当江铜多金属矿点、撒纳龙哇铜多金属矿点。

2. 产于火山岩上部火山碎屑岩与碎屑岩－灰岩过渡部位的铅锌矿找矿模型

含矿建造为晚三叠世火山岩上部的火山碎屑岩－碎屑岩－灰岩（图9-2f、h），往往伴随逆冲断裂带和背斜构造。铅锌矿体产于夹少量火山碎屑岩的碎屑岩与灰岩的过渡带，矿化位于背斜核部（图9-2f）或背斜一翼（图9-2h）的逆冲断裂带中，多具有后期构造作用叠加富集成矿的特征，在逆冲断裂带与走滑断裂交汇部位可形成局部膨大的囊状矿体。找矿标志主要为火山岩上部的火山碎屑岩－碎屑岩与灰岩的过渡带特征的褐铁矿化－铁碳酸盐化－重晶石化－硅化蚀变组合。

3. 产于韧脆性断裂带的金矿化找矿模型

该类型成矿属于与后期韧脆性断裂有关的构造蚀变岩型金矿化，为新发现并具有一定潜力的矿化作用，由于断裂带位于晚三叠世地层中，因此放在此处叙述。

含矿建造为韧脆性断裂带（图9-2d），金矿化严格受断裂带控制，往往相伴产出有小

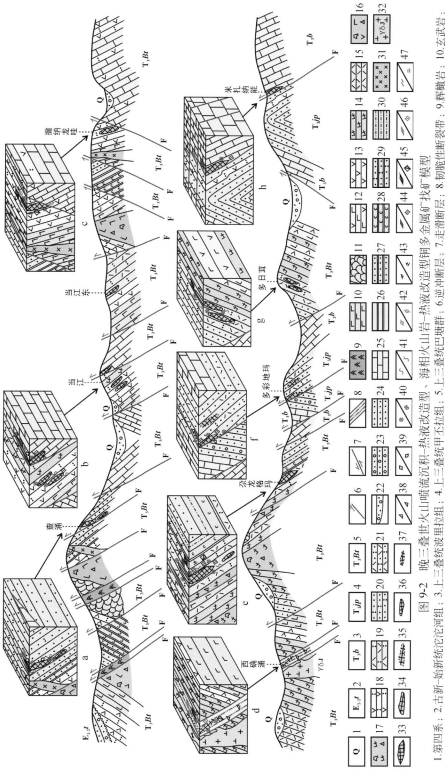

图 9-2　晚三叠世火山喷流沉积型、海相火山岩-热液改造型铜多金属矿"找矿"模型

1.第四系；2.古近-始新统沱沱河组；3.上三叠统波里拉组；4.上三叠统巴塘群；5.上三叠统甲丕拉组；6.逆冲断层；7.走滑断带；8.韧脆性断裂带；9.辉橄岩；10.玄武岩；11.枕状玄武岩；12.安山玄武岩；13.安山岩；14.英安岩；15.流纹岩；16.中性凝灰角砾熔岩；17.英安质集块角砾熔岩；18.中性凝灰岩；19.中酸性凝灰岩；20.凝灰质砂岩；21.酸性凝灰角砾岩；22.第四系覆盖；23.砂质凝灰岩；24.砂岩；25.灰岩；26.板岩；27.砂质板岩；28.碳质板岩；29.凝灰质板岩；30.千枚岩；31.辉长岩；32.侏罗纪花岗闪长岩；33.铜多金属矿"体；34.铅锌矿体；35.铅锌矿"体；36.铁铜矿"体；37.金矿化体；38.碎裂矿"体；39.褐铁矿化（平面/剖面）；40.硅化（平面/剖面）；41.绿泥石化（平面/剖面）；42.铅锌矿化（平面/剖面）；43.黏土化（平面/剖面）；44.重晶石化（平面/剖面）；45.绿帘石化（平面/剖面）；46.黄铁矿化（平面/剖面）；47.绢云母化（平面/剖面）

型中酸性岩体或密集分布的岩脉，找矿的主要标志为以金为主的化探综合异常、印支燕山期小型中酸性岩体或密集分布的岩脉、韧脆性断裂带内的硅化-黄铁矿化-褐铁矿化-孔雀石化等蚀变组合，如西确涌金多金属矿化点。

三、古近纪斑岩型铜钼矿找矿模型

含矿建造为古近纪小型花岗斑岩（图9-3），斑岩体往往产于逆冲断裂带与走滑断裂交汇部位，成矿岩浆源自壳幔过渡带的部分熔融，具有过铝质过钾质碱性-高钾钙碱性系列A型-I型花岗岩特征。成矿具有多样性，主要为铜钼矿化，次为铜钼多金属矿化和铅锌矿化。铜钼矿体产于斑岩体边部和接触带（图9-3b），找矿标志主要为产于逆冲断裂带与走滑断裂交汇部位的古近纪小型过铝质过钾质碱性-高钾钙碱性系列花岗斑岩，以及分带明显蚀变组合，从斑岩体内部到矿体依次为钾化带（钾长石和黑云母）、黄铁绢云母化带（黄铁矿、绢云母、石英），从矿体向外依次为青磐岩化带（绿泥石、绿帘石、黄铁矿、方解石、石英）、泥化带（高岭石、绢云母），如纳日贡玛铜钼矿。铜钼多金属矿体产于花岗斑岩体向外延伸的岩枝边部（图9-3c）及围岩中（图9-3d），找矿主要标志为古近纪花岗斑岩岩枝发育的绿泥石化-硅化-褐铁矿化蚀变组合，部分产于岩枝与灰岩接触部位的矿化发育夕卡岩化，如打古贡卡铜钼多金属矿点、陆日格铜钼矿点、众根涌铜铅锌矿点。铅锌矿体产于斑岩体外围（图9-3a、e），矿化规模不大，找矿主要标志为古近纪花岗斑岩外围的绿泥石化-硅化-褐铁矿化-夕卡岩化蚀变组合，如昂纳赛莫能铅锌矿化点。

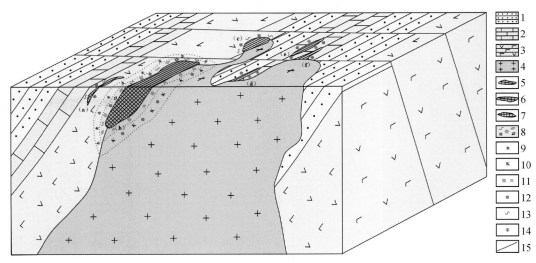

图9-3 古近纪斑岩型铜钼矿找矿模型

1.砂岩；2.灰岩；3.安山玄武岩；4.古近纪钾长花岗斑岩；5.铅锌矿体；6.铜钼矿体；7.铜多金属矿体；8.青磐岩化带（包括：绿泥石化、绿帘石化、硅化、碳酸盐化及黄铁矿化）；9.高岭土化；10.钾化；11.黄铁绢云母化；12.硅化；13.绿泥石化；14.夕卡岩化；15.断裂

第二节 找矿潜力分析与下一步找矿建议

一、找矿潜力分析

综合西南"三江"成矿带北段成矿地质背景、含矿建造和已发现矿床（点）特征及物化探综合异常等，初步认为：

1. 工作区存在三个成矿潜力较大的成矿期

（1）早-中二叠世伸展地质背景下陆缘裂谷体系与火山-沉积作用有关的铜-铅-锌-银-铁成矿期。该期形成的典型矿床有：多才玛铅锌大型矿床、东莫扎抓大型铅锌矿床、莫海拉亨大型铅锌矿床、旦荣小型铜矿床、然者涌小型铅锌矿床、开心岭小型铁矿床。

（2）晚三叠世伸展地质背景下陆缘裂谷体系与火山-沉积作用有关的铜-铅-锌-银-铁成矿期。形成的典型矿床（点）有：尕龙格玛中型铜多金属矿床、赵卡隆中型铁铜多金属矿床、查涌小型铜多金属矿床、当江铜多金属矿点、撒纳龙哇铜多金属矿点、多日茸铜多金属矿点。

（3）古近纪汇聚地质背景下与花岗斑岩有关的铜钼（多金属）成矿期。形成的典型矿床（点）有：纳日贡玛大型铜钼矿床、纳日俄玛西铜矿点、陆日格铜钼矿点、纳保扎陇中型锌矿床、扎木曲铜多金属矿点。

2. 含矿建造分布较广泛

工作区含矿建造主要有早-中二叠世火山-沉积岩系、晚三叠世火山-沉积岩系、古近纪斑岩体，分布范围均较广，为进一步找矿提供了较为广大的空间。

（1）早-中二叠世火山-沉积岩系。与成矿有关的早-中二叠世火山-沉积岩系包括尕迪考组（$P_{1-2}gd$）、诺日巴尕日保组（P_2nr）、九十道班组（P_2j），呈北西向展布，空间上属于沱沱河-杂多海西期、喜马拉雅期铅、锌、铁、铜（银、金）成矿亚带，断续延伸长约800km，宽70～120km。

（2）晚三叠世火山-沉积岩系。与成矿关系密切的晚三叠世火山-沉积岩系主要为巴塘群（T_3Bt）、甲丕拉组（T_3jp），其中巴塘群（T_3Bt）最为重要，相当于尼阿希错-多彩印支期、燕山期铜、铅、锌、铁、银、金成矿亚带，呈北西向展布，断续延伸长约400km，宽50～120km。

（3）古近纪斑岩体。古近纪斑岩体往往沿北东向走滑断裂与北西向逆冲断裂交汇的有利空间侵入，这两组断裂在工作区十分发育。与成矿有关的小型斑岩体岩浆源自壳幔过渡带的部分熔融，具有过铝质过钾质碱性-高钾钙碱性系列A型-I型花岗岩特征，在工作区主要分布于纳保扎陇-沱沱河镇、纳日贡玛和玉树南三个集中区内。此外，通过本次研究，工作区内一些前人认为属于侏罗纪、白垩纪的岩体应为古近纪斑岩体。这些有利条件为下一步寻找斑岩型铜钼矿扩大了视野。

3. 叠加成矿作用为区内形成富大矿床提供了有利条件

工作区叠加成矿作用较为显著。一为不同成矿期或不同成因类型的叠加，如沱沱河地区早－中二叠世火山热液型铅锌成矿叠加了古近纪斑岩型铅锌成矿；多彩地区查涌铜多金属矿属于火山热液型成矿作用，叠加了可能属于斑岩型的铜钼矿。二为后期断裂构造作用对早期成矿作用的叠加富集，如米扎纳能铅锌矿点。

4. 物化探异常众多，部分异常与已知矿床套合较好

工作区1：20万航磁、1：20万和1：50万化探调查已覆盖全区，并围绕整装勘查区开展了1：20万区域重力和1：5万化探工作，对重点区进行了1：5万区域地质矿产调查，在多才玛铅锌矿区进行了1：5万相位激电测量，实施过矿产评价的地段还开展了1：1万大比例尺物化探工作。其中，部分物化探异常与已知矿床套合较好，如多才玛铅锌矿区、尕龙格玛铜多金属矿区。然而，仍然存在许多物化探异常有待查证或进一步查证，可为下一步找矿体提供良好线索。

5. 已知矿床（点）外围和新发现的矿化线索值得进一步工作

由于工作区地处高海拔艰苦地理环境，高原冻土、冰川和草皮覆盖严重，以及成矿理论的局限性等原因，目前的找矿工作仍然以就矿找矿为主，一些成型矿床的延伸方向及外围具有较大找矿潜力。如仅在火山喷发中心的一侧开展了找矿工作，链状火山作用呈带状断续延伸的火山机构找矿工作相对薄弱，部分已发现的矿床（点）可能仅是成矿分带的外围。

此外，在楚多曲－雁石坪燕山期铅、锌、铁、铜、银成矿亚带，与侏罗纪火山作用有关的找矿工作有待进一步加强，目前仅发现楚多曲中型多金属矿床一处成型矿床。沱沱河地区中止的1：5万区域地质调查项目和1：5万区域地质矿产调查项目，新发现较多有价值的矿化线索，有待进一步核实和找矿，如太阳湖－小太阳湖金矿化线索，旦荣－左支铜多金属矿化线索，赛多浦岗日铜多金属矿化线索等。

二、找矿预测及下一步找矿建议

1. 预测的主攻矿种和主要成矿类型

本着在西南"三江"成矿带北段寻找富大矿床的原则，结合研究区地质背景、成矿条件、找矿模型和找矿潜力分析，提出主攻矿种为铜、钼，主要成矿类型为以铜为主的海相火山岩－热液改造型铜多金属矿和斑岩型铜钼矿。

2. 找矿预测区

西南"三江"成矿带北段找矿预测区见表9-1和图9-4。

表 9-1 西南"三江"成矿带北段找矿预测一览表

序号	预测区名称	主要找矿类型	备注
（1）	太阳湖－小太阳湖预测区	构造蚀变岩型金矿	位于可可西里自然保护区
（2）	玛章错钦－雀莫错预测区	斑岩型铜钼矿	
（3）	赛多浦岗日－雁石坪预测区	火山喷流沉积－热液改造型铜多金属矿	

序号	预测区名称	主要找矿类型	备注
（4）	替木通－查旦预测区	海相火山岩型铜多金属矿	部分位于索加自然保护区
（5）	孕龙格玛－结隆预测区	海相火山岩型和火山喷流沉积－热液改造型铜多金属矿	
（6）	马场－赵卡隆预测区	海相火山岩型和火山喷流沉积－热液改造型铜多金属矿	
（7）	下拉秀－勒涌达预测区	斑岩型铜钼矿	

注：表中序号同图9-4。

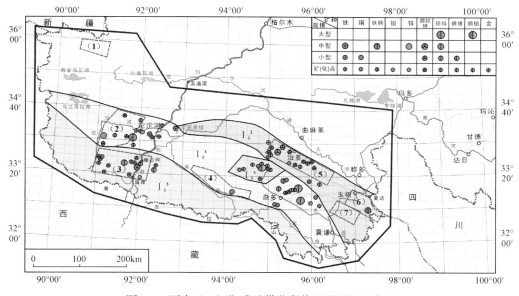

图9-4 西南"三江"成矿带北段找矿预测区示意图

（1）太阳湖－小太阳湖预测区。该区位于工作区西北部，主要出露巴颜喀拉山群（TB），北西向和北东向两组断裂发育，侵入有较多白垩纪小型花岗岩体或岩脉。成都理工大学地质调查研究院承担的沱沱河地区"青海省沱沱河地区1：5万I46E001003、I46E001004、I46E002003、I46E002004四幅区调"中止工作项目，在小太阳湖－太阳湖发现的金矿化点，Au含量为$5×10^{-6} \sim 6×10^{-6}$。主要找矿类型为构造蚀变岩型金矿，韧脆性断裂带为主要含矿建造。

（2）玛章错钦－雀莫错预测区。主要出露诺日巴孕日保组（P_2nr）、九十道班组（P_2j）、甲丕拉组（T_3jp）、波里拉组（T_3b）、雁石坪群（$J_{1-2}Y$）、错居日组（K_1c）及沱沱河组（$E_{1-2}t$），北西向和北东向两组断裂发育，侵入的一些白垩纪花岗岩体可能为古近纪花岗斑岩体。已发现斑岩型纳保扎陇中型锌矿、扎拉夏格涌铅锌矿点、江仓南斑岩型铜多金属矿点。主要找矿类型为斑岩型铜钼矿，古近纪花岗斑岩体为主要含矿建造。

（3）赛多浦岗日－雁石坪预测区。主要出露雁石坪群（$J_{1-2}Y$），北西向和北东向两组断裂发育，侵入有白垩纪花岗岩体。已发现楚多曲中型多金属矿床，以及棕熊梁等众多铜多金属矿点。主要找矿类型为斑岩型铜钼矿，雀莫错组（J_2q）所夹火山岩为主要含矿建造，恢复古火山机构是找矿的关键。

（4）替木通－查旦预测区。主要出露结扎群（C_1Z）、尕迪考组（$P_{1-2}gd$）、诺日巴尕日保组（P_2nr）、九十道班组（P_2j）、雁石坪群（$J_{1-2}Y$）及沱沱河组（$E_{1-2}t$），北西向断裂发育，侵入有辉长岩。已发现旦荣小型铜矿床，宜昌地质矿产研究所（武汉地质调查中心）承担的1：25万直根尕卡幅（I46C003003）区调工作项目发现当郎赛铜矿（化）点，陕西地矿区研院有限公司承担的沱沱河地区"青海省沱沱河地区1：5万I46E017016、I46E017017、I46E018016、I46E018017四幅区调"中止工作项目发现左支铜矿化点（Cu含量最高达4.49%），陕西省核工业地质调查院承担的沱沱河地区"青海省沱沱河地区1：5万I46E016014、I46E016015、I46E017014、I46E017015四幅区调"中止工作项目新发现铁帽。主要找矿类型为海相火山岩型铜多金属矿，尕迪考组（$P_{1-2}gd$）和诺日巴尕日保组（P_2nr）火山岩为主要含矿建造，恢复古火山机构是找矿的关键。

（5）尕龙格玛－结隆预测区。主要出露巴塘群（T_3Bt）、甲丕拉组（T_3jp）、波里拉组（T_3b）及沱沱河组（$E_{1-2}t$），北西向和北东向两组断裂发育，侵入有三叠纪、侏罗纪花岗岩体。已发现尕龙格玛中型铜多金属矿、查涌小型铜多金属矿，以及多日茸铜多金属矿点、当江铜多金属矿点、撒纳龙哇铜多金属矿点。主要找矿类型为海相火山岩型铜多金属矿，巴塘群（T_3Bt）火山岩为主要含矿建造，恢复古火山机构，尤其酸性火山穹窿的识别是找矿的关键。

（6）马场－赵卡隆预测区。该预测区属于尕龙格玛－结隆预测区的东南延伸，再向东南可能延入四川省西北部。主要出露巴塘群（T_3Bt），北西向断裂发育，侵入有少量三叠纪花岗岩体。已发现赵卡隆中型铁铜多金属矿床，被迫中止的矿产评价项目在马场和巴塘均有新的找矿发现。主要找矿类型为海相火山岩型铜多金属矿，巴塘群（T_3Bt）火山岩为主要含矿建造，恢复古火山机构。

（7）下拉秀－勒涌达预测区。主要出露甲丕拉组（T_3jp）、波里拉组（T_3b），北西向和北东向两组断裂发育，侵入有白垩纪花岗岩体和古近纪小型花岗斑岩体。至今尚未发现重要矿化。主要找矿类型为斑岩型铜钼矿，古近纪花岗斑岩体为主要含矿建造。

3. 下一步找矿建议

（1）工作区地处三江源（黄河、长江、澜沧江源头），属于自然保护重点地区，也是高原生态脆弱区，一旦环境遭受破坏，在很长一段时间里生态难以恢复。尽管区内成矿条件较优越，找矿潜力巨大，但是实施绿色地质勘探十分重要，应使环保工作贯彻地质勘探工作的全过程。如可用浅钻代替部分槽探；探槽施工前要先将完整的草皮揭下，以便将来复原，在取样、编录、照相、摄像结束后，要迅速回填；高原地区冻土层较厚，给槽探施工带来困难，如果挖掘不动，可将当天挖开的土石回填，等第二天部分融化后再向下挖掘，以此循环往复可缩短施工周期；将前期地质工作做仔细，在有较充分依据的前提下施工钻探，做到少打钻。

（2）为了在西南"三江"成矿带北段找大矿、找富矿，建议主攻矿种为铜多金属矿和斑岩型铜钼矿，适当放弃铅锌（银）矿、铁矿的找矿工作。重视火山机构和火山旋回对成矿的控制作用，已知成型的铜多金属矿均产于呈链状分布的火山机构外围、次级火山旋回的喷发间歇期，以集块角砾熔岩为重要标志，尤其是酸性火山穹窿，建议采用 1 : 5 万火山岩专项地质填图圈定火山口。工作重点为替木通 - 查旦预测区的尕迪考组（$P_{1-2}gd$）、诺日巴尕日保组（P_2nr），以及尕龙格玛 - 结隆预测区和马场 - 赵卡隆预测区的巴塘群（T_3Bt）。

同时，建议对一些分布于北西向和北东向断裂交汇部位，原划为侏罗纪或白垩纪的小型花岗岩体进行重新认识，调查是否属于古近纪过铝质过钾质碱性 - 高钾钙碱性系列 A 型 -I 型花岗斑岩体，为寻找斑岩型铜钼矿提供依据。工作重点区为玛章错钦 - 雀莫错预测区和下拉秀 - 勒涌达预测区。

总之，寻找大而富的海相火山岩型铜多金属矿和斑岩型铜钼矿，火山机构要大、斑岩体要小。

（3）物探工作对寻找隐伏硫化物型铜多金属矿十分有效，由于工作区冻土、冰川和草皮覆盖严重，在利用激电法进行探矿时，因使用发电机带动的大功率激发极化法，输出功率应大于 1000W，而使用干电池带动的便携式仪器输出功率较小，往往找矿效果不佳；工作区存在含碳板岩、碳质千枚岩以及含碳质断裂带，给激电异常的解释带来干扰，建议可使用双频激电法和综合解释。重磁测量工作对圈定隐伏火山机构，尤其是酸性火山穹窿较为有效，值得尝试。

此外，工作区第四纪冰碛物覆盖较广，冰川搬运物往往长途运移，有时导致化探异常源的判断出现偏差，包括矿化转石也是如此，在找矿工作中值得注意。

（4）叠加成矿作用是工作区成矿的特色，包括后期断裂构造作用对早期成矿的改造富集和多期叠加成矿作用。建议在下一步找矿工作中注意识别，以免对成因类型的误判。具体表现为断裂作用很容易使能干性较低的矿化蚀变带发生破碎，或者在能干性有较大差异的矿体和围岩之间发生破碎，会导致成矿受断裂控制的误判，隐藏了主要控矿因素。此外古近纪斑岩成矿对早期成矿带的叠加，可能会导致对成因类型判别的干扰，进而误选工作重点区段。

（5）蚀变分带和特征蚀变对找矿具有重要指示意义。例如：斑岩型铜钼矿具有明显的蚀变分带，自斑岩体向外依次为钾化、黄铁绢云母化、青磐岩化、泥化等；铜多金属矿具有特征的绿泥石化 - 硅化 - 重晶石化 - 高岭土化 - 褐铁矿化等蚀变组合，也可以自围岩到矿体出现高岭土化、绢云黄铁矿化、绿泥石化、重晶石化、硅化等蚀变分带。这些蚀变分带和特征蚀变均可作为良好的找矿标志。此外，主要由褐铁矿化 - 黄钾铁矾化 - 硅化组成的铁帽，俗称"火烧皮"，是不可忽视的找矿标志。

（6）成矿分带是工作区找矿工作值得重视的另一方面。对海相火山岩型铜多金属矿而言，铜多金属矿化分布于距离火山喷发中心相对较近的火山岩、火山碎屑岩和碎屑岩的过渡部位，铅锌矿化分布于距离火山喷发中心相对较远的火山碎屑岩、碎屑岩和灰岩的过渡部位，建议可以此为依据寻找铜多金属主矿带。斑岩型铜钼矿的分带表现为自斑岩体向外出现铜钼矿化、铜多金属矿化、铅锌矿化等，可以此为依据寻找铜钼主矿带。

结　　语

一、取得的主要成果和认识

1. 重新厘定了西南"三江"成矿带北段地层系统

将工作区划分为巴颜喀拉、西金乌兰－金沙江和羌北－昌都三个地层分区，共厘定群（岩群）级地层单位 13 个、组级地层单位 38 个。

总结出工作区存在四个较明显的区域不整合。从早到晚依次为：①上三叠统（巴塘群 T_3Bt、结扎群 T_3J）底部与下伏下石炭统杂多群、石炭二叠系开心岭群的角度不整合；②中－上侏罗统（雁石坪群 $J_{2-3}Y$）底部与下伏地层之间的角度不整合；③古近系（沱沱河组 $E_{1-2}t$）底部与下伏地层之间的角度不整合；④上新统底部（曲果组 N_2q）与下伏地层之间的角度不整合。认为前两者可能和特提斯洋的演化有关，后两者可能和青藏高原的阶段性隆升有关，四个区域不整合均与工作区四次大的成矿作用密切相关。

2. 对工作区岩浆岩时空分布规律进行了系统总结，获得一批精细锆石 U-Pb 同位素年龄

认为西南"三江"成矿带北段火山活动主要分布于羌北－昌都地区，大致可划分为四期：①二叠纪（尕迪考组 $P_{1-2}gd$、诺日巴尕日保组 P_2nr、那益雄组 P_3n）、②晚三叠世（巴塘群 T_3Bt、甲丕拉组 T_3jp）、③中侏罗世（雀莫错组 J_2q）和④渐新世－中新世（查保玛组 E_3N_1c）。对各期火山岩的岩石组合类型、空间展布规律进行了较全面总结。

提出工作区岩浆侵入活动有三个高峰期：三叠纪、白垩纪和古近纪，可能分别对应于三次区域性汇聚或高原隆升事件。认为侏罗纪和新近纪岩浆侵入活动微弱，可能代表两次伸展事件。三叠纪侵入体主要呈北西—南东向分布于西金乌兰－金沙江地层分区的东段，巴颜喀拉地层分区和羌北－昌都地层分区仅有零星小岩株分布；白垩纪侵入体主要沿唐古拉山呈北西—南东向带状分布于羌北－昌都地层分区；古近纪侵入体仅分布于羌北－昌都地层分区，具有北西—南东成行、北东—南西成串的分布规律。

获得与尕龙格玛铜多金属矿区与矿化密切相关的英安斑岩锆石 U-Pb 同位素年龄为（223±1.0）Ma，相当于晚三叠世。获得当江铜多金属矿区含矿围岩流纹岩 LA-ICP-MS 锆石 U-Pb 同位素年龄为（227.5±1.0）Ma，相当于晚三叠世早期。获得西确涌金多金属矿区糜棱岩化流纹斑岩 LA-ICP-MS 锆石 U-Pb 同位素年龄为（223.7±1.1）Ma，相当于晚三叠世，表明金矿化断裂带的围岩为巴塘群。在开心岭铁矿区，获得侵入诺日巴尕日保组（P_2nr）中辉长岩 LA-ICP-MS 锆石 U-Pb 同位素年龄为（247.0±1.7）Ma，属于早三叠世，其可认为是开心岭铁矿成矿时代的上限。获得多才玛矿区孔莫隆矿段原划到白垩纪的石英闪长（玢）岩 LA-ICP-MS 锆石 U-Pb 同位素年龄为（39.10±0.45）Ma，相当于始新世

（E_2）。获得扎拉夏格涌铅锌矿区与矿化密切相关的钾长花岗斑岩锆石 U-Pb 同位素年龄为（35.96 ± 0.61）Ma，为古近纪始新世（E_2）。

3. 较系统总结了西南"三江"成矿带北段断裂构造特征及其与成矿的关系

按展布方向将区内断裂划分为北西向、北东向、近东西向三组，局部地段发育环形断裂和放射状断裂。

认为北西向断裂为区内的主要断裂，属于早期构造作用形成的从北东向南西逆冲推覆断裂，构成区内逆冲推覆断裂系，对区内地层、岩浆活动、后期的变质改造都有明显的控制作用，对铅锌成矿既具有叠加富集作用又具有破坏改造作用。北东向断裂延伸较短，主要为左行走滑断裂，可能为喜马拉雅期的产物。提出北东向左行走滑断裂系的发育对斑岩型铜钼矿的成矿作用具有不可低估的建设作用。工作区局部发育的环形断裂和放射状断裂空间上往往相伴产出，与中心式火山作用有密切成生联系。

4. 在对西南"三江"成矿带北段金属矿产较全面统计的基础上，总结了矿产时空分布规律，初步归纳了主要成因类型

统计显示，截至 2015 年 11 月底，西南"三江"成矿带北段共发现各类金属矿床、矿（化）点约 75 处。其中，大型矿床 4 处、中型矿床 5 处、小型矿床 7 处，以铅锌、铜、铁矿为主，伴生银、金、钼等。

认为工作区金属矿产具有成带和集中分布的特征，分别为：沱沱河铅锌（银）-铁（铜）、楚多曲 - 雁石坪铅锌（银）- 铜（银）、多彩铜（银）- 铅锌（银）、然者涌 - 莫海拉亨铅锌（银）- 铜和纳日贡玛铜钼 5 个成矿集中区。

工作区主要成矿类型包括：海相火山岩 - 热液改造型、火山喷流沉积 - 热液改造型、斑岩型、热液改造型、接触交代型等。

5. 对区内典型矿床（点）进行了解剖，工作中新发现铜多金属矿化点 1 处、金矿化点 1 处、矿化线索 1 处，对沱沱河地区 1 : 5 万区调中止项目新发现矿化点和矿化线索进行了统计

对区内具有代表性的 9 个矿床、8 个矿点进行了重点剖析。围绕中侏罗世火山机构与铜多金属成矿关系，在雁石坪地区碾廷曲一带开展了 1 : 5 万解剖地质填图，填绘出中心式和链状两种不同类型的火山机构，认为该区中心式火山喷发与镜铁矿成矿作用有关，链状火山喷发与铜多金属成矿有关。

新发现棕熊梁铜多金属矿化点（与吉林省第四地质调查所共同发现）和西确涌金多金属矿化点（与四川省核工业地质调查院共同发现），在格仁涌小支沟花岗斑岩体外围发现褐铁矿化线索。棕熊梁铜多金属矿化点，棕熊梁铜矿化带目估铜品位 0.3% ～ 0.5%，矿化厚度为 0.8 ～ 1m，沿东西向延伸稳定；碾塔沟铅锌矿化带 Pb 平均品位为 0.32%，Zn 平均品位为 0.17%，Ag 平均品位为 32.77g/t，厚度为 20m；碾廷曲镜铁矿化带，镜铁矿较富，目估品位为 TFe 50% ～ 60%。西确涌金多金属矿化点，4 号探槽内发现三条破碎蚀变带，宽分别为 1.5m、17m、5m，金品位最高 1.36g/t，银品位最高 320g/t，成因类型属于构造蚀变岩型。

据不完全统计，沱沱河地区 1 : 5 万区调中止工作项目共发现铜矿化点 2 处、铜钼矿化点 1 处、金矿化点 1 处、铜矿化线索 13 处、铜多金属矿化线索 1 处、金矿化线索 2 处、锑矿化线索 1 处、铁帽 1 处及褐铁矿化线索 1 处。

6. 总结了成矿规律，对主要成矿期构造环境进行了分析判别

将区内主要成矿期划分为海西、印支、燕山和喜马拉雅共 4 期。海西期为中二叠世火山喷流沉积－热液改造型 Pb-Zn-Fe-Ag 成矿组合和早－中二叠世海相火山岩型 Cu-Pb-Zn-Ag 成矿组合，印支期为晚三叠世海相火山岩－热液改造型 Cu-Pb-Zn-Fe-Ag 成矿组合和火山喷流沉积－热液改造型 Cu-Pb-Zn-Mo-Ag 成矿组合，燕山期为中侏罗世海相火山岩－热液改造型 Cu-Pb-Zn-Fe-Ag 成矿组合、火山沉积－热液改造型 Pb-Zn-Cu-Ag 成矿组合、接触交代型 Cu-Fe-Ag-Pb-Zn 成矿组合和热液改造型 Pb-Zn-Ag 成矿组合，喜马拉雅期为斑岩型（－接触交代型）Cu-Mo-Pb-Zn-Ag 成矿组合和热液改造型 Pb-Zn-Ag 成矿组合。

综合判断认为，早－中二叠世与火山作用有关铜多金属、晚三叠世海相火山岩型铜多金属、中侏罗世海相火山岩型铜多金属的成矿构造环境均为陆缘裂谷，火山岩主体属于大陆碱性玄武岩和大陆拉斑玄武岩系列。古近纪斑岩型铜钼矿成矿构造环境为印度板块与亚洲板块的陆－陆碰撞，代表青藏高原快速隆升，成矿岩浆源自壳幔过渡带的部分熔融，属于过铝质过钾质碱性－高钾钙碱性系列 A 型-I 型花岗岩。

7. 总结了工作区主要控矿因素和找矿标志

海相火山岩（－热液改造）型铜多金属、铜（铁）和火山喷流沉积（－热液改造）型铅锌矿的主要控矿因素为：链状火山机构、海相火山－沉积岩系岩石组合、北西向和北东向断裂构造。斑岩型铜钼矿的主要控矿因素为：喜马拉雅期斑岩体、晚期北东向断裂与早期北东向断裂的交汇部位。热液改造型铅锌矿的主要控矿因素为：北西或近东西走向逆冲推覆断裂和北东向走滑断裂、背斜构造。

工作区主要找矿标志包括：集块角砾熔岩、火山岩与凝灰岩－碎屑岩过渡带、凝灰岩－碎屑岩与灰岩过渡带、喜马拉雅期斑岩体、蚀变组合、物化探综合异常及转石等。

8. 划分了西南"三江"北带北段次级成矿带

根据含矿建造、矿产分布、成矿期次、矿化成因类型等，结合邻区成矿特征，研究区属于特提斯成矿域东部，西南"三江"成矿带北段，并进一步划分为 4 个成矿亚带：①沱沱河－杂多海西期、喜马拉雅期铅、锌、铁、铜（银、金），②尼阿希错－多彩印支期、燕山期铜、铅、锌、铁、银、金，③楚多曲－雁石坪燕山期铅、锌、铁、铜、银，④纳日贡玛喜马拉雅期铜、钼、铅、锌（铁）。

9. 建立了不同类型找矿模型，在找矿潜力分析基础上提出了下一步找矿方向

按照早－中二叠世、晚三叠世和古近纪 3 个主要成矿期，建立了火山喷流沉积－热液改造型铜多金属矿、海相火山岩－热液改造型铜多金属矿和斑岩型铜钼矿找矿模型，指出了相应的含矿建造和找矿主要标志。

通过找矿潜力分析，本着在西南"三江"成矿带北段寻找富大矿床的原则，提出主攻矿种为铜、钼，主要成矿类型为以铜为主的海相火山岩－热液改造型铜多金属矿和斑岩型铜钼矿。并提出了太阳湖－小太阳湖构造蚀变岩型金矿、玛章错钦－雀莫错斑岩型铜钼矿、赛多浦岗日－雁石坪火山喷流沉积－热液改造型铜多金属矿、替木通－查旦海相火山岩型铜多金属矿、尕龙格玛－结隆海相火山岩型和火山喷流沉积－热液改造型铜多金属矿、马

场 - 赵卡隆海相火山岩型和火山喷流沉积 - 热液改造型铜多金属矿、下拉秀 - 勒涌达斑岩型铜钼矿共 7 个找矿预测区。

二、存在的主要问题

1. 工作区地层清理有待进一步完善

（1）原划诺日巴尕日保组（P_2nr）为一套含火山岩的碎屑岩、碳酸盐岩组合，由于区调工作将主要为火山岩的诺日巴尕日保组划出来建立了尕迪考组（$P_{1-2}gd$），剩余夹火山岩的碎屑岩、碳酸盐岩组合仍称为诺日巴尕日保组（P_2nr）。将两者单独建组，给寻找海相火山岩型和火山喷流沉积 - 热液改造型铜多金属矿带来困难。

（2）部分那益雄组（P_3n）夹有火山岩，这些夹火山岩的那益雄组（P_3n）是否属于诺日巴尕日保组（P_2nr）有待进一步工作。

（3）同样，然者涌 - 莫海拉亨整装勘查区部分杂多群（C_1Z）也夹有火山岩，并与铅锌矿化关系密切，与原始定义的杂多群（C_1Z）只包括碎屑岩组和碳酸盐岩组相矛盾，其是否属于诺日巴尕日保组（P_2nr）有待进一步工作。

（4）沱沱河和多彩地区的部分甲丕拉组（T_3jp）含大量火山岩，有的经区调工作已填绘出火山机构，其与巴塘群（T_3Bt）火山岩组的关系需要进一步工作。

2. 多彩和玉树地区确定的西金乌兰 - 多彩 - 隆宝蛇绿混杂岩带和歇武蛇绿混杂岩带需要重新认识

西金乌兰 - 多彩 - 隆宝蛇绿混杂岩带属于区域上西金乌兰 - 金沙江蛇绿混杂岩带的一部分，歇武蛇绿混杂岩带相当于甘孜 - 理塘蛇绿混杂岩带延入工作区的部分，这两条蛇绿混杂岩带是否属于典型的蛇绿混杂岩带需要进一步工作。其中，原划为多彩段蛇绿混杂岩带的中基性火山岩中因找到许多铜多金属矿，可与巴塘群火山岩组对比。再者，本书通过岩石地球化学分析，认为其形成构造环境属于陆缘裂谷。这些问题给找矿工作带来认识上的不便。

3. 对工作区断裂构造的空间展布、级别划分、构造性质确定和相互交切关系的认识有待进一步加强

区内断裂众多、错综复杂，由于本次工作时间有限，手段缺乏，断裂构造与成矿关系的认识和表达需要进一步详细工作。

4. 工作区矿床成因类型的划分需要进一步确定

本次工作虽然进行了矿床成因类型的初步划分，但由于工作区后期构造改造作用强烈，覆盖严重，缺少成矿时代、矿带空间展布等的资料信息，以及认识水平问题，对区内矿床成因类型的划分还十分粗浅，尤其是海相火山岩 - 热液改造型和火山喷流沉积 - 热液改造型难以鉴定。

5. 提出的找矿预测区有待进一步工作检验

本次工作提出的 7 个找矿预测区有待进一步详细工作，且其中的两个找矿预测区地处自然保护区，找矿工作可能受到限制。

6. 自然环境和工作外围环境使工作的深入受到一定限制

工作地区海拔高、空气稀薄、自然环境恶劣，地质工作艰险。多数地区属于藏区，还有少量无人区，导致需要不断进行协调才能勉强开展工作，工作过程中费时费力，还不一定能达到预期的效果。

主要参考文献

陈国达 . 1978. 成矿构造研究方法 . 北京：地质出版社：1-7.

陈建平，丛源，董庆吉 . 2010. "三江"北段二叠－三叠系沉积建造特征及铅锌矿的初步富集 . 成都理工大学学报（自然科学版），37（4）：469-474.

陈江峰，谢智，刘顺生，等 . 1995. 大别造山带冷却年龄的 $^{40}Ar/^{39}Ar$ 和裂变径迹年龄测定 . 中国科学（B 辑），25：1086-1092.

陈向阳，栗亚芝，张雨莲，等 . 2013. 三江北段纳日贡玛斜长花岗斑岩的年代学及地质意义 . 西北地质，46（4）：49-56.

成都理工大学 . 2005. 1：25 万温泉兵站幅区域地质调查报告 .

程小久 . 1995. 沉积盆地中同生断层及对层控型 Pb-Zn（-Ba-Cu-Ag）矿床的控制 . 现代地质，9（3）：343-350.

池三川 . 1983. 层控矿床的控矿构造类型 . 地球科学，12（2）：125-134.

池三川 . 1988. 层控矿床的研究现状 . 地质与勘探，24（9）：24-25.

邓万明，黄萱，钟大赉 . 1998a. 滇西新生代富碱斑岩的岩石特征与成因 . 地质科学，33（4）：412-425.

邓万明，黄萱，钟大赉 . 1998b. 滇西金沙江带北段的富碱斑岩及其与板内变形的关系 . 中国科学（D 辑），28（2）：111-117.

邓万明，孙宏娟，张玉泉 . 2001. 囊谦盆地新生代钾质火山岩成因岩石学研究 . 地质科学，36（3）：304-318.

丁式江 . 1998. 绿岩型金矿综合地质异常研究——以胶东焦家金矿田为例 . 北京：中国地质大学（北京）.

杜德勋，罗建宁，李兴振 . 1997. 昌都地块沉积演化与古地理 . 岩相古地理，（1）：1-17.

傅昭仁，李德威，李光福，等 . 1992. 变质核杂岩及剥离断层的控矿构造解析 . 武汉：中国地质大学出版社 .

苟金 . 1990. 唐古拉巴音查乌马地区超基性岩的基本特征 . 西北地质，（1）：1-5.

郭贵恩，杨生德，李怀毅，等 . 2011. 青海省铅锌矿资源潜力评价成果报告 .

郝金华，陈建平，田永革，等 . 2010. 青海纳日贡玛斑岩钼（铜）矿含矿斑岩矿物学特征及成岩成矿意义 . 地质与勘探，46（3）：367-376.

郝金华，陈建平，董庆吉，等 . 2012. 青海省纳日贡玛斑岩钼铜矿床成矿花岗斑岩锆石 LA-ICP-MS U-Pb 定年及地质意义 . 现代地质，26（1）：45-53.

何绍勋，段嘉瑞，刘健顺，等 . 1996. 韧性剪切带与成矿 . 北京：地质出版社 .

何世平，李荣社，王超，等 . 2011. 青藏高原北羌塘昌都地块发现～4.0Ga 碎屑锆石 . 科学通报，56（8）：573-582.

何世平，李荣社，王超，等 . 2013. 昌都地块宁多岩群形成时代研究：北羌塘基底存在的证据 . 地学前缘，20（5）：15-24.

侯增谦，钟大赉，邓万明 . 2004. 青藏高原东缘斑岩铜钼金成矿带的构造模式 . 中国地质，31（1）：1-14.

侯增谦，曲晓明，杨竹森，等 . 2006. 青藏高原碰撞造山带：Ⅲ. 后碰撞伸展成矿作用 . 矿床地质，25（6）：629-651.

侯增谦，宋玉财，李政，等 . 2008. 青藏高原碰撞造山带 Pb-Zn-Ag-Cu 矿床新类型：成矿基本特征与构造

控矿模型 . 矿床地质，27（2）：123-144.

胡正国，钱壮志，闻广民，等 . 1994. 小秦岭拆离变质核杂岩构造与金矿 . 西安：陕西科学技术出版社 .

黄方方 . 1992. 德兴斑岩铜矿田构造控矿机制及构造地球化学研究 . 北京：中国地质大学（北京）.

况忠 . 2012. 黔西南地区遥感构造与金矿的关系及找矿预测 . 国土资源遥感，92（1）：160-165.

李荣社，计文化，杨永成，等 . 2008. 昆仑山及邻区地质 . 北京：地质出版社：128-212.

李荣社，计文化，何世平，等 . 2011. 中国西部古亚洲与特提斯两大构造域划分问题讨论 . 新疆地质，29（3）：
　　247-250.

李政 . 2008. 青海省沱沱河地区茶曲帕查铅锌矿床的成因研究 . 北京：北京科技大学 .

栗亚芝，孔会磊，南卡俄吾，等 . 2015. 青海省纳日贡玛斑岩型铜钼矿床成矿岩体的物质来源及成矿背景
　　分析 . 地质科技情报，34（1）：1-9.

廖崇高，陈建平，刘登忠 . 1999. 兰坪盆地遥感地质及化探综合分析在成矿预测中的应用 . 国土资源遥感，
　　4：17-22.

刘广才 . 1993. 唐古拉山中段开心岭群乌丽群的时代定义问题 . 青海地质，1：1-9.

刘广才，田琪 . 1993. 青海唐古拉山中段地区二叠纪地层新资料 . 中国区域地质，2：113-120.

刘英超 . 2009. 青海杂多东莫扎抓－莫海拉亨铅锌成矿作用 . 北京：中国地质科学院 .

刘英超，杨竹森，侯增谦，等 . 2009. 青海玉树东莫扎抓铅锌矿床地质特征及碳氢氧同位素地球化学研究 .
　　矿床地质，28（6）：771-786.

卢作祥，范永香，刘辅臣 . 1988. 成矿规律和成矿预测学 . 武汉：中国地质大学出版社：1-11.

吕古贤，林文蔚，罗元华 . 1999. 构造物理化学与金矿成矿预测 . 北京：地质出版社：364-419.

马跃良，徐瑞松 . 1999. 遥感生物地球化学在找矿勘探中的应用及效果 . 地质与勘探，35（5）：39-43.

潘龙驹，刘肇昌，李凡友 . 2000. 内生金属矿床聚矿构造研究 . 北京：冶金工业出版社 .

青海省第五地质矿产勘查院 . 2014. 青海沱沱河地区铅锌矿整装勘查区关键基础地质研究设计 .

青海省地质调查院 . 2014. 青海省杂多县然者涌－莫海拉亨地区铅锌矿整装勘查区关键基础地质研究项目
　　总体设计 .

青海省地质矿产局 . 1997. 青海省岩石地层（全国地层多重划分对比研究）. 武汉：中国地质大学出版社：
　　220-240.

青海省地质矿产勘查开发局 . 2013. 青海省地质矿产勘查开发局建局五十五周年论文集 .

时超，李荣社，何世平，等 . 2017. 沱沱河地区扎拉夏各涌铅锌矿成矿时代及其地质意义：钾长花岗斑岩
　　年代学和地球化学特征 . 地质科学，52（4）：1181-1194.

宋鸿林，单文琅，傅昭仁 . 1992. 论陆内韧性流层及其构造表现 . 现代地质，6（4）：494-503.

宋玉财，侯增谦，杨天南，等 . 2011. "三江"喜马拉雅期沉积岩容矿贱金属矿床基本特征与成因类型 .
　　岩石矿物学杂志，30（3）：355-380.

宋玉财，侯增谦，杨天南，等 . 2013. 青海沱沱河多才玛特大型 Pb-Zn 矿床——定位预测方法与找矿突破
　　过程 . 矿床地质，32（4）：744-756.

宋忠宝，贾群子，陈向阳，等 . 2011. 三江北段纳日贡玛花岗闪长斑岩成岩时代的确定及地质意义 . 地球
　　学报，32（2）：154-162.

孙忠实，邓军，翟裕生，等 . 1999. 幔源含金流体主动就位与容矿断裂形成机制 . 地质地球化学，27（4）：
　　17-22.

陶平，马荣，雷志远，等．2007.扬子区黔西南金矿成矿系统综述．地质与勘探，43（4）：24-28.

田世洪，杨竹森，侯增谦，等．2009.玉树地区东莫扎抓和莫海拉亨铅锌矿床 Rb-Sr 和 Sm-Nd 等时线年龄及其地质意义．矿床地质，28（6）：747-758.

田世洪，杨竹森，侯增谦，等．2011a.青海玉树东莫扎抓铅锌矿床 S、Pb、Sr-Nd 同位素组成：对成矿物质来源的指示．岩石学报，27（7）：2173-2183.

田世洪，侯增谦，杨竹森，等．2011b.青海玉树莫海拉亨铅锌矿床 S、Pb、Sr-Nd 同位素组成：对成矿物质来源的指示——兼与东莫扎抓铅锌矿床的对比．岩石学报，27（9）：2709-2720.

汪劲草．2009.成矿构造系列基本问题．桂林工学院学报，29（4）：423-433.

汪劲草，彭恩生，孙振家．2000.初论成矿构造系列．桂林工学院学报，20（2）：123-127.

王鹤年，张守余，俞受望，等．1992.华北地块韧性剪切带金矿地质．北京：科学出版社.

王瑞雪．2007.云南澜沧江老厂铅锌矿影像线－环结构矿床定位模式研究．昆明：昆明理工大学.

王召林，杨志明，杨竹森，等．2008.纳日贡玛斑岩钼铜矿床：玉龙铜矿带的北延——来自辉钼矿 Re-Os 同位素年龄的证据．岩石学报，24（3）：503-510.

吴学益．1998.构造地球化学导论．贵阳：贵州科技出版社.

杨志明，侯增谦，White N C，等．2008a.青海南部熔积岩的发现：对寻找 VMS 型矿床的重要启示．矿床地质，27（3）：336-344.

杨志明，侯增谦，杨竹森，等．2008b.青海纳日贡玛斑岩钼（铜）矿床：岩石成因及构造控制．岩石学报，24（3）：489-502.

翟裕生．1984.关于矿田构造研究的若干问题．地质论评，30（1）：19-25.

翟裕生．1994.关于控矿构造研究的思考．矿床地质，13：117-119.

翟裕生．2002.成矿构造研究的回顾与展望．地质论评，48（2）：140-146.

翟裕生，林新多．1993.矿田构造学．北京：地质出版社：2-4.

翟裕生，姚书振，林新多，等．1992.长江中下游地区铁铜金成矿规律．北京：地质出版社.

翟裕生，张湖，宋鸿林，等．1997.大型构造与超大型矿床．北京：地质出版社.

翟裕生，姚书振，蔡克勤．2011.矿床学．北京：地质出版社.

张洪瑞．2010.三江北段沉积岩容矿铅锌矿床矿区构造变形与控矿模型．北京：中国地质科学院.

张洪瑞，杨天南，侯增谦，等．2011.“三江”北段茶曲帕查矿区构造变形与铅锌矿化．岩石矿物学杂志，30（3）：463-474.

张辉善，计文化，何世平，等．2014.青海沱沱河地区开心岭一带中二叠世—早三叠世基性岩浆事件及其地质意义．地质通报，33（6）：830-840.

张佩民．2005.铜矿峪铜矿床遥感地质特征及找矿预测．遥感技术与应用，20（2）：247-250.

张勤山，尹和静．2010.沱沱河－唐古拉地区中低温热液成因多金属矿床地质特征及找矿标志．青海国土经略，（2）：45-48.

张世成，闫明，刘群，等．2008.西藏安多纳保扎陇铅锌矿成矿地质特征及成因探讨．科技信息，（16）：33-34.

张廷斌，唐菊兴，郭娜，等．2009.西藏谢通门县铜金矿带 TM 遥感影像线性体统计分析．成都理工大学学报（自然科学版），36（4）：409-414.

张文权，王昌勇，王生林，等．2007.东莫扎抓矿区物探方法的综合应用效果．青海国土经略，（4）：

44-46.

张雪亭, 杨生德, 杨战君, 等. 2007. 青海省区域地质概论——1 : 100万青海省地质图说明书. 武汉: 中国地质大学出版社: 36-53.

赵俊伟, 孙泽坤, 王发明, 等. 2012. 青海省沱沱河地区铅锌矿整装勘查实施方案.

赵少杰. 2011. 遥感线性构造分形统计和蚀变信息提取在桂东地区金铅锌锡多金属成矿预测中的应用. 大地构造与成矿学, 35 (3): 364-371.

赵振明, 陈守建, 计文化, 等. 2013. 开心岭二叠纪地层中铁矿化沉积凝灰岩的发现及找矿意义. 地质与勘探, 49 (3): 1-11.

郑亚东. 1985. 岩石有限应变测量及韧性剪切带. 北京: 地质出版社.

Chernicoff C J, Richards J P, Zappettini E O. 2002. Crustal lineament control on magmatism and mineralization in northwestern Argentina: geological, geophysical, and remote sensing evidence. Ore Geology Reviews, 21 (3-4): 127-155.

Coleman M, Hodges K. 1995. Evidence for Tibetan plateau uplift before 14 Ma ago from a new minimum age for east-west extension. Nature, 374: 49-52.

Eby G N. 1992. Chemical subdivision of the A-type granitoids: petrogenetic and tectonic implications. Geology, 20 (7): 641-644.

Li Y L, Wang C S, Zhao X X, et al. 2012. Cenozoic thrust system, basin evolution, and uplift of the Tanggula Range in the Tuotuohe region, central Tibet. Gondwana Research, 22 (2): 482-492.

Liang H Y, Campbell I H, Allen C A, et al. 2008. The age of the potassic alkaline igneous rocks along the Ailao Shan-Red River shear zone: implications for the onset age of left-lateral shearing: reply. Journal of Geology, 116 (2): 205-207.

Meschede M. 1986. A method of discriminating between different types of Mid-Ocean Ridge Basalts and continental tholeiites with the Nb-Zr-Hf diagram. Chemical Geology, 56: 207-218.

Miyashiro A. 1975. Classification, characteristics, and origin of ophiolites. The Journal of Geology, 83 (2): 249-281.

Pearce J A, Cann J R. 1973. Tectonic setting of basic volcanic rocks determined using trace elements analyses. Earth and Planetary Science Letters, 19 (2): 290-300.

Rapp R P, Watson E B. 1995. Dehydration melting of metabasalt at 8-32 kbar: implications for continental growth and crust-mantle recycling. Journal of Petrology, 36 (4): 891-931.

Richwood P C. 1989. Boundary lines within petrologic diagrams which use oxides of major and minor elements. Lithos, 22 (4): 247-263.

Rollinson H R. 1993. Using geochemical data: evaluation, presentation, interpretation. London: Longman Group UK Ltd: 1-352.

Smee B W, Bailes R J. 1986. The use of lithogeochemical patterns in wall rock as a guide to exploration drilling at the Jason lead-zinc-silver-barium deposit, Yukon Territory. Journal of Geochemical Exploration, 25 (1-2): 217-230.

Spurlin M S, Yin A, Horton B K, et al. 2005. Structural evolution of the Yushu-Nangqian region and its relationship to syncollisional igneous activity, east-central Tibet. Geological Society of America Bulletin,

117（9-10）：1293-1317.

Sun S S，McDonoungh W F. 1989. Chemical and isotopic systematics of oceanic basalt：implication for mantle composition and processes//Saunders A D，Norry M J. Magmatism in the ocean basins. Geological Society London Special Publications，42（1）：313-345.

Wang G C，Yang W R. 1998. Accelerated exhumation during the Cenozoic in the Dabie Mountains：evidence from fission-track ages. Acta Geologica Sinica，72（4）：409-419.

Wang Y，Zhou S. 2009. ^{40}Ar/^{39}Ar dating constraints on the high-angle normal faulting along the southern segment of the Tan-Lu fault system：an implication for the onset of eastern China rift-systems. Journal of Asian Earth Sciences，34（1）：51-60.

Whalen J B，Currie K L，Chappell B W. 1987. A-type granites：geochemical characteristics，discrimination and petrogenesis. Contributions to Mineralogy and Petrology，95（4）：407-419.

Williams H，Turner S，Kelley S，et al. 2001. Age and composition of dikes in Southern Tibet：new constraints on the timing of east-west extension and its relationship to postcollisional volcanism. Geology，29（4）：339-342.

Wilson M. 1989. Igneous petrogenesis. London：Unwin Hyman.

Winchester J A，Floyd P A. 1977. Geochemical discrimination of different magma series and their differentiation of products using immobile elements. Chemical Geology，20（4）：325-343.

Wood D A. 1980. The application of a Th-Hf-Ta diagram to problems of tectonomagmatic classification and to establishing the nature of crustal contamination of basaltic lavas of the British Tertiary volcanic province. Earth and Planetary Science Letters，50（1）：11-30.